JN074896

詳解

HTML&
CSS&
JavaScript
辞典

第**8**版

大藤 幹・半場 方人・松浦 健一郎・司 ゆき 著

秀和システム

本書サポートページ

■秀和システムのウェブサイト

https://www.shuwasystem.co.jp/

■ダウンロードサイト

本書で使用するダウンロードデータは以下のサイトで提供しています。

https://www.shuwasystem.co.jp/support/7980html/6900.html

はじめに

　本書の前の版(第7版)が執筆されたのは、まだHTMLのバージョンが5.1だった頃です。その年の年末にはHTML 5.2がリリースされ、現在ではHTML Living StandardがHTMLの標準規格となっています。

　HTML 5.1からHTML Living Standardへの変化は、全体として見ればそれほど大きなものではありません。しかし細かい部分で見れば、いくつかの要素の追加と削除があり、属性に関しては大幅に変更されています。さらにアウトラインアルゴリズムは仕様から削除され、要素の配置のルールも更新されています。本書は2023年2月時点でのHTML Living Standardに準拠した内容となっていますので、最新の仕様に沿ったHTMLを学習いただけます。

　CSSについては、前の版の執筆時にはまだ主流とはなっていなかったフレキシブルボックスレイアウトとグリッドレイアウトを中心に多数の項目を追加してあります。

　本書を、最新仕様に準拠した技術を手軽に学べる辞典としてご活用いただけましたら幸いです。

大藤 幹

　本書の前身となる「詳解HTML&JavaScript辞典」が刊行されたのは、1957年のことでした。当時から十数年の間、ブラウザをめぐる状況は、NetscapeとInternet Explorerとのシェア争いもあり、ブラウザ戦争などとも言われ、まさに混沌の時代でした。

　JavaScriptもその影響を受け、各ブラウザ独自の仕様追加や、ブラウザの進化に伴う新機能のJavaScriptへの対応などにより、ブラウザごと、あるいは同じブラウザでもバージョンの違いにより、サポートされているJavaScriptに違いがあり、その違いを吸収したJavaScriptを書くのは大変な作業でした。

　しかしその状況も、JavaScriptが、ECMASにより標準化されたころから流れが変わりました。この流れは、複数の標準化された技術を集めて実現されたAjaxの出現、ブラウザのオープンで開発されているJavaScriptエンジンの採用などによりさらに加速し、今では、ブラウザごとのJavaScriptの独自性は、無くなったと言ってもいい状況になっています。

　今回、かつてあったJavaScriptの混沌部分は、コラムなどで昔話しとし、極力削るよう心がけました。今回の改訂で、昔の混乱したスクリプトに思いを馳せつつ、現在のシンプルになったスクリプトを、ご覧いただければ幸いです。

半場 方人

本書の使い方

項目
本書の項目は、HTMLパート・CSSパートは機能ごと、JavaScriptはオブジェクト名ごとに分類されています。その項目名で探す時の目安になります。

タイトル
できること・したいことから、項目を探すことができます。

書式
タグやスクリプトの書式。青い文字は、数値などの値を設定する部分です。
HTMLパート・CSSパートでは、下の表で値の解説をする場合があります。

画面表示例
サンプルソースをブラウザで表示した例です。
効果が一目瞭然です。

解説
使用方法や注意点などを、文章でわかりやすく説明します。

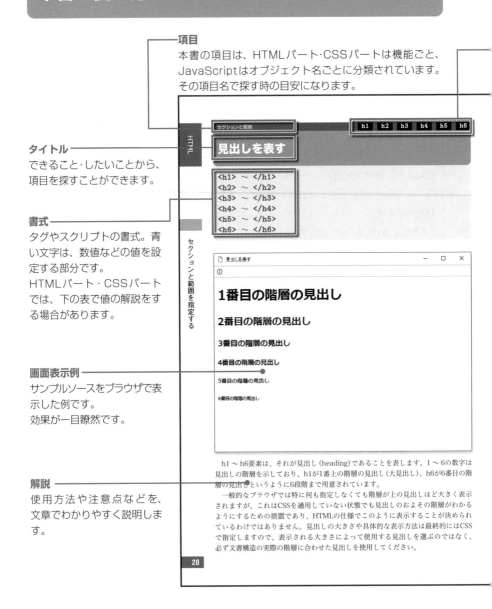

セクションと範囲

`h1` `h2` `h3` `h4` `h5` `h6`

HTML

見出しを表す

```
<h1> ～ </h1>
<h2> ～ </h2>
<h3> ～ </h3>
<h4> ～ </h4>
<h5> ～ </h5>
<h6> ～ </h6>
```

セクションと範囲を指定する

□ 見出しを表す　　　　　　　　　　　　　　　　－　□　×

1番目の階層の見出し

2番目の階層の見出し

3番目の階層の見出し

4番目の階層の見出し

5番目の階層の見出し

6番目の階層の見出し

　h1 ～ h6要素は、それが見出し (heading)であることを表します。1 ～ 6の数字は見出しの階層を示しており、h1が1番上の階層の見出し(大見出し)、h6が6番目の階層の見出しというように6段階まで用意されています。
　一般的なブラウザでは特に何も指定しなくても階層が上の見出しほど大きく表示されますが、これはCSSを適用していない状態でも見出しのおよその階層がわかるようにするための措置であり、HTMLの仕様でこのように表示することが決められているわけではありません。見出しの大きさや具体的な表示方法は最終的にはCSSで指定しますので、表示される大きさによって使用する見出しを選ぶのではなく、必ず文書構造の実際の階層に合わせた見出しを使用してください。

20

キーワード

解説されている単語から探すことができます。

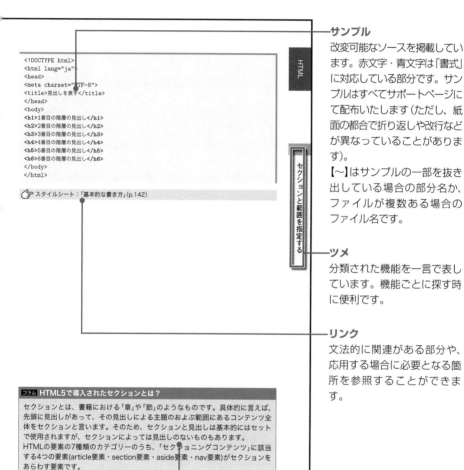

```
<!DOCTYPE html>
<html lang="ja">
<head>
<meta charset="UTF-8">
<title>見出しを表す</title>
</head>
<body>
<h1>1番目の階層の見出し</h1>
<h2>2番目の階層の見出し</h2>
<h3>3番目の階層の見出し</h3>
<h4>4番目の階層の見出し</h4>
<h5>5番目の階層の見出し</h5>
<h6>6番目の階層の見出し</h6>
</body>
</html>
```

HTML

セクションと範囲を指定する

スタイルシート：「基本的な書き方」(p.142)

サンプル

改変可能なソースを掲載しています。赤文字・青文字は「書式」に対応している部分です。サンプルはすべてサポートページにて配布いたします（ただし、紙面の都合で折り返しや改行などが異なっていることがあります）。

【～】はサンプルの一部を抜き出している場合の部分名か、ファイルが複数ある場合のファイル名です。

ツメ

分類された機能を一言で表しています。機能ごとに探す時に便利です。

リンク

文法的に関連がある部分や、応用する場合に必要となる箇所を参照することができます。

コラム HTML5で導入されたセクションとは？

セクションとは、書籍における「章」や「節」のようなものです。具体的に言えば、先頭に見出しがあって、その見出しによる主題のおよぶ範囲にあるコンテンツ全体をセクションと言います。そのため、セクションと見出しは基本的にはセットで使用されますが、セクションによっては見出しのないものもあります。
HTMLの要素の7種類のカテゴリーのうち、「セクショニングコンテンツ」に該当する4つの要素(article要素・section要素・aside要素・nav要素)がセクションをあらわす要素です。

21

ページの項目やその前後の項目に関連した注意点やワンランク上のテクニックなどを紹介しています。「コラム」の他に「TIPS」「注意」があります。

C O N T E N T S

HTML パート

リスト

リンク

表示にかかわる指定

テキスト

画像・動画・音声

テーブル

フォーム

その他

Reference
リファレンス

CSS パート

About
CSS について

CSS
CSS の組み込み

適用先の指定方法

フォント

テキスト

背景

ボックス

フレキシブルボックスレイアウト

グリッドレイアウト

その他のレイアウト

メディアクエリ

リスト

テーブル

その他

Reference

リファレンス

HTML&CSS&JavaScript の活用 パート

JavaScript パート

About

Javascript について

JavaScript

ナビゲーターオブジェクト
navigatorオブジェクト

Link・Anchorオブジェクト

Formオブジェクト

Areaオブジェクト

Imageオブジェクト

ビルトインオブジェクト・他
Dateオブジェクト

Objectオブジェクト

Booleanオブジェクト

Numberオブジェクト

複数のオブジェクトで利用できるプロパティ・メソッド

ビルトイン関数 (top-level関数)

DynamicHTML
DOMのプロパティ

DOMのメソッド

body要素

style要素

Reference

JavaScript 補足

補足

索引

コラム・注意

HTML

HTMLについて

HTMLとは？

　HTMLは、簡単に言えばテキストファイルの内容に タグ と呼ばれる印を組み込んだものです（拡張子は一般に「.html」または「.htm」が使用されます）。タグは基本的には <タグ名> のような書式で記述し、そのタグで文書内のそれぞれの構成要素を囲うことによって、「これは見出しです」「これは本文の段落です」「これは引用した文章です」「これは問い合わせ先です」といったことをコンピュータでも明確に認識できるようにします。

　このように、文書を構成するそれぞれの部分に印をつけておけば、その印の 範囲 ごとに表示方法を指定することが可能になります し（これがCSSの役割です）、逆にあえてその表示方法を使用せずに、ユーザーの環境や状況に応じた別の表現方法で利用することも可能となります。たとえば「見出し」なら、固定サイズのテキストしか表示できない環境であれば前後に改行を入れて中央揃えにすることで見出しらしく見せることが可能ですし、内容を合成音声で読み上げる環境であれば見出しの直前に特定の音を鳴らしたり、読み上げの速度を遅くして前後に間を入れるなどして見出しだと認識できるように表現できます。

　さらに、文書の構成要素をコンピューターが正しく認識できていれば、ページ全体から特定の要素を抽出して読み上げさせることも可能になります。たとえば「見出し」や「リンク」だけを抜き出して読み上げさせることや、文書の最初の方にあるさまざまな内容を読み飛ばして「メインコンテンツ」から読み上げさせることなども簡単にできるようになるわけです。

　ここでは音声で読み上げる際の用途を例として示しましたが、利用方法はこれだけに限りません。物理的なモノ（たとえば印刷した紙など）であれば色や文字サイズをあとから変更することはできませんが、それがコンピューターの内部であれば色であれ大きさであれ、瞬時にどのようにでも変更できます。極端な言い方をすれば、利用環境を選ばずに活用可能 なデータにすることができるのです。そのような変幻自在なデータを作成するためには、元となるデータを作成するときに「どう表示させるか」を考えるのではなく、表示方法に依存しないデータとして機能するように「それが何であるか」を考える必要があります。もう少し具体的に言えば、HTMLのタグを付けるときには「ここは太字の24ピクセルで表示させよう」と考えるのではなく、単純に「これは構成要素としては大見出しだな」と考えて印をつけるということです。そして「大見出し」に対する「太字の24ピクセル」の指定は、CSSで行えばいいのです。

データにタグのような印をつけることを、英語では「 マークアップ (Markup) 」と言い、マークアップするための言語は「マークアップ言語(Markup Language)」と呼ばれています。また、リンクのような機能を持ち、別の文書へと簡単に移動できるような文書は、アメリカの古い論文では「ハイパーテキスト (HyperText)」と呼ばれていました。HTMLという名前は、これらを組み合わせて「ハイパーテキストをマークアップするための言語(HyperText Markup Language)」という意味でつけられたものです。

HTMLのバージョンについて

長い間バージョンアップを重ねてきたHTMLですが、2014年には「文書」だけでなく「アプリケーション」も作成可能にすることを目的としてメジャーバージョンアップされ、HTML5(HTMLのバージョン5)となりました。HTMLのバージョンアップはその後も続き、2016年には HTML 5.1、2017年には HTML 5.2 がリリースされています。

しかし、バージョンのあるHTMLは HTML 5.2 が最後となり、現在ではバージョン番号が無く、常に仕様が更新し続けられる HTML Living Standard という仕様が唯一のHTMLの標準規格となっています。この HTML Living Standard は名前こそ大きく異なるものの HTML 5.2 の延長線上にある規格で、細部の違いは多数ありますが全体として見ればそれほど大きく変化したわけではありません。

ただし、頻繁に更新される仕様となっているため、気がついてみたらいつも使っているタグの仕様が変わっていた、ということもあり得ますので注意してください。本書のHTMLパートの内容は、2023年2月時点での HTML Living Standard に基づいて執筆しています。

HTMLのタグとは？

HTMLで使用されるタグとは具体的にどのようなものなのかを見てみましょう。次の例文を見てください。

HTMLの用語について

HTMLで使われる用語を正しく理解していると、文法やその構造がいっそう理解しやすくなります。まずは基本となる用語をしっかりと覚えておきましょう。

この例文では、まず最初に「HTMLの用語について」という「見出し」があって、それについて書かれた本文の「段落」が続いています。これは、人間が見れば簡単にわかることですが、コンピューターにも同じように「見出し」と「段落」が認識できるかというと、現在のところはそうではありません。そこで、それぞれの構成要素を、それが何であるかを示す印を付けて示すことにします。前ページの例では、「見出し」と「段落」を示せばよいので、その範囲も明確にするために、その開始部分と終了部分に印を付け、終了の印にはそれがわかるように「 / 」も付けることにします。実際に印を付けてみたものが次の例です。

<見出し>HTMLの用語について</見出し>

<段落>HTMLで使われる用語を正しく理解していると、文法やその構造がいっそう理解しやすくなります。まずは基本となる用語をしっかりと覚えておきましょう。</段落>

このように、あらかじめ印を決めておけば、コンピュータもその部分が何であるかを正確に判断することができるようになります。そして「見出し」であれば大きな文字で表示するなど、状況に応じた表現方法でそれを示すことができるようになります。

上の例では印を日本語で付けましたが、それを英語にしてみると「見出し」は「heading」、「段落」は「paragraph」になります。見出しには大見出しや小見出しなどの種類がありますので、その階層は数字で表すことにして、それぞれの印を単語の頭文字で示してみると次のようになります。

<h1>HTMLの用語について</h1>

<p>HTMLで使われる用語を正しく理解していると、文法やその構造がいっそう理解しやすくなります。まずは基本となる用語をしっかりと覚えておきましょう。</p>

実は、この <h1></h1> と <p></p> は、HTMLでは頻繁に使用される実際のタグです。HTMLのタグとは、このようにシンプルでわかりやすいものなのです。タグの多くは、それが何であるのかを表す英単語の略語になっていますので、覚えるのもそれほど難しくはありません。

要素と属性

次に、HTMLを理解する上で欠かせない専門用語について説明します。HTMLのタグのうち、開始を示すタグを**開始タグ**、終了を示すタグを**終了タグ**と言います。そして、タグによって囲われた範囲全体を**要素**と呼びます。要素からタグを除いた部分は**内容**または**要素内容**と言います。

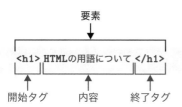

上の例のタグの内部(**<** と **>** の間)にある **h1** は、その要素をあらわす名前(要素名)となります。つまり、HTMLでは開始タグは **<要素名>** のように記述し、終了タグは **</要素名>** のように「**/**」を付けて記述します(例外もあります)。このように記述された要素は、要素名を使ってh1要素、p要素のようにも呼ばれます。

要素の中には内容と終了タグを持たないものもあります。たとえば、画像を表示させるために使用するimg要素や、改行をあらわすbr要素などがそれにあたります。これらは、**空要素**と呼ばれ、開始タグのみでそれをあらわします。

開始タグの要素名の直後には、半角スペースで区切って**属性**というものを記述することができます。属性は、基本的には **属性名="値"** の形式で記述し、要素の性質や特性などをあらわすために使用します。属性は、半角スペースで区切ることで1つの開始タグの中で複数指定できます。指定する順序は自由です。属性の値を囲う引用符には「 **"** 」だけでなく「 **'** 」を使うこともできます(ただし、いずれか同じものをセットで使う必要があります)。

グローバル属性

各要素に指定可能な属性は、要素ごとにあらかじめ決められています。しかし、属性の中にはどの要素にでも共通して指定可能なものもあり、それらは**グローバル属性**と呼ばれています。グローバル属性は全部で27種類ありますが、そのうちの主要な12種類を紹介しておきます。

🔽 グローバル属性

属性名	値	説明
id	固有の名前	ページ中の一つの要素を特定するための他と重複しない名前を指定
class	種類をあらわす名前	半角スペースで区切って複数の名前を指定できる。名前の重複可
title	助言的な情報	一般的なパソコンのブラウザではツールチップで表示される
lang	言語の種類	日本語の場合は「ja」、英語なら「en」を指定
style	CSSソース	CSSの「プロパティ：値;」を直接書き込むことが可能
tabindex	Tabキーでの移動順	0以上の整数でフォーカス可、負の値でフォーカス不可となる
accesskey	ショートカットキー	キーボード・ショートカットに使用する1文字を指定
autofocus	なし	最初からフォーカスされている状態にする ※この属性は属性名だけで指定
contenteditable	内容の編集が可能かどうか	true(編集できる)・false(編集できない)が指定可
draggable	ドラッグ可能かどうか	true(ドラッグできる)・false(ドラッグできない)が指定可
dir	文字表記の方向	ltr(左から右)・rtl(右から左)・auto(自動)が指定可
hidden	要素を非表示にする	hidden(非表示にする)・until-found(検索されるまで非表示にする)が指定可

HTMLの要素の分類

HTMLの要素は、次の7種類のカテゴリーで分類されます。

- フローコンテンツ(Flow content)
- 見出しコンテンツ(Heading content)
- セクショニングコンテンツ(Sectioning content)
- 文章内コンテンツ(Phrasing content)
- 組み込みコンテンツ(Embedded content)
- 対話型コンテンツ(Interactive content)
- 文書情報コンテンツ(Metadata content)

各カテゴリーの関係は次のようになっており、要素によって複数のカテゴリーに該当するものもあれば、どれにも該当しないものもあります。

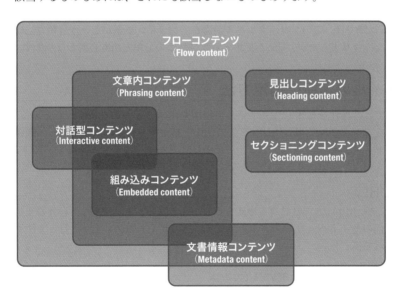

具体的に、どのカテゴリーにはどの要素が該当するのかについては、「HTMLの各カテゴリーに該当する要素一覧(p.128)」を参照してください。

また、各要素の「配置可能な場所」および「内容として入れられる要素」は、主にこのカテゴリーを使用して示されます。本書では、これらの情報は「HTMLの要素の配置のルール一覧(p.135)」にまとめて掲載しています。

従来からのシンプルな分類方法

　HTML5よりも前のHTMLでは、要素のカテゴリーは特に定義されておらず、**ブロックレベル要素かインライン要素**かという区別の仕方があっただけでした。

　ブロックレベル要素とは、「見出し」や「段落」のように「ひとつのまとまり」となっているタイプの要素をあらわし、CSSで特に表示指定をおこなわなければ通常はその前後が改行された状態で、前後の要素とは区切られて表示されます。

　それに対しインライン要素とは、ブロックレベル要素の内部にある「文章の一部分」として使用される要素のことをあらわします。文章の一部分になる要素ですので、その前後は改行された状態にはならず、その前後の要素のテキストと同じ行に続けて表示されます。意味的には、7種類のカテゴリーにおける「文章内コンテンツ (Phrasing content)」とほぼ同じです。

　HTML5以降では、このブロックレベル要素かインライン要素かという分類方法は使用されなくなりましたが、CSSを使用する際にはこの分類方法も必要となります。

ファイルの場所の指定方法

　HTMLでは、属性を使用してファイルの場所を示すことがあります。たとえば、ある部分をリンクさせる場合はリンク先のURLを指定する必要がありますし、画像を表示させる際にはその画像ファイルのあるURLを指定する必要があるからです。HTMLでこのようにURLを指定する際には、2通りの方法があります。

● 絶対URL

　「http://」や「https://」ではじまる形式を絶対URLと言います。一般に、自分のサイト内から他のサイトへとリンクする場合など、他のサイトのファイルに対して使用される形式です。

> 【例】 https://www.shuwasystem.co.jp/

● 相対URL

　相対URLは、同じサイト内で使用しているファイルを参照する場合など、同じディスク上のファイルを指定する際に利用される形式です。現在のファイルの位置を基準として、フォルダ（ディレクトリ）の階層の上下を示すことによってファイルの位置を示します。

　相対URL の指定方法は、自分より下の階層にあるファイルの場合は、そのフォルダ名からファイル名までを順に「 / 」で区切って記述していきます。上の階層を示すには、ひとつ上を示すごとに「 ../ 」を付けて指定します。

同じ階層（フォルダ）のファイルを示す場合：

ファイル名　（例：about.html）

1つ下の階層（同じ階層にあるフォルダ内）のファイルを示す場合：

フォルダ名/ファイル名　（例：images/logo.png）

2つ下の階層のファイルを示す場合：

フォルダ名/フォルダ名/ファイル名　（例：images/photo/sky.jpg）

1つ上の階層のファイルを示す場合：

../ファイル名　（例：../index.html）

2つ上の階層のファイルを示す場合：

../../ファイル名　（例：../../index.html）

1つ上の階層にある別フォルダのファイルを示す場合：

../フォルダ名/ファイル名　（例：../about/index.html）

ブラウザの表示モードを適切なものにする

```
<!DOCTYPE html>
```

　HTML文書の先頭には必ず <!DOCTYPE html> と記入する決まりになっています。その際、アルファベットの部分は大文字にしても小文字にしてもかまいません。

　この部分はタグのように見えますが、正式にはタグではなく「DOCTYPE宣言（文書型宣言）」と呼ばれるものの書式を簡略化したものです。各種ブラウザにはいくつかの表示モードがあるのですが、<!DOCTYPE html> を配置することによって、ブラウザの表示モードが適切なものとなります。これは、逆に言えば <!DOCTYPE html> がなければブラウザの表示モードが不適切なものとなって、HTML文書が正しく表示されなくなることを意味します。

```
<!DOCTYPE html>
<html lang="ja">
・・・
</html>
```

コラム DOCTYPE宣言の本来の用途

DOCTYPE宣言は本来、そのHTML文書がHTMLのどのバージョンの仕様に準拠して書かれているのかを示すためのものです。
HTML5よりも前のHTMLはSGML、XHTMLはXMLという別の言語を使って作成されており、そのSGMLとXMLにおいてDOCTYPE宣言は文法的に必須のものとされていました。
しかしこのDOCTYPE宣言は、ブラウザによって別の用途にも使用されていました。Web標準に準拠していない昔のページのほとんどはDOCTYPE宣言などは記入していなかったので、DOCTYPE宣言のあるなし、もしくはその書き方の違いによって、Web標準に準拠したページかどうかを判定し、それぞれがうまく表示できるようにブラウザの表示モードを自動的に切り替えるようにしていたのです。
HTML5以降のHTMLは、SGMLもXMLも使用していない独自の仕様であるため、本来ならDOCTYPE宣言はなくてもかまわないものでした。しかしDOCTYPE宣言をなくしてしまうと、ブラウザは昔のページだと認識してしまい、古いページの表示モードに勝手に切り替わってしまいます。HTML5以降のDOCTYPE宣言は、ブラウザがそうなってしまうことを避けるためだけに使用することになり、そのためにそれまでのDOCTYPE宣言と比較するととてもシンプルで短いものになっています。

最低限必要な要素

```
<html> ～ </html>
<head> ～ </head>
<body> ～ </body>
```

HTML文書の構造

```
<!DOCTYPE html>
```

この文書に関する情報　←　head要素

html要素　→

表示させるコンテンツ　←　body要素

　　HTML文書の先頭にはDOCTYPE宣言を配置しますが、その直後にはhtml要素（ <html> ～ </html> ）を配置します。そしてその内部にhead要素（ <head> ～ </head> ）とbody要素（ <body> ～ </body> ）を順にひとつずつ配置します。以降、HTMLで使用するこれら以外の要素はすべて、head要素またはbody要素の内部に配置します。

　　一般に、HTMLの全体を囲っているhtml要素にはlang属性を指定して、文書全体の基本言語を示します。言語をあらわすには言語コードを使用し、日本語のページであれば lang="ja" 、英語のページであれば lang="en" 、アメリカの英語のページであれば lang="en-US" のように記述します。

　　head要素の中には「その文書に関する情報」を入れ、body要素の中には「ホームページとして表示させるコンテンツ」を入れます。本書では、head要素の中で使用する要素については「文書情報」の章で解説しています。それ以降に掲載している要素は、一部の例外を除きbody要素の内部で使用します。

```
<!DOCTYPE html>
<html lang="ja">
<head>
    ・・・この文書に関する情報・・・
</head>
<body>
    ・・・表示させるコンテンツ・・・
</body>
</html>
```

コラム 主な国の言語コード

lang属性に指定できる言語コードは、正確に言えばBCP47によって定義されている「言語タグ」というものです。主な言語とそれに対応する言語タグは次のとおりです。

日本語	ja
英語	en
アメリカ英語	en-US
中国語	zh
韓国語	ko
フランス語	fr
イタリア語	it
スペイン語	es
ドイツ語	de
ロシア語	ru

<!-- -->

コメントを入れる

```
<!-- コメント文 -->
```

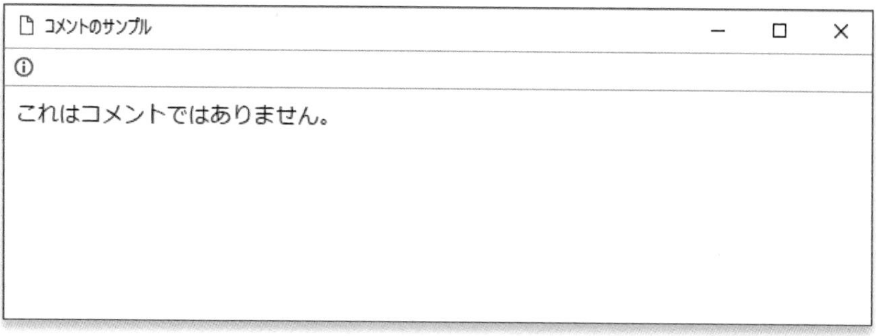

🗋 コメントのサンプル	—	☐	✕

ⓘ

これはコメントではありません。

　　HTMLのソースコードの中には、ホームページのコンテンツとして表示されることのない注意書きやメモなどを記入しておくことができます。それがHTMLのコメントです。一般に、開始タグと終了タグが遠く離れている場合などに、終了タグがどの開始タグに対応しているのかを示す用途などで使用されています。

```html
<!DOCTYPE html>
<html lang="ja">
<head>
<title>コメントのサンプル</title>
</head>
<body>

<!--これはコメントです。-->

これはコメントではありません。

<!--
これもコメントです。
これもコメントです。
これもコメントです。
-->

</body>
</html>
```

文字コードを示す

```
<meta charset="UTF-8">
```

　HTML文書がどの文字コードで保存されているかを示すには、meta要素のcharset属性を使用します。文字コード名は、大文字で書いても小文字で書いてもかまいません。

　なお、HTML Living Standard ではHTML文書は必ず UTF-8 で作成することになっており、charset属性の値には UTF-8 以外を指定できない仕様となっています。

```
<!DOCTYPE html>
<html lang="ja">
<head>
<meta charset="UTF-8">
<title>文字コードを示す</title>
</head>
<body>

</body>
</html>
```

タイトルを付ける

`<title>` ～ `</title>`

□ 会社概要 | 秀和システム	− □ ×
ⓘ	

　HTML文書にタイトルを付けるには、title要素を使用します。この要素で指定したタイトルは、パソコンのブラウザではウィンドウのタイトルバーやタブとして表示されるほか、「お気に入り」や「ブックマーク」として登録した場合のタイトルにもなります。

　また、タイトルはGoogleやYahooなどで検索を行った際の検索結果の各項目の見出しとしてもそのまま使用されます。その際、タイトルが単純に「会社概要」や「製品情報」のようになっていると、どこの会社の情報なのかがわからなくなります。そうならないようにするために、タイトルには「会社概要 ｜ 株式会社○○○」のように会社名や組織名なども含めておくのが一般的です。

　なお、title要素は特別な例外をのぞき、1つのページに必ず1つ指定することになっています。

```
<!DOCTYPE html>
<html lang="ja">
<head>
<meta charset="UTF-8">
<title>会社概要 ｜ 秀和システム</title>
</head>
<body>

</body>
</html>
```

☞ <html>・<head>・<body>：「最低限必要な要素」(p.11)

ページ概要・制作者名・キーワードを入れる

```
<meta name="description" content="ページ概要">
<meta name="author" content="制作者名">
<meta name="keywords" content="キーワード1，キーワード2，… ">
```

　コンテンツとしてページ上には表示されない「ページの概要(簡単な紹介文)」や「制作者名」「キーワード」などの情報をHTMLの中に組み込んでおくには、meta要素を使用します。キーワードは、半角のカンマ(,)で区切って、複数指定できます。これらの情報は主に検索エンジンに使用されることを意図したものですが、実際にどう利用されるのかは検索エンジンによって異なります。

```
<!DOCTYPE html>
<html lang="ja">
<head>
<meta charset="UTF-8">
<title>秀和システム　あなたの学びをサポート！</title>
<meta name="description" content="秀和システムはコンピュータ、パソコン書籍の出版社です。
発刊数約5,000点。初心者から上級者までをカバーするシリーズを取り揃えています。">
<meta name="keywords" content="本,書籍,参考書,コンピュータ,ビジネス書">
</head>
<body>

</body>
</html>
```

関連する他のファイルを示す

```
<link rel="関連ファイルの種類" href="URL">
<link rel="icon" href="URL" sizes="サイズ" type="MIMEタイプ">
```

link要素を使用すると、この文書と関連している別の文書やファイルの所在を示すことができます。たとえば、前のページや次のページ、目次のページ、外国語バージョン、サイトのアイコン、スタイルシートを記述したファイルなどのURLを示すために使用されます(スタイルシートを読み込む方法についてはCSSパートで詳しく解説します)。

rel属性に指定できる値については、下の「関連ファイルの種類を表す主なキーワード」を見てください。

sizes属性はアイコンのサイズを指定するための専用属性で、「32x32」や「512x512」のように「幅×高さ」の書式でピクセル数を指定します。

❤ 関連ファイルの種類を表す主なキーワード

キーワード	関連ファイルの種類
prev	連続している文書における「前の文書」
next	連続している文書における「次の文書」
alternate	現在の文書の代わりとなる文書(翻訳版など)
author	現在の文書や記事の執筆者に関する情報
license	メインコンテンツの著作権ライセンスに関する情報
help	状況に応じたヘルプ
search	現在の文書とその関連ページを検索可能なページ
icon	現在の文書のアイコンとして使用する画像ファイル
stylesheet	読み込んで適用するスタイルシート

```
<!DOCTYPE html>
<html lang="ja">
<head><meta charset="UTF-8">
<title>link要素サンプル</title>
<link rel="previous" href="chapter1.html">
<link rel="next" href="chapter3.html">
<link rel="icon" href="favicon.png" sizes="16x16" type="image/png">
<link rel="stylesheet" href="style.css">
</head>
<body></body>
</html>
```

基準URLを設定する

```
<base href="基準URL">
<base href="基準URL" target="表示先">
```

　base要素は、そのページで使用されている相対URLの基準位置を設定する要素です。この指定を行うと、以降そのページで指定する相対URL は、すべてここで指定した絶対URLを基準としたものとして認識されます。この指定を行わなかった場合には、現在のページの位置が基準となります。

　target属性を指定すると、リンク先のページを開くデフォルトのウィンドウやタブを指定することができます。target属性に指定可能な値については「リンク先を別のウィンドウに表示する」およびTIPS「target属性の特別な4つの値」を参照してください。

　なお、base要素は「属性値に相対URLを持つ他の要素」よりも先に配置しなければならない点に注意してください。

　※下の例の場合、link要素で指定されている「chapter1.html」と「chapter3.html」は、それぞれ以下の絶対URLとして扱われます。

https://www.basesample.com/chapter1.html
https://www.basesample.com/chapter3.html

```
<!DOCTYPE html>
<html lang="ja">
<head>
<meta charset="UTF-8">
<title>base要素サンプル</title>
<base href="https://www.example.com/index.html">
<link rel="previous" href="chapter1.html">
<link rel="next" href="chapter3.html">
</head>
<body>

</body>
</html>
```

☞ target属性：「リンク先を別のウインドウに表示する」(p.41)
　　TIPS「target属性の特別な4つの値」(p.40)

見出しを表す

```
<h1> ～ </h1>
<h2> ～ </h2>
<h3> ～ </h3>
<h4> ～ </h4>
<h5> ～ </h5>
<h6> ～ </h6>
```

┌─ 見出しを表す ────────────────────────── － □ × ─┐

ⓘ

1番目の階層の見出し

2番目の階層の見出し

3番目の階層の見出し

4番目の階層の見出し

5番目の階層の見出し

6番目の階層の見出し

　h1 ～ h6要素は、それが見出し (heading)であることを表します。1 ～ 6の数字は見出しの階層を示しており、h1が1番上の階層の見出し（大見出し）、h6が6番目の階層の見出しというように6段階まで用意されています。

　一般的なブラウザでは特に何も指定しなくても階層が上の見出しほど大きく表示されますが、これはCSSを適用していない状態でも見出しのおよその階層がわかるようにするための措置であり、HTMLの仕様でこのように表示することが決められているわけではありません。見出しの大きさや具体的な表示方法は最終的にはCSSで指定しますので、表示される大きさによって使用する見出しを選ぶのではなく、必ず文書構造の実際の階層に合わせた見出しを使用してください。

```
<!DOCTYPE html>
<html lang="ja">
<head>
<meta charset="UTF-8">
<title>見出しを表す</title>
</head>
<body>
<h1>1番目の階層の見出し</h1>
<h2>2番目の階層の見出し</h2>
<h3>3番目の階層の見出し</h3>
<h4>4番目の階層の見出し</h4>
<h5>5番目の階層の見出し</h5>
<h6>6番目の階層の見出し</h6>
</body>
</html>
```

☞ スタイルシート：「基本的な書き方」(p.142)

コラム HTML5で導入されたセクションとは？

セクションとは、書籍における「章」や「節」のようなものです。具体的に言えば、先頭に見出しがあって、その見出しによる主題のおよぶ範囲にあるコンテンツ全体をセクションと言います。そのため、セクションと見出しは基本的にはセットで使用されますが、セクションによっては見出しのないものもあります。

HTMLの要素の7種類のカテゴリーのうち、「セクショニングコンテンツ」に該当する4つの要素(article要素・section要素・aside要素・nav要素)がセクションをあらわす要素です。

見出しとサブタイトルを一体化させる

`<hgroup>` ～ `</hgroup>`

🗋 見出しとサブタイトルを一体化させる	—	□	×

ⓘ

秀和システム

あなたの学びをサポート！

　hgroup要素は、見出しとサブタイトルやキャッチフレーズなどをグループ化してまとめるための要素です。内容として入れられるのは、h1 ～ h6要素とp要素だけです。h1 ～ h6要素のうちどれか1つを配置し、その前後に必要な数だけp要素を配置することができます。

```
<!DOCTYPE html>
<html lang="ja">
<head>
<meta charset="UTF-8">
<title>見出しとサブタイトルを一体化させる</title>
</head>
<body>
<hgroup>
    <h1>秀和システム</h1>
    <p>あなたの学びをサポート！</p>
</hgroup>
</body>
</html>
```

段落を表す

`<p>` ～ `</p>`

段落を表す   — □ ×

ⓘ

はじめての名古屋ライフ

　名古屋には札幌とよく似た風景の場所がある。久屋大通は札幌の大通公園にそっくりだし、そのとき通っていた矢田川のサイクリングロードだって、鮭が遡上することで有名な豊平川のサイクリングロードにそっくりだった。

　でも、その矢田川のサイクリングロードで見た妙に青々とした空は、それまで見てきたどの地域の空とも違っていた。どうしてなのかはわからないのだが、まるで名古屋市全体を覆う青く塗られた半球状の天井でも存在するかのように、物体として空がそこにあるように見える。

---

　p要素は、その範囲がひとつの段落(paragraph)であることを表します。一般的なブラウザでは、この要素の前後にほぼ1行分のスペース(マージン)がとられて表示されます。

```
<!DOCTYPE html>
<html lang="ja">
<head>
<meta charset="UTF-8">
<title>段落を表す</title>
</head>
<body>
<h1>はじめての名古屋ライフ</h1>
<p>
　名古屋には札幌とよく似た風景の場所がある。久屋大通は札幌の大通公園にそっくりだし、そのとき通って
いた矢田川のサイクリングロードだって、鮭が遡上することで有名な豊平川のサイクリングロードにそっくり
だった。
</p>
<p>
　でも、その矢田川のサイクリングロードで見た妙に青々とした空は、それまで見てきたどの地域の空とも違っ
ていた。どうしてなのかはわからないのだが、まるで名古屋市全体を覆う青く塗られた半球状の天井でも存在
するかのように、物体として空がそこにあるように見える。
</p>
</body>
</html>
```

記事全体の範囲を示す

`<article>` ～ `</article>`

記事全体の範囲を示す   — □ ×

ⓘ

植物園に行ってきました

わが家から植物園までの距離は約６キロ。

・・・中略・・・

とにかくすごかったです。皆さんもぜひ！

---

　article要素は、雑誌や新聞の記事、ブログの記事のような、その範囲内に内容の全体が入っているセクションを表します。これに対して、全体の一部分となっているセクションを表す場合は、次に説明するsection要素を使用します。

```
<!DOCTYPE html>
<html lang="ja">
<head>
<meta charset="UTF-8">
<title>記事全体の範囲を示す</title>
</head>
<body>
<article>
    <h1>植物園に行ってきました</h1>
    <p>わが家から植物園までの距離は約６キロ。</p>
    <p>・・・中略・・・</p>
    <p>とにかくすごかったです。皆さんもぜひ！</p>
</article>
</body>
</html>
```

一般的なセクションの範囲を示す

`<section>` ～ `</section>`

📄 一般的なセクションの範囲を示す ⎯ □ ✕

ⓘ

よく使うグローバル属性

仕様頻度の高いグローバル属性を紹介します。

id属性

id属性は、・・・

class属性

class属性は、・・・

---

　　section要素は、章や節のような一般的なセクションを表します。記事の全体を含むセクションにはarticle要素を使用しますが、全体の一部となっているセクションにはsection要素を使用してください。また、セクションを表す要素のうち、用途の限定されているarticle要素・aside要素・nav要素に該当しないセクションに対しては、このsection要素を使用します。

```
<!DOCTYPE html>
<html lang="ja">
<head><meta charset="UTF-8"><title>一般的なセクションの範囲を示す</title></head>
<body>
<article>
    <h1>よく使うグローバル属性</h1>
    <p>仕様頻度の高いグローバル属性を紹介します。</p>
    <section>
        <h2>id属性</h2>
        <p>id属性は、・・・</p>
    </section>
    <section>
        <h2>class属性</h2>
        <p>class属性は、・・・</p>
    </section>
</article>
</body>
</html>
```

本題から外れた内容のセクションを示す

```
<aside> ～ </aside>
```

本題から外れた内容のセクションを示す　　　　　　　　　　　　　　　－　　□　　×

ⓘ

植物園に行ってきました

わが家から植物園までの距離は約６キロ。

とにかくすごかったです。皆さんもぜひ！

～広告～

　　aside要素は、周囲のコンテンツとはあまり関係がなく、別物として扱うべき内容
のセクションを表します。たとえば、広告・補足記事・読者の興味をひくための記
事の抜粋・nav要素のグループなどに対して使用されます。

```
<!DOCTYPE html>
<html lang="ja">
<head>
<meta charset="UTF-8">
<title>本題から外れた内容のセクションを示す</title>
</head>
<body>
<article>
    <h1>植物園に行ってきました</h1>
    <p>わが家から植物園までの距離は約６キロ。</p>
      ・・・中略・・・
    <p>とにかくすごかったです。皆さんもぜひ！</p>
    <aside> ～広告～ </aside>
</article>
</body>
</html>
```

ナビゲーションの範囲を示す

`<nav>` ～ `</nav>`

ナビゲーションの範囲を示す	— □ ×

ⓘ

会社概要

- ホーム
- 製品情報
- 会社概要
- お問い合わせ

　nav要素は、主要なナビゲーションのセクションを表します。一般に、ホームページの中にはリンクのグループのようになっている部分が数カ所ありますが、それらすべてに対して使用するのではなく、あくまで主要な(たとえばグローバルナビゲーションのような)ナビゲーションに対してのみ使用してください。

```
<!DOCTYPE html>
<html lang="ja">
<head>
<meta charset="UTF-8">
<title>ナビゲーションの範囲を示す</title>
</head>
<body>
<h1>会社概要</h1>
<nav>
  <ul>
    <li><a href=" ～ ">ホーム</a></li>
    <li><a href=" ～ ">製品情報</a></li>
    <li>会社概要</li>
    <li><a href=" ～ ">お問い合わせ</a></li>
  </ul>
</nav>
  ・・・
</body>
</html>
```

ヘッダーの範囲を示す

`<header>` ～ `</header>`

🗋 会社概要 | 秀和システム　　　　　　　　　　　　　　　　－　□　×

ⓘ

会社概要

---

　header要素は、見出しやロゴ、ナビゲーション、検索用のフォーム、目次といっ
たメインコンテンツよりも前に配置するコンテンツをグループ化する要素です。

```
<!DOCTYPE html>
<html lang="ja">
<head>
<meta charset="UTF-8">
<title>会社概要 | 秀和システム</title>
</head>
<body>
<header>
  <h1>会社概要</h1>
  <nav>
   ・・・
  </nav>
</header>
<main>
  ・・・
</main>
<footer>
  ・・・
</footer>
</body>
</html>
```

フッターの範囲を示す

`<footer>` ～ `</footer>`

🗋 フッターの範囲を示す	—	🗆	✕

ⓘ

Copyright © 2023 ○○○. All rights reserved.

---

　footer要素は、それを含むもっとも近いセクションまたはbody要素のフッターを表します。内容としては、Copyrightの表記のほか、関連文書へのリンク、執筆者の情報などを入れることができます。一般に、フッターはセクション内の最後に配置されますが、前の方に配置することも可能です。

```
<!DOCTYPE html>
<html lang="ja">
<head>
<meta charset="UTF-8">
<title>フッターの範囲を示す</title>
</head>
<body>
<header>
  ...
</header>
<main>
  ...
</main>
<footer>
  ...
  <p>
    <small>Copyright © 2023 ○○○. All rights reserved.</small>
  </p>
</footer>
</body>
</html>
```

メインコンテンツの範囲を示す

`<main>` ～ `</main>`

メインコンテンツの範囲を示す		—	□	×
ⓘ				

　main要素は、そのHTML文書のメインコンテンツを表します。この要素を含むことができるのは、基本的にhtml要素・body要素・div要素・form要素だけである点に注意してください。また、1つの文書内にmain要素を複数配置する場合には、hidden属性を使用して同時に複数のmain要素が表示されないようにする必要があります。

```
<!DOCTYPE html>
<html lang="ja">
<head>
<meta charset="UTF-8">
<title>メインコンテンツの範囲を示す</title>
</head>
<body>
<header>
  ・・・
</header>
<main>
  ・・・メインコンテンツ・・・
</main>
<footer>
  ・・・
</footer>
</body>
</html>
```

HTML

独自に範囲を設定する

```
<div> ～ </div>
<span> ～ </span>
```

セクションと範囲を指定する

　div要素とspan要素は、その内容が何であるのかは表さずに、ただその範囲だけを示す要素です。div要素とspan要素の違いは、div要素がブロックレベル要素であるの対して、span要素はインライン要素である点だけです。任意の範囲をグループ化したい場合や、CSSを適用するために範囲を指定する必要がある場合などに使用します。ただし、その範囲に使用すべき適切な要素がほかにある場合は、そちらの要素を使用してください。

```
<!DOCTYPE html>
<html lang="ja">
<head>
<meta charset="UTF-8">
<title>独自に範囲を設定する</title>
</head>
<body>
  <div id="wrapper">
    <header>
      <div class="inner">
        . . .
      </div>
    </header>
    <main>
      <div class="inner">
        . . .
      </div>
    </main>
    <footer>
      <div class="inner">
        . . .
      </div>
    </footer>
  </div>
</body>
</html>
```

場面やトピックの変わり目を表す

`<hr>`

📄 場面やトピックの変わり目を表す　　　　　　　　　　　　　　　　− □ ×

ⓘ

・・・そんなこんなで大変な一日でした。

ところで、話は変わりますが・・・

---

　hr要素は、場面やトピックの「変わり目」や「区切り」を表します。

　セクションはそれ自身が前後の内容との区切りをあらわすため、セクションを区切るためにhr要素を使用する必要はありません。hr要素は、セクションの内部において段落を区切るために使用します。

```
<article>
・・・
<p>
・・・そんなこんなで大変な一日でした。
</p>
<hr>
<p>
ところで、話は変わりますが・・・
</p>
・・・
</article>
```

マーク付きのリストを作る

`<ul><li>リスト項目1</li><li>リスト項目2</li>…</ul>`

📄 マーク付きのリストを作る ー □ ✕

ⓘ

- リスト項目1
- リスト項目2
- リスト項目3

- リスト項目1

- リスト項目2

- リスト項目3

　HTMLでは、箇条書き形式のテキストをリストと言います。リスト形式で表示させたい場合は、その部分全体を<ul> ～ </ul>で囲み、その中の各項目を<li> ～ </li>で囲います。<li> ～ </li>の内容としては、テキストだけでなくインライン要素とブロックレベル要素の両方を入れることができます（リストを入れ子にすることもできます）。

```
<ul>
<li>リスト項目1</li>
<li>リスト項目2</li>
<li>リスト項目3</li>
</ul>

<hr>

<ul>
<li><p>リスト項目1</p></li>
<li><p>リスト項目2</p></li>
<li><p>リスト項目3</p></li>
</ul>
```

番号付きのリストを作る

<ol><li>リスト項目1</li><li>リスト項目2</li>…</ol>

```
┌ 番号付きのリストを作る ──────────── ─  □  ✕
ⓘ

   1. リスト項目A
   2. リスト項目B
   3. リスト項目C
  ─────────────────────────

   1. リスト項目A

   2. リスト項目B

   3. リスト項目C

```

　リストの先頭の記号をマークではなく番号にしたい場合は、リスト全体を<ol> ～ </ol>で囲みます(olはordered listの略です)。リストの各項目については、ul要素と同様に<li> ～ </li>で囲います。<li> ～ </li>の内容としては、テキストだけでなくインライン要素とブロックレベル要素の両方を入れることができます(リストを入れ子にすることもできます)。

```
<ol>
<li>リスト項目A</li>
<li>リスト項目B</li>
<li>リスト項目C</li>
</ol>

<hr>

<ol>
<li><p>リスト項目A</p></li>
<li><p>リスト項目B</p></li>
<li><p>リスト項目C</p></li>
</ol>
```

☞ スタイルシート:「リストのマークや番号の形式を変える」(p.268)

番号の形式を変える

`<ol type="番号の形式"> ~ </ol>`

【番号の形式】	
1(算用数字)	1, 2, 3, …
a(英小文字)	a, b, c, …
A(英大文字)	A, B, C, …
i(ローマ数字小文字)	i, ii, iii, …
I(ローマ数字大文字)	I, II, III, …

📄 番号の形式を変える	— ☐ ✕
ⓘ	

   i. リスト項目A
  ii. リスト項目B
 iii. リスト項目C

ol要素にtype属性を指定することで、番号付きリストの各項目の前に表示される番号の表示形式を変更することができます。

```
<ol type="i">
<li>リスト項目A</li>
<li>リスト項目B</li>
<li>リスト項目C</li>
</ol>
```

☞ スタイルシート：「リストのマークや番号の形式を変える」(p.268)

ol　start　reversed　li　value

番号の順序を変更する

```
<ol start="開始番号"> ～ </ol>
<ol reversed> ～ </ol>
<li value="開始番号"> ～ </li>
```

🗋 番号の順序を変更する	—	□	✕

ⓘ

4. リスト項目A
5. リスト項目B
6. リスト項目C
1. リスト項目D
2. リスト項目E
3. リスト項目F

　ol要素にstart属性を指定すると、番号付きリストを指定した番号から開始させることができます。reversed属性を指定すると、番号の順番が逆になります。li要素にvalue属性を指定すると、その項目の番号が変更され、以降の項目もそれに続く番号に変更されます。

```
<ol start="4">
<li>リスト項目A</li>
<li>リスト項目B</li>
<li>リスト項目C</li>
<li value="1">リスト項目D</li>
<li>リスト項目E</li>
<li>リスト項目F</li>
</ol>
```

HTML

用語と説明のリストを作る

`<dl><dt>`用語`</dt><dd>`その説明`</dd>`…`</dl>`

リストを作る

🗋 用語と説明のリストを作る	— □ ✕

ⓘ

ユーザーエージェント
　　ウェブ・コンテンツにアクセスするためのソフトウェア。一般的なデスクトップ
　　のグラフィカルなブラウザの他、音声ブラウザ、携帯電話、マルチメディアプレ
　　イヤー、プラグインなども含まれる。

　用語とそれに対する説明をペアにした形式のリストを作るには、dl要素・dt要素・dd要素を使用します。リスト全体を `<dl>` 〜 `</dl>` で囲い、その内部にはdt要素（用語）とdd要素（説明）をペアにしたものを必要なだけ配置できます。dl要素の内部に配置したdt要素とdd要素は、必要に応じてdiv要素でグループ化することも可能です。

　一般的なブラウザでは、`<dd>` 〜 `</dd>` の範囲がインデントされて表示されます。これらの要素は「用語と説明」に限らず、「質問とその回答」「キャッチコピーと詳しい説明」のようなペアとなる内容に対しても応用的に使用できます。

```
<dl>
<dt>ユーザーエージェント</dt>
<dd>
ウェブ・コンテンツにアクセスするためのソフトウェア。
一般的なデスクトップのグラフィカルなブラウザの他、
音声ブラウザ、携帯電話、マルチメディアプレイヤー、
プラグインなども含まれる。
</dd>
</dl>
```

他のページにリンクする

`<a href="リンク先URL"> ～ </a>`

テキストをリンクにするには、リンクにしたい範囲を `<a>` ～ `</a>` で囲い、href属性でリンク先のURLを指定します。

ユーザーの中には、ホームページを合成音声で読み上げさせている人もいます。そのようなユーザーは、リンクだけを抜き出して連続して読み上げさせることがあるのですが、リンクのテキストが「ここ」や「ここをクリック」になっていると、それがどこへのリンクなのかがわからなくなります。リンクさせる部分の言葉は、それだけでリンク先の内容が連想できるようなものにしておきましょう。

```
<p>
<a href="https://www.shuwasystem.co.jp/">秀和システムのサイト</a>を参照してください。
</p>
```

☞ スタイルシート：「リンク部分に適用させる」(p.161)

同じページの特定の位置にリンクする

```
<a href="#位置名"> ～ </a>      ← リンク元の指定(ここから)
<要素名 id="位置名"> ～ </要素名>  ← リンク先の指定(この位置へ)
```

リンクする

　ひとつのページがとても長い場合などに、同じページ内の特定の位置に名前を付けておいて、そこにリンク(ジャンプ)することができます。リンクの対象となる位置に名前を付けるには、id属性を使用します。そして、そこへリンクするためには、href属性でリンク先の名前の前に「#」記号を付けて指定します。

```
<h1>アクセシブルなウェブデザイン</h1>
<h2 id="contents">目次</h2>
<ul>
<li><a href="#intro">1．はじめに</a></li>
<li><a href="#equiv">2．代替テキストの提供</a></li>
<li><a href="#color">3．色に依存しない</a></li>
<li><a href="#strct">4．適切にスタイルシートを使う</a></li>
<li><a href="#mvmnt">5．点滅や移動は止められるようにする</a></li>
<li><a href="#indep">6．装置に依存しないように設計する</a></li>
<li><a href="#intrm">7．暫定的な解決策をとる</a></li>
<li><a href="#cmplx">8．前後関係や位置を表す情報の提供</a></li>
<li><a href="#navig">9．ナビゲーションのための仕組の提供</a></li>
</ul>
<hr>

<h2 id="intro">1．はじめに</h2>
<p>
[<a href="#contents">目次</a>
 | <a href="#equiv">次の項目</a>]
</p>
<p>
Webページデザインに関連するアクセシビリティについてよく知らない方は、多くのユーザーが
あなたとは非常に異なった状況の元で操作している可能性があるということを考えてみてください。
</p>
<ul>
<li>あるユーザーは、「見ることができない」「聞くことができない」「動くことができない」ま
たは「ある種類の情報を簡単に、あるいはまったく処理できない」かもしれません。</li>
<li>あるユーザーは、「キーボードやマウスがない」または「キーボードやマウスを使うことが
できない」かもしれません。</li>
<li>あるユーザーは、「テキストしか表示できない環境」「小さな画面を使用」「インターネット
に低速でしか接続できない環境」で操作しているかもしれません。</li>
<li>あるユーザーは、「見たり聞いたりできない状況」または「手が使えない状況」にあるかも
しれません（車を運転している場合や、騒がしい環境などの場合）。</li>
<li>あるユーザーは、「古いバージョンのブラウザ」「まったく異なる種類のブラウザ」「音声出
力のブラウザ」「異なるOS」などを使用しているかもしれません。</li>
</ul>
<h2 id="equiv">2．代替テキストの提供</h2>
<p>
[<a href="#intro">前の項目</a>
 | <a href="#contents">目次</a>
 | <a href="#color">次の項目</a>]
</p>
     〜後略〜
```

`a` `href` `id`

他のページの特定の位置にリンクする

```
<a href="URL#位置名"> ～ </a>    ← リンク元の指定（ここから）
<要素名 id="位置名"> ～ </要素名>    ← リンク先の指定（この位置へ）
```

　　ページ内の特定の位置に名前をつけておくと、他のページからそのページのその位置にリンク（ジャンプ）することも可能になります。リンクの対象となる位置に名前を付けるには、id属性を使用します。そして、その位置へリンクするためには、href属性に「URL + # + 位置名」を指定します。

```
<p>
<a href="https://html.spec.whatwg.org/multipage/text-level-semantics.html#the-
a-element">HTML Living Standard の仕様書原文のa要素の解説</a>を参照してください。
</p>
```

コラム target属性の特別な4つの値

リンク先を表示させるウィンドウやタブをtarget属性で指定する場合、あらかじめ決められている4種類の特別な名前があります。それぞれの名前と機能は、次の通りです。

値	機能
_blank	新しいウィンドウやタブに表示
_self	現在のウィンドウやタブに表示
_parent	親となる表示先に表示
_top	最上位となっている表示先に表示

リンク先を別のウィンドウに表示する

```
<a href="URL" target="ウィンドウ名">～</a>
```

target属性を使用すると、リンク先を表示させるウィンドウ(タブ)を指定することができます。指定した名前のウィンドウがすでにある場合はそのウィンドウへ、ない場合は指定した名前の新しいウィンドウを開いて表示します。また、名前のない状態の新しいウィンドウを開くなどの指定も可能となるように、あらかじめ決められた特別な名前も用意されています(前ページのコラム参照)。たとえば、名前として「_blank」を指定すると名前のない状態で新しいウィンドウを開いて表示し、「_self」を指定するとリンク元と同じウィンドウに表示します。

```
<ul>
<li><a href="https://www.shuwasystem.co.jp/" target="abc">秀和システム(「abc」と
いう名前のウィンドウまたはタブに表示)</a></li>
<li><a href="https://www.shuwasystem.co.jp/" target="_blank">秀和システム(常に
新しいウィンドウまたはタブを開いて表示)</a></li>
</ul>
```

改行させる

`<br>`

🗋 改行させる　　　　　　　　　　　　　　　　　　　　　　　　　　　　　　—　　□　　✕
ⓘ
〒905-0123 札幌市中央区北1条西2丁目3-4 ニフェーデービル45F

　br要素を配置すると、テキストがその位置で改行して表示されます。

　HTMLの仕様では、要素内容に含まれる改行はブラウザで表示させる時には半角スペースに変換されることになってます。そのため、ブラウザで表示させた時に改行されている状態にするためには、改行させたい位置にbr要素を入れる必要があります。

　なお、br要素はスペースを空けるための要素ではありません。詩や住所の表記のように、改行がコンテンツの一部に含まれているような場合にのみ使用すべき要素です。余白が必要な場合にはCSSを使用してください。

```
<p>
〒905-0123<br>
札幌市中央区北1条西2丁目3-4<br>
ニフェーデービル45F
</p>
```

ルビをふる

```
<ruby> ～ </ruby>    ← ルビ関連の全体を入れる要素
<rt> ～ </rt>    ← ルビ（ふりがな）
<rp> ～ </rp>    ← 未対応の環境向けのカッコ
```

🗋 ルビをふる	—	□	×

ⓘ

おしゃまんべ
長万部 とは、北海道の地名である。

ルビを表示させるには、まずルビをふりたい漢字部分を <ruby> ～ </ruby> で囲います。そして漢字の直後にルビ（ふりがな）として表示させたいテキストを書き入れ、それを <rt> ～ </rt> で囲います。「rt」は「ruby text」の略です。ルビに対応した環境では、これだけでルビが表示されます。

ただし、ruby要素とrt要素だけでルビを表示させている場合、ルビに未対応の環境では「長万部おしゃまんべ」のように、ルビのテキストが漢字の直後にそのまま表示されてしまいます。これを「長万部(おしゃまんべ)」のようにカッコ付きで表示させるために使用するのがrp要素です。rp要素の「p」は「parentheses(パーレン＝丸カッコ)」を意味しています。

rp要素は、rt要素の直前と直後に下の例のように配置します。ルビに未対応の環境ではruby要素内のテキストがそのまま表示されますので「長万部(おしゃまんべ)」と表示されることになります。ルビに対応した環境では、rp要素の内容は表示されません。

```
<p>
<ruby>
長万部
<rp>(</rp>
<rt>おしゃまんべ</rt>
<rp>)</rp>
</ruby>
とは、北海道の地名である。
</p>
```

スペースや改行をそのまま表示させる

`<pre>` 〜 `</pre>`

スペースや改行をそのまま表示させる　　　　　　　　　　　　　─　□　×

```
function resetRadio() {
  for(var i = 0; i < document.form1.type.length; i++) {
    if(document.form1.type[i].defaultChecked == true)
      document.form1.type[i].checked = true
    else
      document.form1.type[i].checked = false
  }
}
```

　HTMLでは、要素内容に含まれる半角スペース・タブ・改行はすべて半角スペースに変換されて表示されます。半角スペース・タブ・改行が連続して複数入っていた場合でも、それらはすべてまとめて1つの半角スペースになります。そのようにせずに、テキストを入力した通りに表示させたい場合には、その範囲を `<pre>` 〜 `</pre>` で囲ってください。pre要素の「pre」は「preformatted」の略です。pre要素の要素内容は、ブラウザの設定にもよりますが、一般に等幅フォントで表示されます。

```
<pre><code>
function resetRadio() {
  for(var i = 0; i &lt; document.form1.type.length; i++) {
    if(document.form1.type[i].defaultChecked == true)
      document.form1.type[i].checked = true
    else
      document.form1.type[i].checked = false
  }
}</code></pre>
```

`sup` `sub`

上付き文字・下付き文字を表示させる

`<sup>` ～ `</sup>`	←	上付き文字
`<sub>` ～ `</sub>`	←	下付き文字

📄 上付き文字・下付き文字を表示させる	— □ ×

ⓘ

E=mc^2

H$_2$O

　文字を上付き文字として表示させたい場合は、その範囲を `<sup>` ～ `</sup>` で囲います。同様に、下付き文字として表示させたい場合は、その範囲を `<sub>` ～ `</sub>` で囲います。

```
<p>
E=mc<sup>2</sup>
</p>
<p>
H<sub>2</sub>O
</p>
```

HTML

表示方法を指定する

特別な文字を表示させる

```
&lt;   ← <
&gt;   ← >
&quot; ← "
&amp;  ← &
```

```
📄 特別な文字を表示させる              ─  □  ×
�घ
<!DOCTYPE html>
<html lang="ja">
    <head>
    </head>
    <body>
    </body>
</html>
```

　HTMLでは、< と > はタグを表すために使用されますので、そのまま書くとタグの一部だと解釈されてしまい表示されません。そのような特別な役割を持った文字を普通の文字として表示させたい場合には、「 &○○; 」という書式を使用します。これらは、上の書式の通りに必ず小文字で書くようにしてください。

```
<pre><code>
&lt;!DOCTYPE html&gt;
&lt;html lang=&quot;ja&quot;&gt;
    &lt;head&gt;
    &lt;/head&gt;
    &lt;body&gt;
    &lt;/body&gt;
&lt;/html&gt;</code></pre>
```

問い合わせ先を示す

\<address\> ～ \</address\>

```
□  問い合わせ先を示す                              －    □    ×
ⓘ
お問い合わせ： カスタマーサポート
```

　address要素は、それを含む最も近いarticle要素またはbody要素の内容に関する問い合わせ先の情報を格納するための要素です。そのため、問い合わせ先に関する情報以外は内容として入れられません。たとえば住所であったとしても、記事やページに関する問い合わせ先でない住所に関しては、内容として含めることはできません(問い合わせ先でない住所にはp要素を使用してください)。

　多くの場合、address要素は他の情報とともにfooter要素内に配置されます。一般的なブラウザでは要素内容はイタリックで表示されますが、スタイルシートの指定(font-style: normal)によって標準の字体に戻すことも可能です。

　なお、address要素の内部には、見出しとセクションを表す要素、header要素、footer要素、address要素は入れられませんので注意してください。

```
<footer>
  ...
  <address>
    お問い合わせ：
    <a href="mailto:cs@example.co.jp">カスタマーサポート</a>
  </address>
  ...
</footer>
```

☞ スタイルシート：「フォントスタイルを指定する」(p.178)

強調する

`<em>` 〜 `</em>`

🗋 強調する	−	□	×

ⓘ

1. 私は*ひつまぶし*が食べたいんです。
2. *私は*ひつまぶしが食べたいんです。

---

em要素は、その部分が強調されていることを表します。

em要素の強調は「強勢」を意味する強調です（意味合いとしては日本語に圏点を付けた場合とほぼ同じです）。そのため、em要素で文章のどこを強調するのかによって、文章の意味合いが変化してしまう点に注意してください。たとえば下の例では、1つ目の文章は「私は（他のどの料理でもなく）ひつまぶしが食べたいんです。」というような意味になるのに対し、2つ目の文章は「（あなたはそうじゃないかもしれないけれど）私はひつまぶしが食べたいんです。」といった意味になります。

```
<ol>
<li>私は<em>ひつまぶし</em>が食べたいんです。</li>
<li><em>私は</em>ひつまぶしが食べたいんです。</li>
</ol>
```

重要であることを示す

`<strong>` ～ `</strong>`

🗋 重要であることを示す　　　　　　　　　　　　　　　　　　　－　□　×

ⓘ

注意：用法・用量を守って正しくお使いください。

---

　strong要素は、その部分が「重要であること」「重大・深刻であること」「緊急性があること」のいずれかを表します。em要素とは異なり、文章の意味合いを変化させることはありません。

　この要素は、注意や警告を示すために使用できるほか、見出し・段落・図表のタイトルなどにおいて重要な部分を区別できるようにするために使用することもできます。

```
<p>
<strong>注意</strong>：用法・用量を守って正しくお使いください。
</p>
```

補足情報的な注記を表す

`<small>` ～ `</small>`

📄 補足情報的な注記を表す	— □ ×
ⓘ	

Copyright ©SHUWA SYSTEM CO.,LTD All rights reserved.

　small要素は、印刷物において一般に小さな文字で欄外に記されている注記のようなものを表すために使用します。一般的なページの最下部付近にあるCopyright表記の部分で使用されるほか、警告・免責事項・帰属・法的規制などを表記する際にも使用されます。

```
<footer>
<p>
<small>Copyright ©SHUWA SYSTEM CO.,LTD All rights reserved.</small>
</p>
</footer>
```

インラインの引用文を表す

```
<q> ～ </q>
<q cite="引用元のURL"> ～ </q>
```

🗋 インラインの引用文を表す	－	□	✕

ⓘ

HTML Living Standard の仕様書には、「引用文をq要素でマークアップするかどうかは完全に任意であり、q要素を使わずに自分で引用符を付けて表現することも正しい方法である」と書かれています。

---

  q要素は、インラインの状態の引用文であることを示す要素です。この要素の前後にはブラウザによって自動的に引用符が付けられますので、自分で引用符をつける必要はありません。また、自動的に表示される引用符の種類はCSSで変更可能です。

  cite属性を使用することで引用したページのURLを示すこともできます。

```
<p>
HTML Living Standard の仕様書には、<q cite="https://html.spec.whatwg.org/
multipage/text-level-semantics.html#the-q-element">引用文をq要素でマークアップする
かどうかは完全に任意であり、q要素を使わずに自分で引用符を付けて表現することも正しい方法である</q>
と書かれています。
</p>
```

☞ スタイルシート：「引用符として使用する記号を設定する」(p.288)

ブロックレベルの引用文を表す

```
<blockquote> 〜 </blockquote>
<blockquote cite="引用元のURL"> 〜 </blockquote>
```

```
📄 ブロックレベルの引用文を表す                                    ─    □    ✕
ⓘ

たとえば、HTML Living Standard のblockquote要素の解説の中には、次のような
一節があります。

    The content of a blockquote may be abbreviated or may have
    context added in the conventional manner for the text's language.
```

　　blockquote要素は、その部分がブロックレベルの引用文であることを示す要素です。cite属性を使用することで引用したページのURLを示すこともできます。引用文は必ずしも原文そのままである必要はなく、「…(中略) …」のようにして省略することなども認められています。

```
<p>
たとえば、HTML Living Standard のblockquote要素の解説の中には、次のような一節があります。
</p>
<blockquote cite="https://html.spec.whatwg.org/multipage/grouping-content.
html#the-blockquote-element">
<p>
The content of a blockquote may be abbreviated or may have context added in
the conventional manner for the text's language.
</p>
</blockquote>
```

☞ スタイルシート:「マージンを設定する」(p.209)

作品のタイトルを表す

`<cite> ～ </cite>`

ⓘ

私は、村上春樹の小説の中では海辺のカフカが好きです。

---

cite要素は、作品のタイトルを表します。作品には、本・論文・エッセイ・詩・楽譜・歌・脚本・映画・テレビ番組・ゲーム・彫刻・絵画・演劇・オペラ・ミュージカル・展覧会・訴訟報告書・コンピュータのプログラムなどが含まれます。

```
<p>
私は、村上春樹の小説の中では<cite>海辺のカフカ</cite>が好きです。
</p>
```

☞ スタイルシート：「フォントスタイルを指定する」(p.178)

注目すべき部分として目立たせる

`<mark> 〜 </mark>`

📄 注目すべき部分として目立たせる　　　　　　　　　　　　　　　　　　　－　　□　　✕

ⓘ

たとえば次の一節の、特に出だしの部分は有名なので聞いたことのある人も多いはずだ。

> 「銀の滴降る降るまわりに、金の滴降る降るまわりに。」という歌を私は歌いながら流に沿って下り、人間の村の上を通りながら下を眺めると昔の貧乏人が今お金持になっていて、昔のお金持が今の貧乏人になっている様です。

　テキストを <mark> 〜 </mark> で囲うと、一般的なブラウザでは黄色の蛍光ペンで線を引いたように表示されます。このことからもわかるように、mark要素は元々あるテキストの特定の部分を、なんらかの意図を持って目立つようにしたい場合に使用する要素です（蛍光ペンで線を引いたように表示すると仕様で決められているわけではありません）。

```
<p>
たとえば次の一節の、特に出だしの部分は有名なので聞いたことのある人も多いはずだ。
</p>
<blockquote>
<p>
「<mark>銀の滴降る降るまわりに、金の滴降る降るまわりに。</mark>」という歌を私は歌いながら流に沿って下り、人間の村の上を通りながら下を眺めると昔の貧乏人が今お金持になっていて、昔のお金持が今の貧乏人になっている様です。
</p>
</blockquote>
```

略語を表す

```
<abbr title="文字列"> ～ </abbr>
```

🗋 略語を表す	⏤ ☐ ✕

ⓘ

どうせ私はアラフォ千ですから・・・
　　　　　　[アラウンド・フォーティー]

abbr要素は、その部分が略語であることを示す要素です。title属性を使用することで、省略していない状態の元の言葉を示すことができます。

　略語部分をすべてabbr要素でマークアップする必要はありません。省略していない状態の言葉がわかるようにしたい場合や、略語の部分にCSSを適用したい場合など、必要な場合にのみ使用してください。

```
<p>
どうせ私は<abbr title="アラウンド・フォーティー ">アラフォー </abbr>ですから・・・
</p>
```

コラム 追加や削除をした日時の表し方

　ins要素とdel要素のdatetime属性で示す日時にはさまざまな書式があります。もっとも簡単でわかりやすいのは「yyyy-mm-dd」の形式で「2023-04-01」のように年月日だけを示す方法です。

　時刻も示したい場合には、次の例のような書式を使用することができます。いずれも2023年4月1日23時45分を示しており、「+0900」と「+09:00」は日本のタイムゾーンを表しています。

```
2023-04-01T23:45+0900
2023-04-01T23:45+09:00
2023-04-01 23:45+0900
2023-04-01 23:45+09:00
```

追加したことを示す

```
<ins cite="URL" datetime="追加日時"> ~ </ins>
```

cite	追加に関する情報が書かれている文書のURL
datetime	追加した年月日（yyyy-mm-dd形式）

📄 追加したことを示す   — ☐ ✕

ⓘ

tt要素は、要素内容のテキストを等幅フォントで表示させる要素です。

注意：tt要素はHTML5で廃止されました。

---

　ins要素は、その部分が、後から追加した部分であることを示します。

　ブラウザによって表示方法は異なりますが、一般的には下線の付いた状態やイタリックなどで表示されます。この要素は、指定する範囲に応じて、インライン要素としてもブロックレベル要素としても使用することができます。

```
<p>
tt要素は、要素内容のテキストを等幅フォントで表示させる要素です。
</p>
<p>
<ins datetime="2014-10-28"><strong>注意</strong>：tt要素はHTML5で廃止されました。
</ins>
</p>
```

☞ TIPS「追加や削除をした日時の表し方」(p.55)

削除したことを示す

```
<del cite="URL" datetime="削除日時">〜</del>
```

cite	削除に関する情報が書かれている文書のURL
datetime	削除した年月日（yyyy-mm-dd形式）

📄 削除したことを示す   − □ ✕

ⓘ

2019年の時点でW3C勧告となっているHTMLの仕様は~~HTML 5.2~~<u>HTML Living Standard</u>です。

---

　del要素は、その部分が、後から削除された部分であることを示します。

　ブラウザによって表示方法は異なりますが、一般的には取消線が付けられた状態で表示されます。この要素は、指定する範囲に応じて、インライン要素としてもブロックレベル要素としても使用することができます。

```
<p>
2019年の時点でW3C勧告となっているHTMLの仕様は<del>HTML 5.2</del><ins>HTML Living
Standard</ins>です。
</p>
```

👉 TIPS「追加や削除をした日時の表し方」(p.55)

正しくない情報になったことを示す

`<s> ～ </s>`

📄 正しくない情報になったことを示す   − □ ✕

ⓘ

本日限りの特別セール！
どれでも ~~1,280円~~ 500円

---

　s要素は「正しい情報ではなくなってしまった部分」または「関係のない情報となってしまった部分」を表します。一般的なブラウザでは取消線つきで表示されます。

```
<p>
本日限りの特別セール！<s>1,280円</s> 500円
</p>
```

コラム CSSピクセルとは？

CSSでは長さをあらわす際にさまざまな単位が使用できますが、その中の1つに「px（ピクセル）」があります。これはもともとは画面上のひとつの物理的なピクセル（ドット）を1とする単位でした。しかしiPhoneのRetinaディスプレイの登場により、それでは都合が悪くなってしまいます。それまでの画面のピクセルといえば96dpi（1インチ幅にドットが96個）程度の密度だったのに対し、Retinaディスプレイは326dpi（1インチ幅にドットが326個）とほぼ3倍（ドットの大きさは約1/3）になってしまったからです。以降、高画素密度のディスプレイが次々と登場し、ピクセルの物理的な大きさは画面によって数倍も違うという状況になってしまいました。

そこで、CSSで長さを指定するときの単位「px」は、画面上の実際のピクセルの大きさとは関係なく、Retinaディスプレイの登場以前のディスプレイ（約96dpi）に合わせて「1/96インチを1とする単位」に変更されました。CSSで使用するこの「1/96インチを1としてあらわした長さ」のことをCSSピクセルと言います。要するに、「高画素密度のディスプレイの場合には実際のドットとは一致しないけれども、それ以前の昔からある画面においてはドットとほぼ一致する大きさ」がCSSピクセルです。

定義対象の用語であることを示す

`<dfn>` ～ `</dfn>`

定義対象の用語であることを示す   −   □   ✕

ⓘ

*XML*は、SGMLの不要な機能を削除して、Web上で必要となる機能を追加した汎用的な
データ記述言語です。1998年にW3Cによって公開されましたが、すでに多くの企業が
このXMLを利用してデータ交換を行っています。

---

　dfn要素は、その部分が、用語の意味を定義(説明)している部分の対象となる「用語」
であることを示します。

　たとえば、ある文章の中で、初めてその用語が出てくる場合などに使用されます。
一般的なブラウザでは、イタリックで表示されます。

```
<p>
<dfn>XML</dfn>は、SGMLの不要な機能を削除して、Web上で必要となる機
能を追加した汎用的なデータ記述言語です。1998年にW3Cによって公開さ
れましたが、すでに多くの企業がこのXMLを利用してデータ交換を行って
います。
</p>
```

プログラム関連のテキストを表す

```
<kbd> ～ </kbd>     ← 入力文字
<samp> ～ </samp>   ← 出力サンプル
<code> ～ </code>   ← ソースコード
<var> ～ </var>     ← 変数・引数
```

☐ プログラム関連のテキストを表す   — ☐ ✕

ⓘ

まずは、コマンドラインからDIRと入力してみましょう。もし、間違って入力した場合には、次のようなメッセージが表示されます。

コマンドまたはファイル名が違います.

次に示す例のように、通常カウンタとなる変数には、*i* が使用されます。

```
for(var i in document )
    document.write(i + "<br>")
```

---

　kbd要素は、その部分がキーボードなどから入力する文字であることを示します。samp要素は、プログラムなどによって出力される内容のサンプルを示す場合に使用します。code要素は、プログラムなどのソースコードのほか、要素名やファイル名といったコンピューターが認識する文字列を示す場合に使用します。ソースコード中の空白による字下げもそのまま表示させたい場合には、同時にpre要素も使用してください。var要素は、変数や引数を示す場合に使用します。

　一般的なブラウザでは、kbd要素・samp要素・code要素は等幅フォントで、var要素はイタリックで表示されます。

```html
<p>まずは、コマンドラインから<kbd>DIR</kbd>と入力してみましょう。もし、
間違って入力した場合には、次のようなメッセージが表示されます。
</p>
<p><samp>コマンドまたはファイル名が違います.</samp>
</p>

<p>次に示す例のように、通常カウンタとなる変数には、<var>i</var> が使
用されます。
</p>
<pre><code>
for(var i in document)
    document.write(i + "&lt;br&gt;")
</code></pre>
```

画像を配置する

```
<img src="URL" width="幅" height="高さ" alt="代替テキスト">
```

URL	画像のURL
幅	画像の幅（CSSピクセル数）
高さ	画像の高さ（CSSピクセル数）
代替テキスト	画像が利用できないときに代わりに使用するテキスト

　HTML文書内に画像を配置するには、img要素を使用します。画像の形式としては、JPEG形式・PNG形式・GIF形式などが指定できます。幅と高さについては、画像の実際のサイズに関わらず、ここで指定した幅と高さで表示されます。

　alt属性には、画像が利用できない場合に画像の代わりとして使用されるテキストを指定します。なお、alt属性は基本的には省略できませんので、画像が特に意味のない飾りであるような場合には「alt=""」のように値を空にしてください。

```
<img src="fish.jpg" width="300" height="225" alt="カクレクマノミ">
```

画像・動画・音声

ピクセル密度に合わせた画像を表示させる

```
<img src="URL" srcset="URLとピクセル密度"
              width="幅" height="高さ" alt="代替テキスト">
```

URL	画像のURL
URLとピクセル密度	画像のURL ピクセル密度（カンマ区切りで複数指定可）
幅	画像の幅（CSSピクセル数）
高さ	画像の高さ（CSSピクセル数）
代替テキスト	画像が利用できないときに代わりに使用するテキスト

画像などを配置する

　img要素のsrcset属性を使用すると、ピクセル密度の異なるディスプレイ向けの画像を別途指定しておくことができます。srcset属性の値には、画像のURLに続けて半角スペースで区切って「ピクセル密度が何倍向けの画像なのか」を数字に小文字の x を付けて記述します。URLとピクセル密度のペアは、カンマで区切って必要なだけ指定できます。

　src属性には、通常の画面（ピクセル密度1倍）向けの画像のURLを指定しておきます。こうすることで、srcset属性に未対応のブラウザでも、src属性で指定した画像は表示させることができます。srcset属性に対応したブラウザでは、src属性とsrcset属性で指定した画像の中から、画面のピクセル密度に合わせて最も適切な画像だけをロードして表示させます。

```
<img src="pic400.jpg" srcset="pic800.jpg 2x, pic1200.jpg 3x" width="400"
height="400" alt="サギソウ">
```

コラム　ピクセル密度とは？

たとえば、100dpi(dots per inch) の画面と200dpiの画面があったとします。1インチの幅に100個のドットがある画面と200個のドットがある画面ということになります。この場合、100dpiの画面を基準に考えると、200dpiの画面は2倍のドット（ピクセル）がありますので、ピクセル密度は2倍であると表現します。img要素のsrcset属性では、CSSピクセルと同じ96dpiを基準に考えて、ピクセル密度2倍は「2x」、3倍は「3x」のように示します。「2.5x」のように小数も指定できます。

画像・動画・音声

状況に応じたサイズの画像を表示させる

```
<img sizes="幅" src="URL" srcset="URLと幅" alt="代替テキスト">
```

幅	画像の表示幅（CSSの単位を使用）
URL	画像のURL
URLと幅	画像のURL 画像の実際の幅（カンマ区切りで複数指定可）
代替テキスト	画像が利用できないときに代わりに使用するテキスト

画像などを配置する

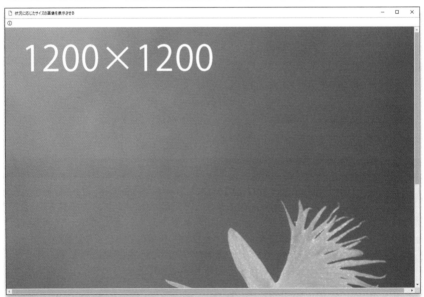

たとえば画像を表示領域の幅いっぱいに表示させるように指定した場合、閲覧する環境によって必要となる画像サイズは変わってきます。表示領域の幅も機器によってまちまちな上に、ピクセル密度も異なる場合があるからです。そこで、あらかじめサイズの異なる画像をいくつか用意しておき、状況に応じてその中から最適な画像をブラウザが選択して表示できるようにするのが、ここで紹介する指定方法です。

sizes属性にはCSSの単位をつけた画像の表示幅が指定できます。単位「vw」はビューポート（表示領域）の幅の1%を1とする単位で、100vwは表示領域の幅いっぱいに表示させる指定です（古いHTMLではwidth属性の値に%が指定できましたが、HTML5以降では%は指定できません）。srcset属性の値には、画像のURLに続けて半角スペースで区切って「画像の実際の幅（ピクセル数）」を数字に小文字の w を付けて記述します。このURLと横幅のペアは、カンマで区切って必要なだけ指定できます。こうすることで、使用している機器の幅やピクセル密度、拡大縮小の状況に合わせて、ブラウザがもっとも適切な画像だけを読み込んで表示させます。この指定方法に対応しているブラウザはsrc属性を無視し、未対応のブラウザではsrc属性で指定した画像を表示させますので、srcset属性で指定している画像のURLのうちの1つをsrc属性に指定しておいてください。

```
<img sizes="100vw" src="pic400.jpg" srcset="pic400.jpg 400w, pic800.jpg
800w, pic1200.jpg 1200w" alt="サギソウ">
```

画像などを配置する

コラム スマートフォン向けのビューポートの設定

スマートフォンでホームページを表示させる場合、特に何も指定しなければ画面の幅が仮想的に980ピクセルあるものとして表示させます。つまり、普通のパソコンでブラウザの表示領域の幅を980ピクセルにしてホームページを開いた状態を、そのままスマートフォンの小さな画面に縮小して表示するということです。当然文字サイズも小さくなり、本文のテキストなどは拡大しなければ読めないような状態になります。

そのような仮想的な幅に合わせて縮小表示をさせずに、最初からスマートフォンの画面の実際の幅に合わせて表示させるには、次の指定をhead要素内に入れてください。

```
<meta name="viewport" content="width=device-width">
```

画像・動画・音声

表示領域の幅によって画像を切り替える

```
<picture> ～ </picture>
<source media="使用条件"  srcset="URLとピクセル密度">
<img src="URL"  srcset="URLとピクセル密度"  alt="代替テキスト">
```

使用条件	(min-width: ○○○px) や (max-width: ○○○px) など
URLとピクセル密度	画像のURL ピクセル密度（カンマ区切りで複数指定可）

画像などを配置する

CSSのメディアクエリ (p.262)という機能を使うと、出力先の表示領域の大きさに合わせて画像の表示幅を変更することができます。img要素にpicture要素とsource要素を組み合せて使用すると、このCSSでの表示幅の変更に合わせて、使用する画像も切り替えることが可能になります。

source要素はimg要素と同様に「表示させる画像を指定する要素」ですが、media属性を指定することでその画像を使用する条件（メディアクエリと同じもの）を指定することができます。たとえば、(max-width: 500px)と指定すると、「表示領域の最大幅が500ピクセルまで」つまり「表示領域の幅が500ピクセル以下」のときにその画像が使用されることになります。なお、source要素ではsrcset属性はimg要素と同様に使用できますが、src属性は使用できない点に注意してください（そのため、下の例ではピクセル密度1倍用の画像を、source要素ではsrcset属性で、img要素ではsrc属性で指定しています）。

source要素は必ずpicture要素でとりまとめて、その内部で使用することになっています。その際、まず最初にsource要素を必要なだけ入れ、最後にimg要素を1つだけ入れます。こうすることで、source要素に対応していないブラウザでも、最低限img要素だけは表示できるようになります。picture要素内の画像は、最初に条件に合致した画像だけが使用されます（どの条件にも合致しなければimg要素の画像が使用されます）。

下の例では、「表示領域の幅が500ピクセル以下」のときには「pic500.jpg」「pic1000.jpg」のいずれかがピクセル密度に合わせて使用されます（「pic500.jpg」にはピクセル密度が指定されていませんのでデフォルトの「1x」として扱われます）。条件に合致しない場合（表示領域の幅が500ピクセルより大きい場合）は、「pic800.jpg」「pic1600.jpg」のいずれかがピクセル密度に合わせて使用されます。

```
<picture>
  <source media="(max-width: 500px)" srcset="pic500.jpg, pic1000.jpg 2x">
  <img src="pic800.jpg" srcset="pic1600.jpg 2x" alt="">
</picture>
```

動画を埋め込む

```
<video src="URL" controls width="幅" height="高さ">
〜 </video>
```

URL	動画のURL
controls	コントローラーを表示させる
幅	動画の幅（CSSピクセル数）
高さ	動画の高さ（CSSピクセル数）

画像などを配置する

　HTML文書内に動画を埋め込むには、video要素を使用します。controls属性を指定すると、コントローラー（再生・停止や音量の調整などが可能なユーザーインターフェイス）が表示されます。幅と高さについては、動画の実際のサイズに関わらず、ここで指定した幅と高さで表示させることができます。

　video要素には、要素内容としてこの要素に未対応のブラウザ向けの内容（動画をダウンロードするためのリンクなど）を入れることができます。video要素に対応したブラウザでは要素内容は表示されません。

```
<video src="okinawa.mp4" controls width="640" height="360">
</video>
```

画像・動画・音声　　　　　　　　　　　　　　　　　　　**audio**

音声を埋め込む

```
<audio src="URL" controls> ～ </audio>
```

URL	音声データのURL
controls	コントローラーを表示させる

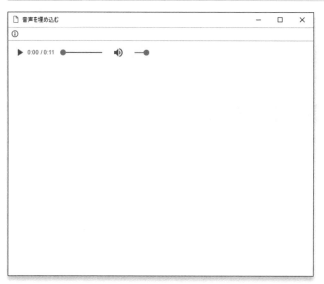

　HTML文書内に音声データを埋め込むには、audio要素を使用します。controls属性を指定すると、コントローラー(再生・停止や音量の調整などが可能なユーザーインターフェイス)が表示されます。

　audio要素には、要素内容としてこの要素に未対応のブラウザ向けの内容(音声データをダウンロードするためのリンクなど)を入れることができます。audio要素に対応したブラウザでは要素内容は表示されません。

```
<audio src="music.mp3" controls>
</audio>
```

HTML

形式の異なる複数の動画・音声を埋め込む

```
<source src="URL" type="MIMEタイプ">
```

URL	動画・音声データのURL
MIMEタイプ	動画・音声データのMIMEタイプ

画像などを配置する

　より多くの環境で再生できるようにするために、形式の異なる複数の動画や音声データを埋め込んでおくこともできます。その場合は、video要素またはaudio要素側のsrc属性を指定せずに、要素内容として入れたsource要素のsrc属性でデータのURLを指定します。source要素は必要なだけ入れることができ、その中から再生可能な最初のデータが使用されます。

　なお、source要素を使用する際でも、video要素またはaudio要素の要素内容として、未対応のブラウザ向けのリンクを入れておくことができます。ただし、source要素はそのようなコンテンツよりも前に配置する必要がある点に注意してください。

```
<video controls width="640" height="360">
  <source src="okinawa.mp4" type="video/mp4">
  <source src="okinawa.ogv" type="video/ogg">
</video>
```

画像・動画・音声

イメージマップを作成する

```
<img src="URL" alt="代替テキスト" usemap="#マップ名">
<map name="マップ名"> ～ </map>
<area shape="形状" coords="座標" href="URL"
                                 alt="代替テキスト">
```

マップ名	イメージマップの名前
形状	rect(四角形)・circle(円)・poly(多角形)・default(全体)
座標	形状別の座標値

　イメージマップとは、画像の特定の領域がリンクになっているものです。map要素は、その内容がイメージマップの定義であることを示し、その定義部分に名前を付けます。map要素内で、実際にクリックに反応する領域とそのリンク先を設定するのがarea要素です。area要素には、リンク先を示す代替テキストを必ず指定しておいてください。あとは、img要素のusemap属性で、定義したイメージマップの名前を指定すれば(名前の前には「#」を付けます)、画像がイメージマップとして機能するようになります。

　area要素のcoords属性で指定する座標の指定方法は、shape属性で指定する領域の形状によって異なります。指定方法は次ページの表の通りで、各座標値はピクセル単位で「,」で区切って指定します。

⊙ coords属性での座標の指定方法

四角形(rect)の場合	「左上のX座標」「左上のY座標」「右下のX座標」「右下のY座標」
円(circle)の場合	「中心のX座標」「中心のY座標」「半径」
多角形(poly)の場合	すべての角の座標を「X座標」「Y座標」の順で指定(ただし、最初と最後は同じ座標を指定する必要があります)

```
<div>
<img src="nav.gif" usemap="#navbar" alt="メニュー"
  width="422" height="44">
<map name="navbar">
<area href="prev.html" shape="rect" alt="前ページ"
  coords="113,12,183,36">
<area href="top.html"  shape="rect" alt="トップページ"
  coords="199,2,241,41">
<area href="next.html" shape="rect" alt="次ページ"
  coords="258,12,327,36">
</map>
</div>
```

さまざまな形式のデータを配置する

```
<object data="URL" type="MIMEタイプ"
                width="幅" height="高さ"> ～ </object>
```

URL	配置するデータのURL
MIMEタイプ	配置するデータのMIMEタイプ
幅	配置するデータの幅(CSSピクセル数)
高さ	配置するデータの高さ(CSSピクセル数)

画像などを配置する

　object要素は、さまざまな形式のデータを配置することのできる汎用的な要素です。具体的には、画像・動画・プラグインデータ・他のHTML文書などを配置することができます。この要素の特徴は、指定した形式のデータをブラウザが取り扱うことができる場合には要素内容を無視することです。したがって、優先させたい順にobject要素を入れ子にしておくと、ブラウザが利用可能なデータ形式があった時点でそのデータを配置して、さらに深い入れ子となっている別のデータを無視させることができます。

```
<object data="okinawa.mp4" type="video/mp4" width="640" height="360">
  <object data="okinawa.jpg" type="image/jpeg" width="640" height="360">
    <img src="okinawa.jpg" width="640" height="360" alt="写真：沖縄のビーチ">
  </object>
</object>
```

表の基本形

```
<table> ～ </table>     ← 表全体
<tr> ～ </tr>           ← 表の横1列
<th> ～ </th>           ← 見出しセル
<td> ～ </td>           ← データセル
```

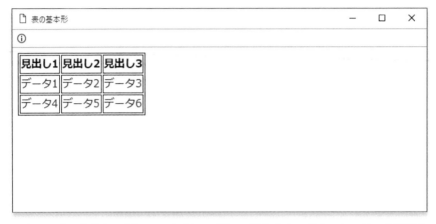

　表は、その全体を<table> ～ </table>で囲って示します。表内のセルは、th要素ま
たはtd要素としてタグを付けます。th要素の「th」は「table header」の略で、表内で
見出しとなるセルについては<th> ～ </th>で囲います。td要素の「td」は「table data」
の略で、見出しではなくデータが入っているセルは<td> ～ </td>で囲います。各セ
ルは、直接<table> ～ </table>内に入れるのではなく、必ず横1列分ずつ<tr> ～ </tr>
で囲ってまとめます。

　HTML5までのHTMLではborder属性を指定することで表の枠線を表示させるこ
とが可能でしたが、HTML Living Standard ではborder属性は削除されています。
そのため現在のHTMLでは、表をマークアップしただけでは表の枠線は表示されま
せん。表の枠線を表示させる際はCSSを使用してください。次の例では、style要素
内にCSSを記入して表の枠線を表示させています。

```
<!DOCTYPE html>
<html lang="ja">
<head>
<meta charset="UTF-8">
<title>表の基本形</title>
<style>
  table, th, td { border: 1px solid; }
</style>
</head>
<body>

<table>
  <tr>
    <th>見出し1</th><th>見出し2</th><th>見出し3</th>
  </tr>
  <tr>
    <td>データ1</td><td>データ2</td><td>データ3</td>
  </tr>
  <tr>
    <td>データ4</td><td>データ5</td><td>データ6</td>
  </tr>
</table>

</body>
</html>
```

表にタイトルを付ける

`<caption>` ～ `</caption>`

　table要素の開始タグ `<table>` の直後にcaption要素を入れると、表のタイトル（キャプション）として表示されます。表のタイトルは通常は表の上に表示されますが、CSSのcaption-sideプロパティを使用すると、表の下に表示させることもできます。

```
<table>
<caption>参加者リスト</caption>
  <tr>
    <th>名前</th><th>年齢</th><th>性別</th>
  </tr>
  <tr>
    <td>北海　太郎</td><td>32</td><td>男</td>
  </tr>
  <tr>
    <td>北海　道子</td><td>25</td><td>女</td>
  </tr>
</table>
```

☞ スタイルシート：「表のタイトルを下に表示させる」(p.278)

セルを連結する

```
<th rowspan="縦方向の連結数"> ～ </th>
<th colspan="横方向の連結数"> ～ </th>
<td rowspan="縦方向の連結数"> ～ </td>
<td colspan="横方向の連結数"> ～ </td>
```

縦方向の連結数	そのセルから下方向へ連結するセルの数
横方向の連結数	そのセルから右方向へ連結するセルの数

🗋 セルを連結する	－ □ ×
ⓘ	

会員		地域
北海　太郎	男	
北海　道子	女	札幌
山田　花子	女	

　rowspan属性やcolspan属性を利用すると、あるセルから指定した個数分のセルをひとつのセルとしてまとめることができます。

　この時、この属性が指定されたセル (th要素またはtd要素) は、ひとつのセルで、指定された個数分のセルの領域をとることになります。したがって、本来その領域内にあるはずの連結された側のセルは、ソースから取り去る必要があります。次ページのサンプルソースでは、連結によってどのセルが取り去られたのかがわかるように、本来セルのタグがあった場所にコメントを配置して示しています。

```
<table>
  <tr>
    <th colspan="2">会員</th>
    <!--「会員」と連結 -->
    <th>地域</th>
  </tr>
  <tr>
    <td>北海　太郎</td>
    <td>男</td>
    <td rowspan="3">札幌</td>
  </tr>
  <tr>
    <td>北海　道子</td>
    <td>女</td>
    <!--「札幌」と連結 -->
  </tr>
  <tr>
    <td>山田　花子</td>
    <td>女</td>
    <!--「札幌」と連結 -->
  </tr>
</table>
```

横列をグループ化する

```
<thead> ~ </thead>
```
← 表のヘッダ部分
```
<tbody> ~ </tbody>
```
← 表の本体部分
```
<tfoot> ~ </tfoot>
```
← 表のフッタ部分

□ 横列をグループ化する　　　　　　　　　　　　　　　　　　　　　　　　　　　　　− □ ×

ⓘ

集客数	札幌店	旭川店	小樽店
4月	2,085	1,605	1,124
5月	1,866	1,289	1,002
6月	1,924	1,455	1,191
合計	5,875	4,349	3,317

　thead要素・tbody要素・tfoot要素は、いずれも表の横列（tr要素）をグループ化する要素です。グループ化する部分が表のヘッダであればthead 要素を、表の本体部分であればtbody要素を、表のフッタであればtfoot要素を使用します。グループ化しておくことで、そのグループに対してスタイルシートをまとめて適用できるようになります。

　なお、thead要素とtfoot要素は、ひとつのテーブル内にひとつずつしか配置できませんが、tbody 要素は必要に応じて複数配置することができます。

```
<table>
<thead>
  <tr>
  <th>集客数</th><th>札幌店</th><th>旭川店</th><th>小樽店</th>
  </tr>
</thead>
<tbody>
  <tr>
  <td>4月</td><td>2,085</td><td>1,605</td><td>1,124</td>
  </tr>
  <tr>
  <td>5月</td><td>1,866</td><td>1,289</td><td>1,002</td>
  </tr>
  <tr>
  <td>6月</td><td>1,924</td><td>1,455</td><td>1,191</td>
  </tr>
</tbody>
<tfoot>
  <tr>
  <th>合計</th><td>5,875</td><td>4,349</td><td>3,317</td>
  </tr>
</tfoot>
</table>
```

【スタイルシート】
```
table, th, td { border: 1px solid; }
th, td { padding: 0.3em 0.6em; }
td { text-align: right; }
thead, tfoot th {
  color: #ffffff;
  background-color: #009933;
}
tbody {
  color: #000000;
  background-color: #ffcc00;
}
```

縦列をグループ化する

`<colgroup span="縦列数"> 〜 </colgroup>`

縦列数	グループ化する縦列の数(省略した場合は1)

縦列をグループ化する　　　　　　　　　　　　　　　　　　　　　− □ ×

2023年の釣果(匹)

日付	場所	アイナメ	ヒラメ	ソイ
2月01日	余市港	0	0	12
2月15日	小樽港	2	0	8
2月26日	美国漁港	4	2	23
2月27日	美国漁港	7	0	13
3月04日	小樽港	0	3	5
3月07日	余市港	3	0	4

　表の縦列をグループ化するには、colgroup要素を使用します。何列の縦列をグループ化するのかは、span属性で指定します。これによって、複数の縦列に対して、背景色や幅などのスタイルシートがまとめて指定できるようになります。

　colgroup 要素は、配置する位置に注意が必要です。caption要素の直後(なければ table 要素の開始タグの直後)で、thead要素・tbody要素・tfoot要素・tr要素よりも前の位置に配置する必要があります。また、この要素の内容として配置できるのは、col要素だけです。

　設定したグループ内で、さらに縦列に対して個別のスタイルシートを指定したい場合には、次項で説明するcol要素が使用できます。colgroup要素の内部にcol要素を配置した場合、colgroup要素にはspan属性を指定できなくなる点に注意してください。

```
<table>
<caption>2023年の釣果（匹）</caption>
<colgroup span="2" id="dateplace"></colgroup>
<colgroup span="2" id="count"></colgroup>
<tr>
<th>日付</th><th>場所</th><th>アイナメ</th><th>ヒラメ</th><th>ソイ</th>
</tr>
<tr>
<td>2月01日</td><td>余市港</td><td>0</td><td>0</td><td>12</td>
</tr>
<tr>
<td>2月15日</td><td>小樽港</td><td>2</td><td>0</td><td>8</td>
</tr>
<tr>
<td>2月26日</td><td>美国漁港</td><td>4</td><td>2</td><td>23</td>
</tr>
<tr>
<td>2月27日</td><td>美国漁港</td><td>7</td><td>0</td><td>13</td>
</tr>
<tr>
<td>3月04日</td><td>小樽港</td><td>0</td><td>3</td><td>5</td>
</tr>
<tr>
<td>3月07日</td><td>余市港</td><td>3</td><td>0</td><td>4</td>
</tr>
</table>
```

【スタイルシート】

```
table, th, td { border: 1px solid; }
colgroup#dateplace {
  background-color: #33bbff;
}
colgroup#count {
  width: 100px;
}
th, td { padding: 0.3em 0.6em; }
td:nth-child(n+3) { text-align: right; }
```

グループ内で縦列をさらに分ける

```
<col>
<col span="縦列数">
```

縦列数	まとめて扱う縦列の数(省略した場合は1)

2023年の釣果(匹)

日付	場所	アイナメ	ヒラメ	ソイ
2月01日	余市港	0	0	12
2月15日	小樽港	2	0	8
2月26日	美国漁港	4	2	23
2月27日	美国漁港	7	0	13
3月04日	小樽港	0	3	5
3月07日	余市港	3	0	4

colgroup要素の内部にcol要素を配置することで、colgroup要素でグループ化した縦列の内部で縦列を個別に扱うことができるようになります(同じグループ内の縦列に別々のスタイルが適用できます)。

デフォルトではcol要素1つで1つの縦列をあらわしますが、span属性を指定することで2列分以上の縦列をあらわすことも可能です。要素内容としてcol要素を入れたcolgroup要素には、span属性は指定できない点に注意してください。

```
<table>
<caption>2023年の釣果（匹）</caption>
<colgroup><col id="date"><col id="place"></colgroup>
<colgroup><col span="3" id="count"></colgroup>
<tr>
<th>日付</th><th>場所</th><th>アイナメ</th><th>ヒラメ</th><th>ソイ</th>
</tr>
<tr>
<td>2月01日</td><td>余市港</td><td>0</td><td>0</td><td>12</td>
</tr>
<tr>
<td>2月15日</td><td>小樽港</td><td>2</td><td>0</td><td>8</td>
</tr>
<tr>
<td>2月26日</td><td>美国漁港</td><td>4</td><td>2</td><td>23</td>
</tr>
<tr>
<td>2月27日</td><td>美国漁港</td><td>7</td><td>0</td><td>13</td>
</tr>
<tr>
<td>3月04日</td><td>小樽港</td><td>0</td><td>3</td><td>5</td>
</tr>
<tr>
<td>3月07日</td><td>余市港</td><td>3</td><td>0</td><td>4</td>
</tr>
</table>
```

【スタイルシート】

```
table, th, td { border: 1px solid; }
col#date {
  background-color: #ffcc00;
}
col#place {
  background-color: #33bbff;
}
col#count{
  width: 100px;
}
th, td { padding: 0.3em 0.6em; }
td:nth-child(n+3) { text-align: right; }
```

フォームを作る

```
<form action="URL" method="送信形式"
      enctype="MIMEタイプ"
      target="ウィンドウ名"> ～ </form>
```

URL	送信されたフォームを処理するプログラムのURL
送信形式	get(デフォルト)・post・dialog
MIMEタイプ	post形式で内容を送信する際のMIMEタイプ
ウィンドウ名	送信した結果を表示するウィンドウまたはフレーム名

form要素は、その内容が送信可能な入力フォームであることを示します。入力されたデータの送り先や送信方法は、この要素の属性で指定します。内容として用意した送信ボタン(input要素またはbutton要素で作成可能)が押されると、入力されたデータがサーバーのプログラム(action属性で指定したURL)に送信されます。

送信形式には、「get」と「post」の2種類があります。「get」を指定すると、入力されたデータは、action属性で指定されているURLの後に「？」記号で連結された状態で送信されます。この形式は、サーチエンジンで検索語を入力して送信する際にも利用されています。「post」は、送信するデータ量が多い場合などに使用される形式で、入力された内容をURLに連結することなく、フォームの本文としてデータを送信します。form要素がdialog要素の中に配置されている場合には、method属性の値に「dialog」が指定できます。この値を指定すると、フォームが送信されたときに自動的にダイアログが閉じます。

enctype属性で指定するMIMEタイプは、デフォルトでは「application/x-www-form-urlencoded」になっています。通常はデフォルトのままで問題ありませんが、

input要素の「type="file"」でファイルを送信するような場合には、MIMEタイプに「multipart/form-data」を指定してください。

```
<form action="/cgi-bin/formmail.cgi" method="post">
<p>
<label for="nm">お名前：</label>
<input type="text" name="namae" id="nm"><br>
<label for="ma">メール：</label>
<input type="text" name="email" id="ma">
</p>
<p>
<input type="radio" name="sex" value="male" id="sm">
<label for="sm">男性</label>
<input type="radio" name="sex" value="female" id="sf">
<label for="sf">女性</label>
</p>
<p>
<input type="submit" value="送信">
<input type="reset" value="リセット">
</p>
</form>
```

`input` `submit`

送信ボタンを作る

```
<input type="submit" value="ラベル" name="名前">
```

ラベル	ボタン上に表示される文字
名前	ボタンの名前

📄 送信ボタンを作る   −   □   ✕

ⓘ

デフォルトの状態： 送信

ラベルを指定した状態： 検索

---

　input要素のtype属性に「submit」を指定すると、フォームのデータを送信するためのボタンになります。

　value属性を指定すると、ボタン上に表示される文字を指定することができます。特に指定しなかった場合には、ブラウザがデフォルトの文字を表示させます(一般的なブラウザでは「送信」と表示されます)。

```
<p>
デフォルトの状態：
<input type="submit">
</p>
<p>
ラベルを指定した状態：
<input type="submit" value="検索">
</p>
```

リセットボタンを作る

```
<input type="reset" value="ラベル">
```

ラベル	ボタン上に表示される文字

```
□ リセットボタンを作る                                    ─  □  ×
ⓘ

  デフォルトの状態： リセット

  ラベルを指定した状態： 内容を初期状態に戻す

```

input要素のtype属性に「reset」を指定すると、フォームのすべての内容を初期値に戻すためのボタンになります。

value属性を指定すると、ボタン上に表示される文字を指定することができます。特に指定しなかった場合には、ブラウザがデフォルトの文字を表示させます(一般的なブラウザでは「リセット」と表示されます)。

```
<p>
デフォルトの状態：
<input type="reset">
</p>
<p>
ラベルを指定した状態：
<input type="reset" value="内容を初期状態に戻す">
</p>
```

汎用的なボタンを作る

```
<input type="button" name="名前" value="ラベル">
```

名前	ボタンの名前
ラベル	ボタン上に表示される文字

　input要素のtype属性に「button」を指定すると、送信もリセットもしない汎用のボタンになります。

　一般的には、onClickなどのイベント属性を利用して、JavaScriptなどのスクリプト言語と組み合わせて使用されます。

```
<p>
下のボタンをクリックすると、警告ダイアログが表示されます。
</p>
<p>
<input type="button" value="ダイアログを表示"
       onClick="alert('ボタンがクリックされました！')">
</p>
```

画像で送信ボタンを作る

```
<input type="image" src="URL" name="名前" alt="代替テキスト">
```

URL	ボタンとして使用する画像ファイルのURL
名前	ボタンの名前
代替テキスト	画像の代わりとして使用可能なテキスト

　通常、送信ボタンには <input type="submit"> を使用しますが、画像を送信ボタンとして機能させることもできます。その場合はtype属性に「image」を指定します。

　画像を送信ボタンとして使用する場合には、画像が表示されなくても送信ができるように、必ずalt属性で代替テキストを指定しておくようにしてください（type="image" の場合は、alt属性の指定は文法的に必須となります）。

```
<p>
<input type="image" src="bt.png" name="imgbtn" alt="送信">
</p>
```

フォームを作る

要素内容がラベルになるボタンを作る

```
<button type="タイプ" name="名前" value="送信値"> 〜
</button>
```

名前	ボタンの名前
送信値	ボタンの名前とともに送信される値

【タイプ】	
submit	送信ボタン(デフォルト)
reset	リセットボタン
button	汎用ボタン

button要素は、ボタン作成専用の要素です。

type属性で指定する値によって、送信ボタン・リセットボタン・汎用ボタンのそれぞれの機能を果たすことができます。また、このボタンの場合は、<button> 〜 </button>の範囲に配置された内容(テキスト関連の要素や画像など)をボタンのラベルとして表示させることができます。name属性とvalue属性で示す値は、別の処理をさせたい複数の送信ボタンを配置する場合に、受信側でどの送信ボタンが押されたかを見分けるためなどに利用されます。

```
<p>
<button type="submit" name="submit" value="new">
<img src="new.gif" width="65" height="50" alt=""><br>
<strong>新規</strong>
</button>
<button type="submit" name="submit" value="modify">
<img src="modify.gif" width="65" height="50" alt=""><br>
<strong>変更</strong>
</button>
</p>
```

1行の入力フィールドを作る

```
<input type="text" name="名前" value="デフォルト文字"
                    size="幅" maxlength="最大文字数">
```

名前	入力フィールドの名前
デフォルト文字	あらかじめ入力されている文字
幅	入力フィールドの幅（文字数）
最大文字数	入力可能な最大の文字数

```
[] 1行の入力フィールドを作る                    —  □  ×
ⓘ

    お名前：[                              ]
```

　input要素のtype属性に「text」を指定すると、1行のテキスト入力フィールドになります（type属性を省略した場合も1行のテキスト入力フィールドになります）。

　name属性で指定する名前は、フォームの内容を受信した時にデータを見分けるためなどに使用されます。

```
<p>
<label for="nm">お名前：</label>
<input type="text" name="namae" size="30" id="nm">
</p>
```

複数行の入力フィールドを作る

```
<textarea name="名前" rows="行数" cols="幅"> 〜
</textarea>
```

名前	入力フィールドの名前
行数	入力フィールドの行数
幅	入力フィールドの幅(文字数)

```
複数行の入力フィールドを作る                    　　　—　　□　　×
ⓘ

ご感想：  ここにご感想をどうぞ。
```

　textarea要素は、複数行のテキスト入力フィールドとして表示されます。

　<textarea> 〜 </textarea>の範囲に記述した文字は、このフィールドにあらかじめ入力された状態で表示されます。name属性で指定する名前は、フォームの内容を受信した時にデータを見分けるためなどに使用されます。rows属性とcols属性は、その環境において入力に支障のない領域を確保するためのもので、rows属性のデフォルト値は2、cols属性のデフォルト値は20になっています。

```
<p>
ご感想：
<textarea name="kansou" rows="6" cols="40">ここにご感想をどうぞ。</textarea>
</p>
```

パスワードの入力フィールドを作る

```
<input type="password" name="名前" value="デフォルト文字"
                      size="幅" maxlength="最大文字数">
```

名前	入力フィールドの名前
デフォルト文字	あらかじめ入力されている文字
幅	入力フィールドの幅(文字数)
最大文字数	入力可能な最大の文字数

```
パスワードの入力フィールドを作る        —  □  ×
ⓘ

    パスワード：[••••••••]
```

　input要素のtype属性に「password」を指定すると、パスワードの入力に使用する1行のテキスト入力フィールドになります。

　このフィールドに入力した文字は、他の文字や記号などに置き換えられて表示されます。name属性で指定する名前は、フォームの内容を受信した時にデータを見分けるためなどに使用されます。

```
<p>
<label for="pw">パスワード：</label>
<input type="password" name="pword" size="20" id="pw">
</p>
```

表示されないフィールドを作る

```
<input type="hidden" name="名前" value="送信値">
```

名前	フィールドの名前
送信値	送信する文字

□ 表示されないフィールドを作る	− □ ×

⊙

お名前：[　　　　　　　　　]

メール：[　　　　　　　　　]

[送信]

input要素のtype属性に「hidden」を指定すると、画面上には表示されないフィールドになります。

一般に、ユーザーに見せる必要のない特定の値を、フォームを処理するプログラムに送信したい場合などに使用します。value属性で指定した内容が、固定値として送信されます。name属性で指定する名前は、フォームの内容を受信した側がこのデータを見分けるために使用されます。

```
<form action="/cgi-bin/formmail.cgi" method="post">
<p>
<input type="hidden" name="recipient" value="info@example.com">
<input type="hidden" name="subject" value="ユーザー登録">
<label>お名前：<input type="text" name="nm"></label>
</p>
<p>
<label>メール：<input type="email" name="em"></label>
</p>
<p>
<input type="submit" value="送信">
</p>
</form>
```

ラジオボタンを作る

```
<input type="radio" name="名前" value="送信文字">
<input type="radio" name="名前" value="送信文字" checked>
```

名前	ラジオボタンの名前
送信文字	選択された結果として送信される文字
checked	あらかじめ選択された状態にする場合に指定

フォームを作る

> ラジオボタンを作る　　　　　　　　　　　　　　　　　　－　□　×
>
> ①
>
> この本の内容はいかかでしたか？
>
> ○最高　○良い　◉普通　○悪い　○最悪

input要素のtype属性に「radio」を指定すると、ラジオボタンになります。

ラジオボタンは、複数の選択項目のうちひとつだけ選択できる形式のボタンです。共通の項目に対する選択肢として使用するラジオボタンには、すべて同じ名前を指定する必要があります。また、データが送信された時にどの項目が選択されたのかを判別するために、value属性には個別の値を指定するようにしてください。

```
<p>
この本の内容はいかかでしたか？
</p>
<p>
<label><input type="radio" name="book" value="5">最高</label>
<label><input type="radio" name="book" value="4">良い</label>
<label><input type="radio" name="book" value="3" checked>普通</label>
<label><input type="radio" name="book" value="2">悪い</label>
<label><input type="radio" name="book" value="1">最悪</label>
</p>
```

フォーム

チェックボックスを作る

```
<input type="checkbox" name="名前" value="送信文字">
<input type="checkbox" name="名前" value="送信文字"
                                          checked>
```

名前	チェックボックスの名前
送信文字	選択された結果として送信される文字
checked	あらかじめ選択された状態にする場合に指定

🗋 チェックボックスを作る	－	☐	✕

ⓘ

好きな色は？

☑白 ☐黒 ☐グレー ☐赤 ☐青 ☐黄

input要素のtype属性に「checkbox」を指定すると、チェックボックスになります。
　チェックボックスは、複数の選択項目の中から個数を限定せずに選択できるよう
にする場合に使用します。共通の項目に対する選択肢として使用するチェックボッ
クスは、すべて同じ名前を指定する必要があります。また、データが送信された時
にどの項目が選択されたのかを判別するために、value属性には個別の値を指定する
ようにしてください。

```
<p>
好きな色は？
</p>
<p>
<label><input type="checkbox" name="color" value="white" checked>白</label>
<label><input type="checkbox" name="color" value="black">黒</label>
<label><input type="checkbox" name="color" value="gray">グレー</label>
<label><input type="checkbox" name="color" value="red">赤</label>
<label><input type="checkbox" name="color" value="blue">青</label>
<label><input type="checkbox" name="color" value="yellow">黄</label>
</p>
```

メニューを作る

```
<select name="名前"> ～ </select>        ← メニュー全体
<option value="送信値"> ～ </option>     ← メニュー項目
<option selected> ～ </option>         ← メニュー項目
```

名前	メニューの名前
送信値	選択された結果として送信される文字
selected	あらかじめ選択された状態にする場合に指定

```
□ メニューを作る                                    —  □  ×

ⓘ

あなたの年齢は次のどれに当てはまりますか？
30代 ▼
```

　メニューを表示させるには、select要素とoption要素を使用します。

　メニュー全体を<select> ～ </select>で囲って示し、その中に選択肢を表す<option> ～ </option>を必要な数だけ配置します。<option> ～ </option>の範囲には、実際にメニューに表示される選択肢となるテキストを入れます。また、value属性を省略した場合には、ここに入れたテキスト自体が選択された項目として送信されます。

```
<p>
あなたの年齢は次のどれに当てはまりますか？ <br>
<select name="年齢">
  <option>10代</option>
  <option>20代</option>
  <option selected>30代</option>
  <option>40代</option>
  <option>50代</option>
</select>
</p>
```

メニューの選択肢をグループ化する

```
<optgroup label="ラベル"> ～ </optgroup>    ← グループを作成
<option value="送信値"> ～ </option>         ← グループ内の項目
```

ラベル	メニューに表示されるグループのラベル
送信値	選択された結果として送信される文字

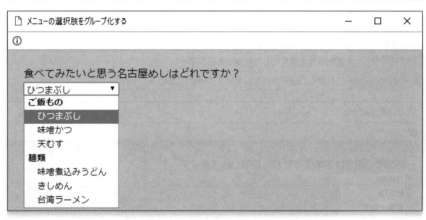

select要素で作成されるメニューの選択肢をグループ化します。

optgroup 要素のlabel 属性の値は、グループのラベル (見出し) としてメニューに表示されるものですので、必ず指定してください。

```
<p>
食べてみたいと思う名古屋めしはどれですか？ <br>
<select name="food">
<optgroup label="ご飯もの">
  <option value="A">ひつまぶし</option>
  <option value="B">味噌かつ</option>
  <option value="C">天むす</option>
</optgroup>
<optgroup label="麺類">
  <option value="D">味噌煮込みうどん</option>
  <option value="E">きしめん</option>
  <option value="F">台湾ラーメン</option>
</optgroup>
</select>
</p>
```

フォームを作る

リストボックスを作る

```
<select size="行数" name="名前" multiple> ～ </select>
```
↑リストボックス
```
<option value="送信値"> ～ </option>
```
← 選択項目
```
<option selected> ～ </option>
```
← 選択項目

行数	リストボックスの表示行数
名前	リストボックスの名前
multiple	複数の項目を選択可能にする場合に指定
送信値	選択された結果として送信される文字
selected	あらかじめ選択された状態にする場合に指定

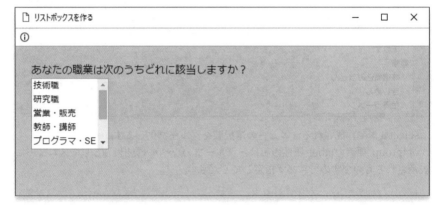

　メニューを作成するselect要素にsize属性を指定すると、リストボックスとして表示されます。

　メニューの場合と同様に、リストボックス全体を<select> ～ </select>で囲って示し、その中に選択肢を表す<option> ～ </option>を必要な数だけ配置します。<option> ～ </option>の範囲には、実際にリストボックスに表示される選択肢のテキストを入れます。また、value属性を省略した場合は、ここに入れたテキスト自体が選択された項目として送信されます。option属性で示される選択肢の数がsize属性で示される表示行数より多い場合には、リストボックスに自動的にスクロールバーが付けられます。

```
<p>
あなたの職業は次のうちどれに該当しますか？ <br>
<select size="5" name="occupation" multiple>
  <option>技術職</option>
  <option>研究職</option>
  <option>営業・販売</option>
  <option>教師・講師</option>
  <option>プログラマ・SE</option>
  <option>学生</option>
  <option>主婦</option>
  <option>その他</option>
</select>
</p>
```

ファイル選択の機能を付ける

```
<input type="file" name="名前" accept="MIMEタイプ">
```

MIMEタイプ	受け付け可能な「,」区切りのMIMEタイプリスト

```
┌ ファイル選択の機能を付ける                              −    □    ×
ⓘ

あなたの釣果を画像で送信してください。
 ファイルを選択 選択されていません

 送信

```

　input要素のtype属性に「file」を指定すると、フォームのデータとして送信するファイルを選択するためのボタンとフィールドになります。

　accept属性には、受信プログラムが受け付けることのできるファイルの種類をMIMEタイプで指定します。複数の種類を受信可能な場合には、それらを「,」で区切って指定することができます。

　※この機能を利用する場合、form要素のmethod属性には「post」を、enctype属性には「multipart/form-data」を指定する必要があります。

```
<form action="/cgi-bin/snap.cgi" enctype="multipart/form-data"
 method="post">
<p>
あなたの釣果を画像で送信してください。<br>
<input type="file" name="imagefile" accept="image/jpeg,image/gif">
</p>
<p>
<input type="submit" value="送信">
</p>
</form>
```

メーターを作る

```
<meter min="最小値" max="最大値" value="現在値"> ～ </meter>
```

最小値	メーターで示す最小の数値
最大値	メーターで示す最大の数値
現在値	メーターの現在の値

🗋 メーターを作る	—	□	×

ⓘ

使用量：　▬▬▬▭▭▭

meter要素は、メーター（ゲージ）を表示させる際に使用します。要素内容には、この要素に未対応の環境向けのテキストデータを入れてください。meter要素に対応した環境では、要素内容は表示されません。

```
<p>
使用量：
<meter min="0" max="1" value="0.25">
25%
</meter>
</p>
```

プログレスバーを作る

```
<progress max="全体量" value="現在値"> ~ </progress>
```

最大値	処理の全体量を示す数値
現在値	現在の進み具合を示す値

🗋 プログレスバーを作る		─ □ ✕
ⓘ		

進行状況：▮▮▮▮▮▮▮▮▮▯▯▯▯▯

　progress要素は、プログレスバー（コンピューターの処理の進み具合を示すバー）を表示させる際に使用します。要素内容には、この要素に未対応の環境向けのテキストデータを入れてください。progress要素に対応した環境では、要素内容は表示されません。

```
<p>
進行状況：
<progress max="100" value="68">
68%
</progress>
</p>
```

項目をグループ化する

<fieldset> ～ **</fieldset>**　← グループ化
<legend> ～ **</legend>**　← グループのタイトル

```
┌ 項目をグループ化する                                    ─  □  ×
│ ┌─個人情報─────────────────────────────
│ │
│ │  名前：[            ]    住所：[                    ]
│ │
│ │  電話：[            ]
│ │
│ └─────────────────────────────────
│
│ ┌─会社情報─────────────────────────────
│ │
│ │  社名：[            ]    住所：[                    ]
│ │
│ │  電話：[            ]
│ │
│ └─────────────────────────────────
└──────────────────────────────────
```

　fieldset要素は、フォームに含まれる入力項目や選択項目をグループ化します。
　<fieldset> ～ </fieldset>の範囲の先頭にはlegend要素を配置して、そのグループ
のタイトルを付けます。

```html
<fieldset>
<legend>個人情報</legend>
<p>
名前：<input type="text" name="pname">
住所：<input type="text" name="paddrs" size="30">
</p><p>電話：<input type="text" name="pphone">
</p>
</fieldset>
<fieldset>
<legend>会社情報</legend>
<p>
社名：<input type="text" name="cname">
住所：<input type="text" name="caddrs" size="30">
</p><p>電話：<input type="text" name="cphone">
</p>
</fieldset>
```

ラベルとフォーム部品を一体化させる

`<label for="参照ID">` 〜 `</label>`

参照ID	ラベルを付ける対象のid属性の値

📄 ラベルとフォーム部品を一体化させる	— □ ✕
ⓘ	

お名前： [_____]

メール： [_____]

　◉男性　　◉女性

　label要素は、入力・選択項目とそのラベルテキストを明確に関連付けて一体化させるための要素です。

　この要素は、value属性によってラベルを付けることのできない項目（入力フィールド・メニュー・ラジオボタン・チェックボックスなど）に対して使用します。これによって、たとえばラジオボタンやチェックボックスは、ラベルとして付けられたテキスト部分をクリックしても反応して切り替わるようになります。

　ラベルの付け方には、2通りの方法があります。ひとつは、`<label>` 〜 `</label>`の範囲内にラベルとなるテキストと入力・選択項目の両方を含める方法です。もうひとつは、`<label>` 〜 `</label>`の範囲内にはラベルとなるテキストのみを配置して、入力・選択項目のid属性で指定した値と同じものをfor属性で指定する方法です。この場合は、ラベルと入力・選択項目が必ず1対1になるようにしてください。

```
<p>
<label for="nm">お名前：</label>
<input type="text" name="namae" id="nm">
</p>
<p>
<label for="em">メール：</label>
<input type="text" name="email" id="em">
</p>
<p>
<label><input type="radio" name="sex" value="Male">男性</label>
<label><input type="radio" name="sex" value="Female">女性</label>
</p>
```

HTML にスクリプトを組み込む

```
<script> ～ </script>
<script src="URL"> ～ </script>
```

URL	スクリプトを記述した別ファイルのURL

　script要素は、HTML文書内にスクリプトを記述する場合に使用し、スクリプト言語はこの要素の範囲内に記述します。この要素は、<head> ～ </head> と <body> ～ </body> の範囲内の任意の位置に置くことができます。

　src属性は、スクリプトを別ファイルに記述しておいて、それを呼び出して使いたい場合に使用します。

```
<!DOCTYPE html>
<html lang="ja">
<head>
<meta charset="UTF-8">
<title>HTMLにスクリプトを組み込む</title>
<script>
  function func01() { alert("開きました！") }
</script>
</head>
<body>
<input type="button" value="ダイアログボックスを開く" onClick="func01()">
</body>
</html>
```

☞ JavaScript：「JavaScriptの記述法（<script>の使い方）」(p.338)

スクリプトが実行されない環境用の内容を入れる

`<noscript>` ～ `</noscript>`

noscript要素は、スクリプトが実行できない場合にだけ表示させるコンテンツを入れておく要素です。したがって、スクリプトが実行可能な場合には、noscript要素の内容は表示されません。

この要素の内容としては、「スクリプト対応のブラウザで見てください」というものではなく、スクリプトが利用できる場合と同等かそれに近い内容(または、そのようなページへのリンク)を入れるようにしてください。

```
<noscript>
<p>
スクリプトが利用できない環境の方は、
<a href="acs.html">アクセシブル版</a>
をご利用ください。
</p>
</noscript>
```

 JavaScript:「JavaScriptの記述法(<noscript>の使い方)」(p.338)

インラインフレームを配置する

```
<iframe src="HTML文書のURL" name="フレーム名"> ～ </iframe>
```

【その他に指定可能な属性】	
width	フレームの幅（CSSピクセル数）
height	フレームの高さ（CSSピクセル数）

　iframe要素は、インラインフレーム（HTML文書内でさらに別の文書を表示させる領域）を表示させる要素です。フレーム内には、src属性で指定された別のHTML文書が表示されます。

　<iframe> ～ </iframe> の間には、インラインフレームをサポートしていないブラウザや、インラインフレームを表示しないように設定している環境で表示させたい内容を入れておきます。

```
<!DOCTYPE html>
<html lang="ja">
<head>
<meta charset="UTF-8">
<title>インラインフレームを配置する</title>
<style>
iframe { float: right; }
</style>
</head>
<body>
<h1>支援技術</h1>
<p>
<iframe src="kaisetsu.html" name="term" width="250" height="150">
</iframe>
Webアクセシビリティの範囲で利用されるソフトウェアによる支援技術としては、<a href="sr.html"
target="term">スクリーンリーダー</a>や<a href="sm.html" target="term">画面拡大
ソフトウェア</a>、<a href="ss.html" target="term">スピーチシンセサイザ</a>、グラフィ
カルなデスクトップのブラウザで利用可能な<a href="vi.html" target="term">音声入力ソフト
ウェア</a>などがあります。ハードウェアによる支援技術としては、<a href="ak.html" target
="term">代替キーボード</a>や様々な種類の<a href="pd.html" target="term">ポインティ
ングデバイス</a>などがあります。
</p>
</body>
</html>
```

図表であることを示す

`<figure>` ～ `</figure>`

📄 図表であることを示す   −   □   ×

ⓘ

CSSで<u>ソースコード例01</u>のように指定すると、テキストに影をつけることができる。

    ソースコード例01：テキストに影をつける

```
h1 {
  text-shadow: #999 2px 2px 3px;
}
```

---

　figure要素は、その要素内容が図表であることを表す要素です。要素内容としてはフローコンテンツであればなんでも入れることができるため、画像や表のほかソースコードを掲載したい場合などにも利用できます。

```
<p>
CSSで<a href="#c1">ソースコード例01</a>のように指定すると、テキストに影をつけることができる。
</p>
. . .
<figure id="c1">
<figcaption>ソースコード例01：テキストに影をつける</figcaption>
<pre><code>h1 {
  text-shadow: #999 2px 2px 3px;
}</code></pre>
</figure>
```

図表にキャプションを付ける

`<figcaption>` ～ `</figcaption>`

図表にキャプションを付ける

「幸せを呼ぶ青いハチ」とも呼ばれるルリモンハナバチ

　figcaption要素は、figure要素であらわす図表にキャプション（見出しや説明文など）を付けるための要素です。figure要素の内容の先頭または末尾に1つだけ配置できます。

```
<figure>
<img src="bluebee.jpg" alt="写真：ルリモンハナバチ">
<figcaption>「幸せを呼ぶ青いハチ」とも呼ばれるルリモンハナバチ</figcaption>
</figure>
```

情報の折りたたみと展開を可能にする

```
<details> ～ </details>
<details> ～ </details open>
```

open	詳細情報を表示させる

　details要素は、ディスクロージャー・ウィジェット (要素内容を折りたたんで非表示にしたり、展開して表示させたりできる部品) を作るための要素です。open属性が指定されていないと要素内容が折り畳まれた状態で表示され、open属性を指定すると展開された状態で表示されます。

```html
<details>
<p>詳細情報1</p>
<p>詳細情報2</p>
<p>詳細情報3</p>
</details>
```

折りたたんだ情報の見出しを表す

<summary> 〜 </summary>

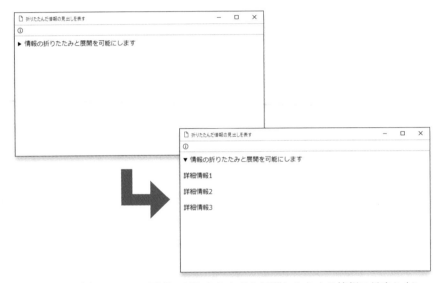

　summary要素は、details要素で折りたたんだり展開したりする情報の見出し(キャプション)となる要素です。この要素の内容は、折り畳んでも表示されたままとなります。この要素を使用する場合は、details要素の内容の先頭に配置する必要があります。

```
<details>
<summary>情報の折りたたみと展開を可能にします</summary>
<p>詳細情報1</p>
<p>詳細情報2</p>
<p>詳細情報3</p>
</details>
```

ダイアログボックスを表示させる

```
<dialog> ～ </dialog>
<dialog> ～ </dialog open>
```

open	ダイアログを表示させる

ダイアログボックスが表示されています。

[閉じる]

dialog要素は、その内容をダイアログボックスとして表示させる要素です。イン スペクタやウィンドウとしても使用できます。open属性が指定されているとダイ アログボックスがアクティブとなって表示され、ユーザーが操作可能となります。 open属性を取り除くとダイアログボックスが消えますが、ダイアログボックスを閉 じる際は一般にclose()メソッドが使用されます。

```
<dialog open id="d01">
<p>ダイアログボックスが表示されています。</p>
<p><input type="button" onclick="document.getElementById('d01').close();"
value="閉じる"></p>
</dialog>
```

HTML全要素・属性一覧

要素名	属性名	説明	参照
a		リンク	p.37
	href	リンク先のURL	
	hreflang	リンク先の言語(ja, enなど)	
	type	リンク先のMIMEタイプ	
	rel	リンク先のファイルは何か	
	target	リンクの表示先(ウィンドウ・タブなど)	
	download	ダウンロード用であることを示す	
	ping	pingの送信先のURL	
	referrerpolicy	リファラーポリシーの設定	
	グローバル属性	id・class・title・lang・styleなど	
abbr		略語	p.55
	グローバル属性	id・class・title・lang・styleなど	
address		問い合わせ先	p.47
	グローバル属性	id・class・title・lang・styleなど	
area		イメージマップの領域	p.71
	alt	代替テキスト	
	shape	領域の形状(rect・circle・poly・default)	
	coords	領域の座標	
	href	領域のリンク先のURL	
	rel	リンク先のファイルは何か	
	target	リンクの表示先(ウィンドウ・タブなど)	
	download	ダウンロード用であることを示す	
	ping	pingの送信先のURL	
	referrerpolicy	リファラーポリシーの設定	
	グローバル属性	id・class・title・lang・styleなど	
article		独立・完結しているセクション	p.23
	グローバル属性	id・class・title・lang・styleなど	
aside		本筋からはずれているセクション	p.25
	グローバル属性	id・class・title・lang・styleなど	
audio		音声の再生	p.69
	src	再生させる音声データのURL	
	controls	コントローラーを表示させる	
	autoplay	自動的に再生を開始させる	
	loop	再生を繰り返させる	
	muted	音量が0の状態にする	
	preload	プリロードに関する設定	

要素名	属性名	説明	参照
	crossorigin	CORSの認証の設定	
	グローバル属性	id・class・title・lang・styleなど	
b		実用上の目的で目立たせている部分	
	グローバル属性	id・class・title・lang・styleなど	
base		相対パスの基準とするURLを設定	p.18
	href	相対パスの基準とするURL	
	target	デフォルトのウィンドウ・タブ・インラインフレーム	
	グローバル属性	d・class・title・lang・styleなど	
bdi		双方向アルゴリズムから分離・独立させる部分	
	グローバル属性	id・class・title・lang・styleなど	
bdo		文字表記の方向を設定してある部分	
	グローバル属性	id・class・title・lang・styleなど	
blockquote		引用文（ブロックレベル）	p.52
	cite	引用元のURL	
	グローバル属性	id・class・title・lang・styleなど	
body		そのページの全コンテンツを入れる要素	p.11
	グローバル属性	id・class・title・lang・styleなど	
br		改行	p.42
	グローバル属性	id・class・title・lang・styleなど	
button		ボタン	p.91
	type	どの種類のボタンにするのかをキーワードで指定	
	name	データとセットになって送信される項目名	
	disabled	ボタンを無効にする	
	value	ボタンの値	
	form	このボタンと関連付けるフォームのid	
	formaction	データの送信先のURL	
	formmethod	データを送信する際のHTTPメソッド	
	formenctype	データを送信する際のMIMEタイプ	
	formnovalidate	送信時には妥当性チェックを行わない	
	formtarget	送信結果の表示先（ウィンドウ・タブなど）	
	グローバル属性	id・class・title・lang・styleなど	
canvas		ビットマップの動的グラフィック	
	width	表示させる領域の幅	
	height	表示させる領域の高さ	
	グローバル属性	id・class・title・lang・styleなど	
caption		表のキャプション	p.76
	グローバル属性	id・class・title・lang・styleなど	
cite		作品のタイトル	p.53

要素名	属性名	説明	参照
	グローバル属性	id・class・title・lang・styleなど	
code		コンピューターのコード	p.60
	グローバル属性	id・class・title・lang・styleなど	
col		表の縦列	p.83
	span	この要素の対象となる縦列の数	
	グローバル属性	id・class・title・lang・styleなど	
colgroup		表の縦列のグループ	p.81
	span	グループ化する縦列の数	
	グローバル属性	id・class・title・lang・styleなど	
data		機械可読形式のデータの付加	p.73
	value	要素内容を機械可読形式にしたデータ	
	グローバル属性	id・class・title・lang・styleなど	
datalist		input要素用の選択肢	
	グローバル属性	id・class・title・lang・styleなど	
dd		dl要素内の説明の項目	p.36
	グローバル属性	id・class・title・lang・styleなど	
del		編集の過程で削除された部分	p.57
	cite	削除についての説明のあるURL	
	datetime	削除した日付	
	グローバル属性	id・class・title・lang・styleなど	
details		詳細情報の表示・非表示を切り替えられる部品	p.113
	open	詳細情報が表示されている状態にする	
	グローバル属性	id・class・title・lang・styleなど	
dfn		定義対象の用語	p.59
	グローバル属性	id・class・title・lang・styleなど	
dialog		ダイアログボックス	p.115
	open	ダイアログボックスが表示されている状態にする	
	グローバル属性	id・class・title・lang・styleなど	
div		特定の意味を持たない要素(ブロックレベル)	p.30
	グローバル属性	id・class・title・lang・styleなど	
dl		説明リスト全体	p.36
	グローバル属性	id・class・title・lang・styleなど	
dt		dl要素内の用語の項目	p.36
	グローバル属性	id・class・title・lang・styleなど	
em		強調	p.48
	グローバル属性	id・class・title・lang・styleなど	
embed		プラグインを使ったデータの組み込み	
	src	組み込むデータのURL	

要素名	属性名	説明	参照
	type	組み込むデータのMIMEタイプ	
	width	表示させる領域の幅	
	height	表示させる領域の高さ	
	その他の属性	その他の任意の属性が指定可能（一部例外あり）	
	グローバル属性	id・class・title・lang・styleなど	
fieldset		フォーム関連部品のグループ	p.105
	name	フォームの送信時に使用されるこのグループの名前	
	disabled	グループを無効にする	
	form	このグループと関連付けるフォームのid	
	グローバル属性	id・class・title・lang・styleなど	
figcaption		図表のキャプション	p.112
	グローバル属性	id・class・title・lang・styleなど	
figure		図表	p.111
	グローバル属性	id・class・title・lang・styleなど	
footer		フッター	p.28
	グローバル属性	id・class・title・lang・styleなど	
form		フォーム	p.85
	action	データの送信先のURL	
	method	データを送信する際のHTTPメソッド(get・post・dialog)	
	enctype	データを送信する際のMIMEタイプ	
	accept-charset	受付可能な文字コード	
	name	フォームの名前	
	novalidate	送信時にデータの妥当性チェックを行わない	
	autocomplete	オートコンプリート機能のデフォルトの設定	
	target	送信結果の表示先(ウィンドウ・タブなど)	
	rel	表示先のファイルは何か	
	グローバル属性	id・class・title・lang・styleなど	
h1 ～ h6		見出し	p.19
	グローバル属性	id・class・title・lang・styleなど	
head		そのページの文書情報を入れる要素	p.11
	グローバル属性	id・class・title・lang・styleなど	
header		ヘッダー	p.27
	グローバル属性	id・class・title・lang・styleなど	
hgroup		見出しとサブタイトルのグループ	p.21
	グローバル属性	id・class・title・lang・styleなど	
hr		主題の変わり目	p.31
	グローバル属性	id・class・title・lang・styleなど	
html		すべての要素を含む要素	p.11

要素名	属性名	説明	参照
	グローバル属性	id・class・title・lang・styleなど	
i		性質・状態が異なっている部分	
	グローバル属性	id・class・title・lang・styleなど	
iframe		インラインフレーム	p.109
	src	インラインフレーム内に表示させる文書のURL	
	srcdoc	インラインフレーム内に表示させる文書のソースコード	
	name	target属性で表示先として指定する際の名前	
	sandbox	セキュリティ上の制限を解除する項目を指定	
	allowfullscreen	フルスクリーン表示にすることを許可する	
	width	インラインフレームの幅	
	height	インラインフレームの高さ	
	referrerpolicy	リファラーポリシーの設定	
	allow	パーミッションポリシーの設定	
	loading	文書の読み込みのタイミングを設定	
	グローバル属性	id・class・title・lang・styleなど	
img		画像	p.61
	alt	代替テキスト	
	src	表示させる画像のURL	
	srcset	環境に合わせた候補画像のURL	
	sizes	条件ごとの表示幅	
	width	画像の幅(CSSピクセル数)	
	height	画像の高さ(CSSピクセル数)	
	crossorigin	CORSの認証の設定	
	usemap	クライアントサイド・イメージマップの名前	
	ismap	サーバーサイド・イメージマップであることを示す	
	referrerpolicy	リファラーポリシーの設定	
	decoding	画像のデコードのタイミングを設定	
	loading	画像の読み込みのタイミングを設定	
	グローバル属性	id・class・title・lang・styleなど	
input		フォームの各種部品になる要素	p.87
	type	どの種類の部品にするのかをキーワードで指定	
	name	データとセットになって送信される項目名	
	value	部品の値(ボタンの場合はラベルとして表示)	
	disabled	部品を無効にする	
	readonly	部品を変更不可にする	
	size	入力フィールドの幅を文字数で指定	
	checked	部品をチェックされた状態にする	
	minlength	最低限入力しなければならない文字数	

要素名	属性名	説明	参照
	maxlength	入力可能な最大の文字数	
	accept	選択可能なファイルのMIMEタイプ	
	required	入力や選択を必須にする	
	placeholder	プレースホルダー	
	autocomplete	オートコンプリート機能の設定	
	list	サジェスト機能として使用するdatalist要素のid	
	pattern	入力された値をチェックするための正規表現	
	multiple	複数の値の入力や選択を可能にする	
	min	最小値	
	max	最大値	
	step	入力可能な値の間隔	
	src	送信ボタンとして表示させる画像のURL	
	alt	送信ボタンとして表示させる画像の代替テキスト	
	width	送信ボタンとして表示させる画像の幅	
	height	送信ボタンとして表示させる画像の高さ	
	dirname	文字表記の方向を自動的に送信させる際の項目名	
	form	この部品と関連付けるフォームのid	
	formaction	データの送信先のURL	
	formmethod	データを送信する際のHTTPメソッド	
	formenctype	データを送信する際のMIMEタイプ	
	formnovalidate	送信時には妥当性チェックを行わない	
	formtarget	送信結果の表示先(ウィンドウ・タブなど)	
	グローバル属性	id・class・title・lang・styleなど	
ins		編集の過程で追加された部分	p.56
	cite	追加についての説明のあるURL	
	datetime	追加した日付	
	グローバル属性	id・class・title・lang・styleなど	
kbd		ユーザーが入力する文字	p.60
	グローバル属性	id・class・title・lang・styleなど	
label		フォーム関連部品のラベル	p.106
	for	関連付ける部品のid	
	グローバル属性	id・class・title・lang・styleなど	
legend		fieldset要素のタイトル	p.105
	グローバル属性	id・class・title・lang・styleなど	
li		リスト内の項目	p.33
	value	(ol要素の子要素である場合の)マーカーの番号	
	グローバル属性	id・class・title・lang・styleなど	
link		関連ファイル	p.264

要素名	属性名	説明	参照
	href	関連ファイルのURL	
	hreflang	関連ファイルの言語（ja, enなど）	
	rel	関連ファイルは何か	
	type	関連ファイルのMIMEタイプ	
	media	メディアクエリ	
	sizes	アイコン画像の大きさ（32x32など）	
	crossorigin	CORSの認証の設定	
	referrerpolicy	リファラーポリシーの設定	
	disabled	関連を無効にする	
	integrity	関連ファイルが改竄されていないかの検証	
	imagesrcset	環境に合わせた候補画像のURL	
	as	先行して読み込まれる関連ファイルの種類	
	blocking	関連ファイルの読み込み時にレンダリングを中断	
	color	rel="mask-icon" で指定するアイコンの表示色	
	グローバル属性	id・class・title・lang・styleなど	
main		メインコンテンツ	p.29
	グローバル属性	id・class・title・lang・styleなど	
map		クライアントサイド・イメージマップの定義	p.71
	name	イメージマップの名前	
	グローバル属性	id・class・title・lang・styleなど	
mark		注目してもらうために目立たせている部分	p.54
	グローバル属性	id・class・title・lang・styleなど	
menu		ツールバー	
	グローバル属性	id・class・title・lang・styleなど	
meta		メタ情報	p.14
	name	メタ情報の名前	
	content	メタ情報の値	
	http-equiv	このページの状態または実行命令	
	charset	このページの文字コード	
	media	メディアクエリ	
	グローバル属性	id・class・title・lang・styleなど	
meter		メーター	p.103
	value	メーターの示す値	
	min	メーターの示す範囲全体の下限	
	max	メーターの示す範囲全体の上限	
	low	範囲を「低」「中」「高」に分割した場合の「低」の上限	
	high	範囲を「低」「中」「高」に分割した場合の「高」の下限	
	optimum	「低」「中」「高」のどれが最適なのかを示す値	

要素名	属性名	説明	参照
	グローバル属性	id・class・title・lang・styleなど	
nav		ナビゲーションのセクション	p.26
	グローバル属性	id・class・title・lang・styleなど	
noscript		スクリプトが動作しない環境向けの内容	p.108
	グローバル属性	id・class・title・lang・styleなど	
object		様々な種類のデータの組み込み	p.73
	data	組み込むデータのURL	
	type	組み込むデータのMIMEタイプ	
	name	target属性で表示先として指定する際の名前	
	form	組み込むデータと関連付けるform要素のid	
	width	表示させる領域の幅	
	height	表示させる領域の高さ	
	グローバル属性	id・class・title・lang・styleなど	
ol		リスト全体(連番あり)	p.33
	type	マーカーの種類(数字・アルファベット・ローマ数字)	
	reversed	マーカーの番号を逆順(降順)にする	
	start	連番の開始番号	
	グローバル属性	id・class・title・lang・styleなど	
optgroup		select要素の選択肢のグループ	p.99
	label	グループのラベル	
	disabled	グループを無効にする	
	グローバル属性	id・class・title・lang・styleなど	
option		select要素・datalist要素の選択肢	p.98
	label	選択肢のラベル	
	value	送信される値	
	selected	選択肢があらかじめ選択されている状態にする	
	disabled	選択肢を無効にする	
	グローバル属性	id・class・title・lang・styleなど	
output		計算結果を表示させる部品	
	for	計算のもとになった要素のid	
	name	データとセットになって送信される項目名	
	form	この部品と関連付けるフォームのid	
	グローバル属性	id・class・title・lang・styleなど	
p		段落	p.22
	グローバル属性	id・class・title・lang・styleなど	
picture		候補画像を入れる要素	p.66
	グローバル属性	id・class・title・lang・styleなど	
pre		整形済みテキスト	p.44

要素名	属性名	説明	参照
	グローバル属性	id・class・title・lang・styleなど	
progress		プログレスバー	p.104
	value	処理の進み具合を示す現在値	
	max	処理の全体量を示す上限値	
	グローバル属性	id・class・title・lang・styleなど	
q		引用文(インライン)	p.51
	cite	引用元のURL	
	グローバル属性	id・class・title・lang・styleなど	
rp		ルビに未対応の環境で使用するカッコ	p.43
	グローバル属性	id・class・title・lang・styleなど	
rt		ふりがな部分	p.43
	グローバル属性	id・class・title・lang・styleなど	
ruby		ルビ全体	p.43
	グローバル属性	id・class・title・lang・styleなど	
s		正しくない部分・関係のない部分	p.58
	グローバル属性	id・class・title・lang・styleなど	
samp		コンピューターによる出力	p.60
	グローバル属性	id・class・title・lang・styleなど	
script		スクリプト	p.107
	src	外部スクリプトのURL	
	type	スクリプトのMIMEタイプ	
	defer	非同期で読み込み、読み込み完了後すぐに実行	
	async	非同期で読み込み、ページ解析処理の終了後に実行	
	crossorigin	CORSの認証の設定	
	referrerpolicy	リファラーポリシーの設定	
	integrity	関連ファイルが改竄されていないかの検証	
	blocking	関連ファイルの読み込み時にレンダリングを中断	
	nomodule	モジュールスクリプト対応環境で実行させない	
	グローバル属性	id・class・title・lang・styleなど	
section		一般的なセクション	p.24
	グローバル属性	id・class・title・lang・styleなど	
select		複数項目から選択する部品	p.98
	name	データとセットになって送信される項目名	
	size	ユーザーに見える状態にする選択肢の数	
	multiple	複数の選択肢を選択可能にする	
	disabled	部品を無効にする	
	required	選択を必須にする	
	autofocus	ロードされると同時にこの部品にフォーカスさせる	

要素名	属性名	説明	参照
	form	この部品と関連付けるフォームのid	
	グローバル属性	id・class・title・lang・styleなど	
slot		シャドウツリーの内部に入れる要素	
	name	slot要素の名前	
	グローバル属性	id・class・title・lang・styleなど	
small		副次的な注記	p.50
	グローバル属性	id・class・title・lang・styleなど	
source		picture要素・audio要素・video要素の候補データ	p.70
	src	再生させる動画・音声データのURL	
	srcset	環境に合わせた候補画像のURL	
	sizes	条件ごとの表示幅	
	media	メディアクエリで示す条件	
	type	データのMIMEタイプ	
	width	画像の幅（CSSピクセル数）	
	height	画像の高さ（CSSピクセル数）	
	グローバル属性	id・class・title・lang・styleなど	
span		特定の意味を持たない要素（インライン）	p.30
	グローバル属性	id・class・title・lang・styleなど	
strong		重要な部分	p.49
	グローバル属性	id・class・title・lang・styleなど	
style		スタイルシート	p.151
	media	メディアクエリ	
	blocking	外部CSSの読み込み時にレンダリングを中断	
	グローバル属性	id・class・title・lang・styleなど	
sub		下付き文字	p.45
	グローバル属性	id・class・title・lang・styleなど	
summary		詳細情報の見出し	p.114
	グローバル属性	id・class・title・lang・styleなど	
sup		上付き文字	p.45
	グローバル属性	id・class・title・lang・styleなど	
table		表全体	p.74
	グローバル属性	id・class・title・lang・styleなど	
tbody		表の本体	p.79
	グローバル属性	id・class・title・lang・styleなど	
td		表のセル（データ）	p.77
	colspan	セル何個分の幅を持たせるか	
	rowspan	セル何個分の高さを持たせるか	
	headers	このセルの見出しとなっているth要素をidで示す	

要素名	属性名	説明	参照
	グローバル属性	id・class・title・lang・styleなど	
template		内容をスクリプトで挿入する範囲	
	グローバル属性	id・class・title・lang・styleなど	
textarea		複数行の入力フィールド	p.93
	cols	入力フィールドの幅を文字数で指定	
	rows	入力フィールドの高さを行数で指定	
	name	データとセットになって送信される項目名	
	disabled	入力フィールドを無効にする	
	readonly	入力フィールドを変更不可にする	
	wrap	行を折り返している箇所に改行コードを加えるかどうか	
	required	入力を必須にする	
	placeholder	プレースホルダー	
	autocomplete	オートコンプリート機能の設定	
	minlength	最低限入力しなければならない文字数	
	maxlength	入力可能な最大の文字数	
	dirname	文字表記の方向を自動的に送信させる際の項目名	
	form	この入力フィールドと関連付けるフォームのid	
	グローバル属性	id・class・title・lang・styleなど	
tfoot		表のフッター	p.79
	グローバル属性	id・class・title・lang・styleなど	
th		表のセル（見出し）	p.77
	colspan	セル何個分の幅を持たせるか	
	rowspan	セル何個分の高さを持たせるか	
	headers	このセルの見出しとなっているth要素をidで示す	
	scope	見出しの対象となっているデータセルの範囲	
	abbr	見出しを簡略化したもの	
	グローバル属性	id・class・title・lang・styleなど	
thead		表のヘッダー	p.79
	グローバル属性	id・class・title・lang・styleなど	
time		機械可読可能な日時のデータ	
	datetime	要素内容を機械可読形式にしたデータ	
	グローバル属性	id・class・title・lang・styleなど	
title		ページのタイトル	p.15
	グローバル属性	id・class・title・lang・styleなど	
tr		表の横一列	p.74
	グローバル属性	id・class・title・lang・styleなど	
track		audio要素・video要素のテキスト・トラック	
	kind	テキスト・トラックの種類	

要素名	属性名	説明	参照
	src	テキスト・トラックのURL	
	srclang	テキスト・トラックの言語の種類	
	label	テキスト・トラックのタイトル	
	default	このトラックをデフォルトにすることを示す	
	グローバル属性	id・class・title・lang・styleなど	
u		テキスト以外の注釈のついた部分	
	グローバル属性	id・class・title・lang・styleなど	
ul		リスト全体(連番なし)	p.32
	グローバル属性	id・class・title・lang・styleなど	
var		変数	p.60
	グローバル属性	id・class・title・lang・styleなど	
video		動画の再生	p.68
	src	再生させる動画データのURL	
	controls	コントローラーを表示させる	
	autoplay	自動的に再生を開始させる	
	loop	再生を繰り返させる	
	muted	音量が0の状態にする	
	width	動画の幅	
	height	動画の高さ	
	poster	再生可能となるまでの間に表示させる画像のURL	
	preload	プリロードに関する設定	
	crossorigin	CORSの認証の設定	
	playsinline	全画面や別ウィンドウではなくインラインで表示させる	
	グローバル属性	id・class・title・lang・styleなど	
wbr		改行可能にする位置	
	グローバル属性	id・class・title・lang・styleなど	

HTMLの各カテゴリーに該当する要素一覧

● フローコンテンツ

html	head	body	title	meta
link	style	script	noscript	base
section	article	aside	nav	p
h1 ～ h6	hgroup	main	header	footer
ul	ol	menu	li	dl
dt	dd	address	blockquote	pre
div	hr			
a	br	em	strong	small
q	cite	data	time	mark
abbr	b	i	u	s
code	kbd	samp	var	dfn
sup	sub	bdo	bdi	wbr
span	map	area	ins	del
ruby	rt	rp		
img	picture	video	audio	source
track	object	embed	canvas	iframe
form	input	textarea	button	datalist
select	option	optgroup	meter	progress
output	label	fieldset	legend	
table	caption	tr	th	td
thead	tbody	tfoot	colgroup	col
figure	figcaption	details	summary	template
dialog	slot	テキスト		

※meta要素は、itemprop属性が指定されている場合のみ該当
※link要素は、itemprop属性が指定されているかrel属性の値が特定のものの場合のみ該当
※area要素は、map要素の内部に配置されている場合のみ該当

● 見出しコンテンツ

html	head	body	title	meta
link	style	script	noscript	base
section	article	aside	nav	p
h1 ～ h6	hgroup	main	header	footer
ul	ol	menu	li	dl
dt	dd	address	blockquote	pre
div	hr			
a	br	em	strong	small
q	cite	data	time	mark
abbr	b	i	u	s
code	kbd	samp	var	dfn
sup	sub	bdo	bdi	wbr
span	map	area	ins	del
ruby	rt	rp		
img	picture	video	audio	source
track	object	embed	canvas	iframe
form	input	textarea	button	datalist
select	option	optgroup	meter	progress
output	label	fieldset	legend	
table	caption	tr	th	td
thead	tbody	tfoot	colgroup	col
figure	figcaption	details	summary	template
dialog	slot	テキスト		

※hgroup要素は、内部にh1 ～ h6要素のいずれかを含む場合のみ該当

● セクショニングコンテンツ

html	head	body	title	meta
link	style	script	noscript	base
section	article	aside	nav	p
h1 ～ h6	hgroup	main	header	footer
ul	ol	menu	li	dl
dt	dd	address	blockquote	pre
div	hr			
a	br	em	strong	small
q	cite	data	time	mark
abbr	b	i	u	s
code	kbd	samp	var	dfn
sup	sub	bdo	bdi	wbr
span	map	area	ins	del
ruby	rt	rp		
img	picture	video	audio	source
track	object	embed	canvas	iframe
form	input	textarea	button	datalist
select	option	optgroup	meter	progress
output	label	fieldset	legend	
table	caption	tr	th	td
thead	tbody	tfoot	colgroup	col
figure	figcaption	details	summary	template
dialog	slot	テキスト		

● 文章内コンテンツ

html	head	body	title	meta
link	style	script	noscript	base
section	article	aside	nav	p
h1 ～ h6	hgroup	main	header	footer
ul	ol	menu	li	dl
dt	dd	address	blockquote	pre
div	hr			
a	br	em	strong	small
q	cite	data	time	mark
abbr	b	i	u	s
code	kbd	samp	var	dfn
sup	sub	bdo	bdi	wbr
span	map	area	ins	del
ruby	rt	rp		
img	picture	video	audio	source
track	object	embed	canvas	iframe
form	input	textarea	button	datalist
select	option	optgroup	meter	progress
output	label	fieldset	legend	
table	caption	tr	th	td
thead	tbody	tfoot	colgroup	col
figure	figcaption	details	summary	template
dialog	slot	テキスト		

※meta要素は、itemprop属性が指定されている場合のみ該当
※link要素は、itemprop属性が指定されているかrel属性の値が特定のものの場合のみ該当
※area要素は、map要素の内部に配置されている場合のみ該当

● 組み込みコンテンツ

html	head	body	title	meta
link	style	script	noscript	base
section	article	aside	nav	p
h1 ～ h6	hgroup	main	header	footer
ul	ol	menu	li	dl
dt	dd	address	blockquote	pre
div	hr			
a	br	em	strong	small
q	cite	data	time	mark
abbr	b	i	u	s
code	kbd	samp	var	dfn
sup	sub	bdo	bdi	wbr
span	map	area	ins	del
ruby	rt	rp		
img	picture	video	audio	source
track	object	embed	canvas	iframe
form	input	textarea	button	datalist
select	option	optgroup	meter	progress
output	label	fieldset	legend	
table	caption	tr	th	td
thead	tbody	tfoot	colgroup	col
figure	figcaption	details	summary	template
dialog	slot	テキスト		

● 対話型コンテンツ

html	head	body	title	meta
link	style	script	noscript	base
section	article	aside	nav	p
h1 ～ h6	hgroup	main	header	footer
ul	ol	menu	li	dl
dt	dd	address	blockquote	pre
div	hr			
a	br	em	strong	small
q	cite	data	time	mark
abbr	b	i	u	s
code	kbd	samp	var	dfn
sup	sub	bdo	bdi	wbr
span	map	area	ins	del
ruby	rt	rp		
img	picture	video	audio	source
track	object	embed	canvas	iframe
form	input	textarea	button	datalist
select	option	optgroup	meter	progress
output	label	fieldset	legend	
table	caption	tr	th	td
thead	tbody	tfoot	colgroup	col
figure	figcaption	details	summary	template
dialog	slot	テキスト		

※a要素は、href属性が指定されている場合のみ該当
※img要素は、usemap属性が指定されている場合のみ該当
※video要素とaudio要素は、controls属性が指定されている場合のみ該当
※input要素は、type属性の値が「hidden」以外の場合のみ該当

● 文書情報コンテンツ

html	head	body	title	meta
link	style	script	noscript	base
section	article	aside	nav	p
h1 〜 h6	hgroup	main	header	footer
ul	ol	menu	li	dl
dt	dd	address	blockquote	pre
div	hr			
a	br	em	strong	small
q	cite	data	time	mark
abbr	b	i	u	s
code	kbd	samp	var	dfn
sup	sub	bdo	bdi	wbr
span	map	area	ins	del
ruby	rt	rp		
img	picture	video	audio	source
track	object	embed	canvas	iframe
form	input	textarea	button	datalist
select	option	optgroup	meter	progress
output	label	fieldset	legend	
table	caption	tr	th	td
thead	tbody	tfoot	colgroup	col
figure	figcaption	details	summary	template
dialog	slot	テキスト		

HTMLの要素の配置のルール一覧

要素名	配置できる場所	内容として入れられる要素
a	文章内コンテンツが配置可能な場所	親要素と同じ。ただし、対話型コンテンツ、a要素、tabindex属性を指定している要素は内部に含むことができない
abbr	文章内コンテンツが配置可能な場所	文章内コンテンツ
address	フローコンテンツが配置可能な場所	フローコンテンツ。ただし、見出しコンテンツ、セクショニングコンテンツ、header要素、footer要素、address要素は内部に含むことができない
area	map要素の内部で、文章内コンテンツが配置可能な場所	なし(空要素)
article	セクショニングコンテンツが配置可能な場所	フローコンテンツ
aside	セクショニングコンテンツが配置可能な場所	フローコンテンツ
audio	組み込みコンテンツが配置可能な場所	src属性が指定されている場合:先頭にtrack要素を0個以上、その後は親要素と同じ。ただし、video要素とaudio要素は内部に含むことができない src属性が指定されていない場合:先頭にsource要素を0個以上、次にtrack要素を0個以上、その後は親要素と同じ。ただし、video要素とaudio要素は内部に含むことができない
b	文章内コンテンツが配置可能な場所	文章内コンテンツ
base	head要素内(ただし複数は配置できない)	なし(空要素)
bdi	文章内コンテンツが配置可能な場所	文章内コンテンツ
bdo	文章内コンテンツが配置可能な場所	文章内コンテンツ
blockquote	フローコンテンツが配置可能な場所	フローコンテンツ
body	html要素の2つ目の子要素として配置	フローコンテンツ
br	文章内コンテンツが配置可能な場所	なし(空要素)
button	文章内コンテンツが配置可能な場所	文章内コンテンツ。ただし、対話型コンテンツとtabindex属性を指定している要素は内部に含むことができない
canvas	組み込みコンテンツが配置可能な場所	親要素と同じ。ただし、a要素以外の対話型コンテンツ、usemap属性を指定しているimg要素、button要素、type属性の値がcheckboxまたはradioのinput要素、ボタンのinput要素、multiple属性が指定されているかsize属性の値が1より大きいselect要素を除く対話型コンテンツは内部に含むことができない
caption	table要素の最初の子要素として配置	フローコンテンツ。ただし、table要素を内部に含むことはできない
cite	文章内コンテンツが配置可能な場所	文章内コンテンツ
code	文章内コンテンツが配置可能な場所	文章内コンテンツ
col	span属性のないcolgroup要素の子要素として配置	なし(空要素)

要素名	配置できる場所	内容として入れられる要素
colgroup	table要素の子要素として、caption要素よりも後で、かつtr要素・thead要素・tbody要素・tfoot要素よりも前の位置に配置	span属性が指定されている場合：なし span属性が指定されていない場合：col要素・template要素を0個以上
data	文章内コンテンツが配置可能な場所	文章内コンテンツ
datalist	文章内コンテンツが配置可能な場所	文章内コンテンツ、またはoption要素、script要素、template要素を0個以上
dd	dl要素内で、dt要素またはdd要素の後に配置 dl要素の子要素であるdiv要素内で、dt要素またはdd要素の後に配置	フローコンテンツ
del	文章内コンテンツが配置可能な場所	親要素と同じ
details	フローコンテンツが配置可能な場所	summary要素を1つ配置し、その後はフローコンテンツ
dfn	文章内コンテンツが配置可能な場所	文章内コンテンツ。ただし、別のdfn要素を内部に含むことはできない
dialog	フローコンテンツが配置可能な場所	フローコンテンツ
div	フローコンテンツが配置可能な場所 dl要素の子要素として配置	dl要素の子要素でない場合：フローコンテンツ dl要素の子要素である場合：1つ以上のdt要素とその後に1つ以上のdd要素（必要に応じてscript要素とtemplate要素を混入させることも可能）
dl	フローコンテンツが配置可能な場所	「1つ以上のdt要素に続く1つ以上のdd要素」のグループを0個以上、または1つ以上のdiv要素。いずれの場合も必要に応じてscript要素とtemplate要素を混入させることが可能
dt	dl要素内で、dd要素またはdt要素の前に配置 dl要素の子要素であるdiv要素内で、dd要素またはdt要素の前に配置	フローコンテンツ。ただし、セクショニングコンテンツ、見出しコンテンツ、header要素、footer要素を内部に含むことはできない
em	文章内コンテンツが配置可能な場所	文章内コンテンツ
embed	組み込みコンテンツが配置可能な場所	なし（空要素）
fieldset	フローコンテンツが配置可能な場所	必要に応じてlegend要素を1つ配置し、その後はフローコンテンツ
figcaption	figure要素の最初または最後の子要素として配置	フローコンテンツ
figure	フローコンテンツが配置可能な場所	フローコンテンツ。必要に応じて最初または最後の子要素としてfigcaption要素を1つだけ含むことが可能
footer	フローコンテンツが配置可能な場所	フローコンテンツ。ただし、header要素とfooter要素は内部に含むことができない
form	フローコンテンツが配置可能な場所	フローコンテンツ。ただし、別のform要素を内部に含むことはできない
h1 ～ h6	見出しコンテンツが配置可能な場所 hgroup要素の子要素として配置	文章内コンテンツ

要素名	配置できる場所	内容として入れられる要素
head	html要素の1つ目の子要素として配置	iframe要素のsrcdoc属性による文書の場合、または上位レベルのプロトコルによってtitle要素と同等の情報が得られる場合：文書情報コンテンツの要素を0個以上(ただしtitle要素とbase要素は複数は配置できない) その他の場合：文書情報コンテンツを1つ以上(ただしtitle要素を必ず1つだけ含み、base要素は複数は配置できない)
header	フローコンテンツが配置可能な場所	フローコンテンツ。ただし、header要素とfooter要素は内部に含むことができない
hgroup	見出しコンテンツが配置可能な場所	次の順で配置：0個以上のp要素、h1〜h6要素の中のどれか1つ、0個以上のp要素(必要に応じてscript要素とtemplate要素を混入させることも可能)
hr	フローコンテンツが配置可能な場所	なし(空要素)
html	文書のルート要素(全要素を含む要素)として配置。ただし、インラインフレームのように別の文書の一部として配置される場合は、それが配置可能な場所	最初にhead要素を1つ配置し、その後にbody要素を1つ配置
i	文章内コンテンツが配置可能な場所	文章内コンテンツ
iframe	組み込みコンテンツが配置可能な場所	なし
img	組み込みコンテンツが配置可能な場所	なし(空要素)
input	文章内コンテンツが配置可能な場所	なし(空要素)
ins	文章内コンテンツが配置可能な場所	親要素と同じ
kbd	文章内コンテンツが配置可能な場所	文章内コンテンツ
label	文章内コンテンツが配置可能な場所	文章内コンテンツ。ただし、別のlabel要素、およびラベルの対象ではないinput要素(type属性の値がhiddenでないもの)・textarea要素・button要素・select要素・output要素・meter要素・progress要素は内部に含むことができない
legend	fieldset要素の最初の子要素として配置	文章内コンテンツ。必要に応じて見出しコンテンツも配置可能
li	ul要素・ol要素・menu要素の内部	フローコンテンツ
link	文書情報コンテンツが配置可能な場所 head要素の子要素であるnoscript要素の内部 文章内コンテンツが配置可能な場所(rel属性の値が特定のものである場合のみ)	なし(空要素)
main	フローコンテンツが配置可能な場所。ただし、main要素を含むことができるのはhtml要素、body要素、div要素、form要素のみ	フローコンテンツ
map	文章内コンテンツが配置可能な場所	親要素と同じ
mark	文章内コンテンツが配置可能な場所	文章内コンテンツ
menu	フローコンテンツが配置可能な場所	li要素・script要素・template要素要素を0個以上

要素名	配置できる場所	内容として入れられる要素
meta	charset属性が指定されている場合またはhttp-equiv属性で文字コードを指定している場合：head要素内 http-equiv属性で文字コード以外の指定をしている場合：head要素内 http-equiv属性で文字コード以外の指定をしている場合：head要素の子要素であるnoscript要素内 name属性が指定されている場合：文書情報コンテンツが配置可能な場所 itemprop属性が指定されている場合：文書情報コンテンツが配置可能な場所 itemprop属性が指定されている場合：文章内コンテンツが配置可能な場所	なし（空要素）
meter	文章内コンテンツが配置可能な場所	文章内コンテンツ。ただし、別のmeter要素を内部に含むことはできない
nav	セクショニングコンテンツが配置可能な場所	フローコンテンツ
noscript	head要素内。ただし、noscript要素の内部には配置できない 文章内コンテンツが配置可能な場所。ただし、noscript要素の内部には配置できない	head要素の内部にあってスクリプトが無効の場合：順不同でlink要素・style要素・meta要素をそれぞれ0個以上 head要素の外部にあってスクリプトが無効の場合：親要素と同じ。ただし、別のnoscript要素を含むことはできない それ以外の場合：テキスト
object	組み込みコンテンツが配置可能な場所	親要素と同じ
ol	フローコンテンツが配置可能な場所	li要素・script要素・template要素要素を0個以上
optgroup	select要素の子要素として配置	option要素・script要素・template要素を0個以上
option	select要素・datalist要素・optgroup要素の子要素として配置	label属性とvalue属性の両方が指定されている場合：なし label属性が指定されていてvalue属性が指定されていない場合：テキスト label属性が指定されていなくてdatalist要素の子要素でない場合：テキスト（内容が空や空白文字のみは不可） label属性が指定されていなくてdatalist要素の子要素である場合：テキスト
output	文章内コンテンツが配置可能な場所	文章内コンテンツ
p	フローコンテンツが配置可能な場所	文章内コンテンツ
picture	組み込みコンテンツが配置可能な場所	source要素を0個以上配置し、最後にimg要素を1つ配置（必要に応じてscript要素とtemplate要素を混入させることも可能）
pre	フローコンテンツが配置可能な場所	文章内コンテンツ
progress	文章内コンテンツが配置可能な場所	文章内コンテンツ。ただし、別のprogress要素を内部に含むことはできない
q	文章内コンテンツが配置可能な場所	文章内コンテンツ
rp	ruby要素の子要素として、rt要素の直前または直後に配置	テキスト
rt	ruby要素の子要素として配置	文章内コンテンツ

要素名	配置できる場所	内容として入れられる要素
ruby	文章内コンテンツが配置可能な場所	以下のパターンを1つ以上： 　1. 最初に文章内コンテンツまたはruby要素を配置(いずれも内部にruby要素を含んでいないものに限る) 　2. 次にrt要素を1つ以上配置(それぞれ直前直後にrp要素を配置可能)
s	文章内コンテンツが配置可能な場所	文章内コンテンツ
samp	文章内コンテンツが配置可能な場所	文章内コンテンツ
script	文書情報コンテンツが配置可能な場所 文章内コンテンツが配置可能な場所 script要素・template要素が配置可能な場所	src属性が指定されていない場合：type属性の値によって異なる src属性が指定されている場合：空、またはコメントによるスクリプトの説明
section	セクショニングコンテンツが配置可能な場所	フローコンテンツ
select	文章内コンテンツが配置可能な場所	option要素・optgroup要素・script要素・template要素を0個以上
slot	文章内コンテンツが配置可能な場所	親要素と同じ
small	文章内コンテンツが配置可能な場所	文章内コンテンツ
source	picture要素の子要素として、img要素よりも前に配置 video要素またはaudio要素の子要素として、他のフローコンテンツおよびtrack要素よりも前に配置	なし(空要素)
span	文章内コンテンツが配置可能な場所	文章内コンテンツ
strong	文章内コンテンツが配置可能な場所	文章内コンテンツ
style	文書情報コンテンツが配置可能な場所 head要素の子要素であるnoscript要素内	テキスト(CSSのソースコード)
sub	文章内コンテンツが配置可能な場所	文章内コンテンツ
summary	details要素の最初の子要素として配置	文章内コンテンツ。必要に応じて見出しコンテンツも配置可能
sup	文章内コンテンツが配置可能な場所	文章内コンテンツ
table	フローコンテンツが配置可能な場所	次の順で配置：caption要素を0〜1個、colgroup要素を0個以上、thead要素を0〜1個、tbody要素を0個以上またはtr要素を1個以上、tfoot要素を0〜1個。必要に応じてscript要素とtemplate要素を混入させることも可能
tbody	table要素の子要素として、caption要素・colgroup要素・thead要素よりも後に配置(ただし、table要素の直接の子要素となっているtr要素がある状態では配置できない)	tr要素・script要素・template要素を0個以上
td	tr要素の子要素として配置	フローコンテンツ

要素名	配置できる場所	内容として入れられる要素
template	文書情報コンテンツが配置可能な場所 文章内コンテンツが配置可能な場所 script要素・template要素が配置可能な場所 span属性のないcolgroup要素の子要素として配置	なし
textarea	文章内コンテンツが配置可能な場所	テキスト
tfoot	table要素の子要素として、caption要素・colgroup要素・thead要素・tbody要素・tr要素よりも後に配置(ただし、table要素の子要素として配置できるtfoot要素の数は1つまで)	tr要素・script要素・template要素を0個以上
th	tr要素の子要素として配置	フローコンテンツ。ただし、セクショニングコンテンツ・見出しコンテンツ・header要素・footer要素を内部に含むことはできない
thead	table要素の子要素として、caption要素・colgroup要素よりも後で、tbody要素・tfoot要素・tr要素よりも前の位置に配置(ただし、table要素の子要素として配置できるthead要素の数は1つまで)	tr要素・script要素・template要素を0個以上
time	文章内コンテンツが配置可能な場所	datetime属性が指定されている場合:文章内コンテンツ datetime属性が指定されていない場合:仕様書で定められた書式のテキスト
title	head要素内(ただし複数は配置できない)	テキスト(空白文字のみは不可)
tr	table要素の子要素として、caption要素・colgroup要素・thead要素よりも後に配置(ただし、table要素の子要素となっているtbody要素がある場合は配置できない) thead要素・tbody要素・tfoot要素の子要素として配置	td要素・th要素・script要素・template要素を0個以上
track	video要素またはaudio要素要素の子要素として、他のフローコンテンツよりも前の位置に配置	なし(空要素)
u	文章内コンテンツが配置可能な場所	文章内コンテンツ
ul	フローコンテンツが配置可能な場所	li要素・script要素・template要素を0個以上
var	文章内コンテンツが配置可能な場所	文章内コンテンツ
video	組み込みコンテンツが配置可能な場所	src属性が指定されている場合:先頭にtrack要素を0個以上、その後は親要素と同じ。ただし、video要素とaudio要素は内部に含むことができない src属性が指定されていない場合:先頭にsource要素を0個以上、次にtrack要素を0個以上、その後は親要素と同じ。ただし、video要素とaudio要素は内部に含むことができない
wbr	文章内コンテンツが配置可能な場所	なし(空要素)

CSS

CSSについて

スタイルシートについて

　HTMLでは、タグによって文書の構成要素の意味や役割をあらわすだけでなく、その範囲も明確に示します。スタイルシートの役割は、タグによって示されたそれぞれの範囲のコンテンツの表示指定を行うことです。表示指定をスタイルシートにまかせ、HTMLから表示に関わる部分をできるだけ取り除くことによって、元データとしてのHTMLは表現方法を限定しない（さまざまな環境で利用可能な）アクセシブルなものになります。

基本的な書き方

　CSSは、基本的に次のような書式で記述されます。

```
セレクタ { プロパティ:値 }
```

　セレクタとは、どの要素に対してスタイルを適用させるかを指定する部分です。この部分でスタイルの適用対象を示し、それに続く「{ ～ }」の中に適用させたいスタイルを記述します。プロパティとは、セレクタで指定した要素に適用するスタイルの種類を示す部分です。色を表す「color」や、フォントサイズを表す「font-size」などがこれにあたります。これに続けて「:」記号と値を記述することでスタイルを設定することができます。スタイルは、「;」で区切って複数指定することができます。

h1要素のフォントサイズを24ポイントに設定した例

```
h1 { font-size: 24pt }
```

h1要素のフォントサイズを24ポイントに、色を青に設定した例

```
h1 { font-size: 24pt; color: #0000ff }
```

　指定するスタイルが多い場合には、次のような書き方もできます。この場合、スタイルとスタイルの間を「;」で区切ることを忘れないようにしてください。

```
h1 {
  font-size: 24pt;
  color: blue;
    ～
}
```

「;」はスタイルを区切る場合だけでなく、一番最後のスタイルの後につけておいても間違いにはなりません。そのため、スタイルの後には常に「;」をつけると考えても良いでしょう。

単位について

CSSで大きさを指定する場合には、数値に次の単位を付けて示すことができます。これらは、絶対的な値を示す単位と、相対的な値を示す単位のふたつに分類することができます。具体的な大きさについては、巻末付録の「Webサイズチャート」を参照してください。

● 絶対的な値を示す単位

mm	ミリメートル
cm	センチメートル
in	インチ（1インチ＝2.54cm）
px	1/96インチを1とする単位（96dpiの1ピクセルを1とする単位）
pt	ポイント（1ポイント＝1/72 インチ）
pc	パイカ（1パイカ＝12 ポイント）

● 相対的な値を示す単位

em	その範囲で有効なフォントサイズを1とする単位
rem	html要素のフォントサイズを1とする単位
ex	その範囲で有効なフォントの小文字の「x」の高さを1とする単位
vw	ビューポートの幅の1%を1とする単位
vh	ビューポートの高さの1%を1とする単位
vmin	ビューポートの幅か高さのうち短い方の1%を1とする単位
vmax	ビューポートの幅か高さのうち長い方の1%を1とする単位
%	他の基準となる大きさに対する割合（基準はそれぞれ異なります）

※ビューポートとは、ホームページを表示させる領域のことです。
※値が0の場合は、単位を省略することができます。

色の指定方法

CSSで色を指定するには、以下の8つの方法があります。具体的な色とその値については、巻末付録の「カラーチャート1〜3」を参照してください。

● 16進数で指定する1（#RRGGBB形式）

「#」記号に続けて、RGB(Red, Green, Blue)の各値を2桁ずつの16進数で示します。たとえば、赤を指定する場合には「#ff0000」となります。

● 16進数で指定する2（#RGB形式）

この指定方法は上記の方法に似ていますが、RGBの各値をそれぞれ1桁ずつの16進数で示します。この値は、指定したRGBの各1桁の値をふたつ続けて並べた数値として解釈されて表示されます。

たとえば、「#f36」と指定した場合には、「#ff3366」を指定したのと同じ結果になります。赤を指定する場合には「#f00」となります。

● 10進数で指定する（rgb(n,n,n)形式）

この指定方法では、rgbに続く()の中にRとGとBの10進数の値をそれぞれ「,」で区切って示します。RGBの各値は0〜255の範囲で指定することができます。

たとえば、赤を指定する場合には「rgb(255,0,0)」となります。

● ％で指定する（rgb(n%,n%,n%)形式）

この指定方法では、rgbに続く()の中にRとGとBのパーセントの値をそれぞれ「,」で区切って示します。RGBの各値は0%〜100%の範囲で指定することができます。

たとえば、赤を指定する場合には「rgb(100%,0%,0%)」となります。

● 10進数＋透明度で指定する（rgba(n,n,n,a) 形式）

rgb(n,n,n) 形式に透明度(a=alpha)を加えた形式です。4つ目の値として0〜1の範囲の値が指定でき、0は完全に透明、1は完全に不透明となります。

たとえば、半透明の赤を指定する場合は「rgba(255,0,0, 0.5)」となります。

● 色相・彩度・明度で指定する（hsl(n,n%,n%) 形式）

Hue（色相）・Saturation（彩度）・Lightness（明度）で色を指定する形式です。色相は次のようなカラーサークル（色相環）における角度（単位なし）で、彩度と明度は％で指定します。

たとえば、赤を指定する場合は「hsl(0,100%,50%)」となります。

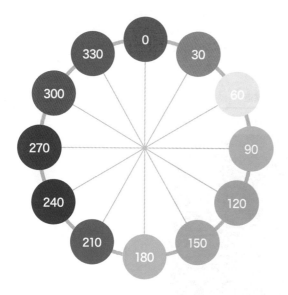

● 色相・彩度・明度＋透明度で指定する（hsla(n,n%,n%,a) 形式）

hsl(n,n%,n%) 形式に透明度（a=alpha）を加えた形式です。4つ目の値として0 〜 1の範囲の値が指定でき、0は完全に透明、1は完全に不透明となります。

たとえば、半透明の赤を指定する場合は「hsla(0,100%,50%,0.5)」となります。

● 色の名前で指定する

CSSの仕様書で定義されている16の基本色名（HTML4.01で定義されていた16色と同じもの）のほか、約150種類の拡張色名も指定できます。

ボックスについて

　各要素は、ボックスと呼ばれる四角い領域を生成します。この領域は、次の4つの部分から構成されています。

ボックスの構造

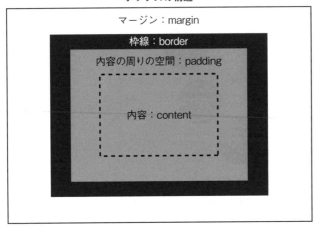

内容（content）

　テキストや画像などの、要素の内容が表示される領域です。この領域の幅と高さは、widthプロパティとheightプロパティで指定することができます。

内容の周りの空間（padding）

　内容が表示される部分と枠線の間の空間部分（余白）の領域です。要素に対して指定された背景は、この領域にも描画されます。

枠線（border）

　要素の周りに表示させることのできる枠線の部分を示します。この線を境界として内側の余白がpadding、外側の余白がmarginです。

マージン（margin）

　ボックスの一番外側の空間部分（余白）の領域です。要素に対して指定された背景はここには表示されず、背景は常に透明となります。

スタイルの優先順位

　スタイルシートは、その文書を制作した人にしか指定できないわけではありません。ブラウザによっては、ユーザーが自由にスタイルシートを適用できるようになっているものもあります。また、ブラウザはデフォルトのスタイルシートを持っていて、最初にそれを適用することになっています。つまり、ひとつの文書に対して「制作者」「ユーザー」「ブラウザ」の三者から同時にスタイルシートが適用される可能性があり、それらが部分的に競合する場合もあるということです。

　CSSにはスタイルが競合した際に特定の指定の「適用の優先順位」を高くする「!important」というキーワードが用意されています。「!important」は、次のように優先させたい「プロパティ：値」の直後に半角スペースで区切って指定します。

```
strong { color: #ff0000 !important; }
```

　この「制作者」「ユーザー」「ブラウザ」という三者と、それぞれで「!important」を使用した場合の「適用の優先順位」は次のようになっています。

- ・ブラウザ　　!important 付き
- ・ユーザー　　!important 付き
- ・制作者　　　!important 付き
- ・制作者
- ・ユーザー
- ・ブラウザ

　スタイルシートの競合は、三者それぞれの内部でも発生することがあります。その場合でも「!important」を使ってスタイルを優先させることができますが、一般的にはセレクタで適用先をより細かく指定しているスタイルが優先されます。たとえば、要素に対して指定したスタイルよりはクラスに対して指定したスタイル、クラスに対して指定したスタイルよりはidで指定したスタイルが優先されます。もし、それでも競合してしまう場合には、より後に指定されたスタイルが優先されます。

CSS

CSSの書かれたファイルを読み込む

```
<link rel="stylesheet" href="URL">
```

URL	読み込むCSSファイルのURL

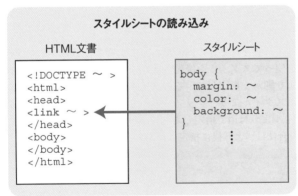

スタイルシートの読み込み

HTML文書

```
<!DOCTYPE ～ >
<html>
<head>
<link ～ >
</head>
<body>
</body>
</html>
```

スタイルシート

```
body {
    margin: ～
    color: ～
    background: ～
}
        ⋮
```

148

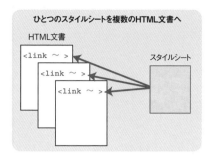

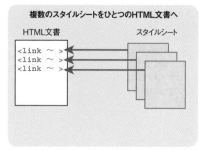

　スタイルシートのみを記述した別のファイル（拡張子は通常「.css」）を用意して、それをHTML文書に読み込んで適用させたい場合には、link要素を使用します。

　この要素は、通常は\<head\> ～ \</head\>の範囲内で使用しますが、body要素内に配置することも可能です。複数のファイルを読み込みたい場合には、この要素を必要な数だけ配置することができます。

　また、複数のHTML文書で共通するCSSをまとめて別ファイルにしておき、それを読み込んで利用するようにしておけば、CSSファイルを修正するだけで一度に複数のHTML文書の表示方法を変更できるようになります。

【HTML（index.html）】

```
<!DOCTYPE html>
<html lang="ja">
<head>
<meta charset="UTF-8">
<title>CSSの組み込み</title>
<link rel="stylesheet" href="style.css">
</head>
<body>

<h1>CSSの組み込み</h1>

<p>
HTML文書にスタイルシートを組み込むには、3つの方法があります。ひとつは別のファイルにスタイルシートだけを記述してそれを読み込む方法で、後のふたつはHTML文書に直接スタイルシートを書き込む方法です。
</p>

</body>
</html>
```

【CSS（style.css）】

```
html, body { height: 100%; }
body {
  margin: 0;
  color: #ffffff;
  background: #00bfff url(sea.jpg);
  background-size: cover;
}
```

```
h1 {
  margin: 0;
  padding: 0.4em;
  font-size: large;
  font-weight: normal;
  color: #ffffff;
  background-color: rgba(0,0,0,0.85);
}
p {
  margin: 7.2em auto;
  padding: 1.8em;
  border-radius: 13px;
  width: 23em;
  line-height: 1.8;
  background-color: rgba(255,255,255,0.2);
}
```

☞ HTML：「関連する他のファイルを示す」(p.17)

コラム CSSの適用対象とするメディアを指定する

link要素でCSSの書かれた別ファイルを読み込む際には、media属性を指定して、そのCSSを適用する対象の出力メディアを指定することもできます。指定可能な値は以下の通りで、カンマ(,)で区切って複数の値を同時に指定することも可能です。

値	適用対象
all	すべて
screen	パソコンやスマートフォンの画面(デフォルト)
tty	文字幅が固定の機器
tv	テレビ
projection	プロジェクタ
handheld	携帯用端末
print	プリンタ
braille	点字ディスプレイ
embossed	点字プリンタ
aural	音声による出力

style要素の内容として組み込む

`<style>` ～ `</style>`

　HTML文書の中にCSSを書き込むには、style要素を使用します。`<style>` ～ `</style>`の範囲には、直接CSSを書き込むことができます。style要素は、必ず `<head>` ～ `</head>`の範囲内に配置してください。

```
<!DOCTYPE html>
<html lang="ja">
<head>
<meta charset="UTF-8">
<title>CSSの組み込み</title>
<style>
html, body { height: 100%; }
body {
  margin: 0;
  color: #ffffff;
  background: #00bfff url(sea.jpg);
  background-size: cover;
}
h1 {
  margin: 0;
  padding: 0.4em;
  font-size: large;
```

CSS

CSSを組み込む

```
  font-weight: normal;
  color: #ffffff;
  background-color: rgba(0,0,0,0.85);
}
p {
  margin: 7.2em auto;
  padding: 1.8em;
  border-radius: 13px;
  width: 23em;
  line-height: 1.8;
  background-color: rgba(255,255,255,0.2);
}
</style>
</head>
<body>

<h1>CSSの組み込み</h1>

<p>
HTML文書にスタイルシートを組み込むには、3つの方法があります。ひとつは別のファイルにスタイル
シートだけを記述してそれを読み込む方法で、後のふたつはHTML文書に直接スタイルシートを書き込む
方法です。
</p>

</body>
</html>
```

style属性の値として組み込む

```
<要素名 style="プロパティ:値">
<要素名 style="プロパティ:値; プロパティ:値; …">
```

　HTML文書中の任意の要素にstyle属性を指定して、その要素だけに有効なCSSを書き込むことができます。このとき、CSSの適用対象はstyle属性を指定した要素と決まっていますので、セレクタと { と } は書く必要がありません。属性値には「プロパティ:値」だけを書き込んでください。「プロパティ:値」を複数書き込む場合は、それぞれを「；」で区切ります。

```
<!DOCTYPE html>
<html lang="ja" style="height: 100%;">
<head>
<meta charset="UTF-8">
<title>CSSの組み込み</title>
</head>
<body style="height: 100%; margin: 0; color: #ffffff; background: #00bfff
url(sea.jpg); background-size: cover;">

<h1 style="margin: 0; padding: 0.4em; font-size: large; font-weight:
normal; color: #ffffff; background-color: rgba(0,0,0,0.85);">CSSの組み込み
</h1>
```

```
<p style="margin: 7.2em auto; padding: 1.8em; border-radius: 13px; width:
23em; line-height: 1.8; background-color: rgba(255,255,255,0.2);">
HTML文書にスタイルシートを組み込むには、3つの方法があります。ひとつは別のファイルにスタイルシー
トだけを記述してそれを読み込む方法で、後のふたつはHTML文書に直接スタイルシートを書き込む方法です。
</p>

</body>
</html>
```

コラム スタイルシートは別ファイルにするのがベスト

style要素は簡単で便利に使用できますが、その指定内容を他のHTML文書と共有することはできず、多くの場合複数の文書でCSSの指定が重複してしまうことになります。また、style属性を使用すると、ページ内のあちらこちらにバラバラに表示指定を組み込んでしまうことになり、メンテナンス性が低下します。スタイルシートは、別ファイルにして複数のHTMLで共有して使うのが基本です。ただし本書では、Sampleのソースコードをシンプルでわかりやすいものにする目的で、主にstyle要素を使用しています。

コメントを入れる

/* コメント文 */

　HTMLでは <!-- と --> で囲った範囲がコメントになりましたが、CSSのソースコードでは /* と */ で囲った範囲がコメントになります。CSSのコメントは入れ子にすることができない点に注意してください。

```
body { margin: 3em }        /* 上下左右のマージンを設定 */
h1 {
    font-size: medium;      /* フォントサイズを標準に */
    color: #ffffff;         /* 文字色を白に */
    background: #ff6600;     /* 背景色をオレンジに */
}
p { line-height: 1.5 }      /* 段落の行間を通常の1.5倍に */
```

特定の要素に適用させる

要素名 { ～ }

指定した要素に対して、スタイルを適用させたい場合の書式です。

```html
<!DOCTYPE html>
<html lang="ja">
<head><meta charset="UTF-8">
<title>特定の要素に適用させる</title>
<style>
body { margin: 3em; }
h1 {
  font-size: medium;          /* 文字サイズを標準に */
  padding: 0.3em;
  color: #ffffff;             /* 文字色を白に */
  background: #ff6600;        /* 背景色をオレンジに */
}
p {
  padding: 1em;
  border: double 3px #ff6600; /* オレンジの2重線で囲む */
}
</style>
</head>
<body>

<h1>これはh1要素の内容です。</h1>

<p>
これはp要素の内容です。
</p>

</body>
</html>
```

複数の要素に適用させる

要素名 , 要素名 , 要素名 , … { ～ }

※「要素名」の部分には、「#ID名」や「.クラス名」も指定できます。

```
┌ 複数の要素に適用させる ─────────────────────  ─   □   ✕ ┐
│ ⓘ                                                        │
│  ┌────────────────────────────────────────────────────┐ │
│  │ これはh1要素の内容です。                            │ │
│  └────────────────────────────────────────────────────┘ │
│  ┌────────────────────────────────────────────────────┐ │
│  │ これはp要素の内容です。                             │ │
│  └────────────────────────────────────────────────────┘ │
│                                                          │
└──────────────────────────────────────────────────────────┘
```

指定した複数の要素に対して、同じスタイルを適用させたい場合の書式です。
要素の名前だけでなく、「#ID名」や「.クラス名」を指定することもできます。

```
<!DOCTYPE html>
<html lang="ja">
<head>
<meta charset="UTF-8">
<title>複数の要素に適用させる</title>
<style>
h1, p {
  font-size: medium;          /* 文字サイズを標準に */
  padding: 1em;
  border: double 3px #ff6600; /* オレンジの2重線で囲む */
}
</style>
</head>
<body>

<h1>これはh1要素の内容です。</h1>

<p>
これはp要素の内容です。
</p>

</body>
</html>
```

☞ 要素名：「IDやクラスを指定した要素に適用させる」(p.159)

すべての要素に適用させる

＊ { 〜 }

▢ すべての要素に適用させる	— ▢ ✕

ⓘ

これはh1要素の内容です。

これはh2要素の内容です。

これはh3要素の内容です。

これはh4要素の内容です。

これはh5要素の内容です。

これはh6要素の内容です。

これはp要素の内容です。

すべての要素に対してスタイルを適用させたい場合の書式です。

「＊」が単独で使用されている場合は省略できませんが、後に「#ID名」や「.クラス名」などが続いている場合には、「＊」を省略することができます。

```
<!DOCTYPE html>
<html lang="ja">
<head><meta charset="UTF-8">
<title>すべての要素に適用させる</title>
<style>
* {
  font-size: medium;      /* 文字サイズを標準に */
  font-weight: normal;    /* 文字の太さも標準に */
}
</style>
</head>
<body>
<h1>これはh1要素の内容です。</h1>
<h2>これはh2要素の内容です。</h2>
<h3>これはh3要素の内容です。</h3>
<h4>これはh4要素の内容です。</h4>
<h5>これはh5要素の内容です。</h5>
<h6>これはh6要素の内容です。</h6>
<p>これはp要素の内容です。</p>
</body>
</html>
```

IDやクラスを指定した要素に適用させる

```
#ID名 { ～ }
.クラス名 { ～ }
要素名#ID名 { ～ }
要素名.クラス名 { ～ }
```

| 🗋 IDやクラスを指定した要素に適用させる | — | □ | × |

ⓘ

これはh1要素の内容です。

これはp要素の内容です。

このp要素には「class="myclass"」と指定しています。

これはp要素の内容です。

このp要素には「id="myid"」と指定しています。

これはp要素の内容です。

このp要素には「class="myclass"」と指定しています。

これはp要素の内容です。

　id属性やclass属性で特定の名前が付けられている要素を対象として、スタイルを適用させたい場合の書式です。

　「#ID名」と「.クラス名」は、それぞれ「*#ID名」と「*.クラス名」の省略形で、そのID名またはクラス名が指定されているすべての要素が対象となります。「要素名#ID名」または「要素名.クラス名」のように指定すると、そのID名またはクラス名が指定されている「要素名」の要素だけが対象となります。

　id属性は、ある要素に対してそのHTML文書内での固有の名前を付けるもので、class属性はその要素の種類名や分類名を表すものです。したがって、ひとつのHTML文書内で複数の要素に同じクラス名を指定することはできますが、同じID名を複数の要素に指定することはできない点に注意してください。

```
<!DOCTYPE html>
<html lang="ja">
<head>
<meta charset="UTF-8">
<title>IDやクラスを指定した要素に適用させる</title>
<style>
#myid {
  padding: 0.5em;
  border: outset 8px #ff0000; /* 赤い枠を表示 */
}
p.myclass {
  padding: 0.3em;
  color: #ffffff;                /* 文字色を白に */
  background: #ff6600;           /* 背景色をオレンジに */
}
</style>
</head>
<body>

<h1 class="myclass">これはh1要素の内容です。</h1>
<p>これはp要素の内容です。</p>
<p class="myclass">このp要素には「class="myclass"」と指定しています。</p>
<p>これはp要素の内容です。</p>
<p id="myid">このp要素には「id="myid"」と指定しています。</p>
<p>これはp要素の内容です。</p>
<p class="myclass">このp要素には「class="myclass"」と指定しています。</p>
<p>これはp要素の内容です。</p>

</body>
</html>
```

リンク部分に適用させる

要素名:`link` { ～ }　　　←まだ見ていないリンク部分のスタイル
要素名:`visited` { ～ }　←すでに見たリンク部分のスタイル
要素名:`hover` { ～ }　　←カーソルがその要素の上にある時のスタイル
要素名:`active` { ～ }　　←マウスボタンを押した時のリンク部分のスタイル

※「要素名」の部分には、「#ID名」や「.クラス名」も指定できます。

```
□ リンク部分に適用させる                    −  □  ×
①
```

リンクに関連するスタイル

スタイルシートを利用すると、一部のリンクだけ色などのスタイルを変えることができます。「:link」や「:visited」などは「疑似クラス」と呼ばれています。

[次ページ] [トップ] [前ページ]

リンク部分に対してスタイルを適用させたい場合の書式です。

したがって、通常は「要素名」の部分は「a」になります。「要素名」の部分に「#ID名」や「.クラス名」を指定することで、特定のリンク部分に別のスタイルを適用させることもできます。

これら4種類の状態の指定は、必ず「link」「visited」「hover」「active」の順になるようにしてください。

```html
<!DOCTYPE html>
<html lang="ja">
<head>
<meta charset="UTF-8">
<title>リンク部分に適用させる</title>
<style>
/* 普通のリンク色の設定 */
a:link { color: #0000ff; background: #ffffff; }
a:visited { color: #000080; background: #ffffff; }
a:hover { color: #ff3300; background: #ffffff; }
a:active { color: #ff0000; background: #ffffff; }
```

```
/* 特定のクラスが指定されているリンクだけ色を変える */
a.special { font-weight: bold; }
a.special:link { color: #00cc00; background: #ffffff; }
a.special:visited { color: #009900; background: #ffffff; }
a.special:active { color: #00ff00; background: #ffffff; }

.navbar {
  text-align: center;
  border-top: solid 1px #999999;
  padding-top: 1em;
}

/* 特定のクラスに含まれているリンクだけ色を変える */
.navbar a:link { color: #ff6600; background: #ffffff; }
.navbar a:visited { color: #ff9900; background: #ffffff; }
.navbar a:active { color: #ff0000; background: #ffffff; }
</style>
</head>
<body>
<h1>リンクに関連するスタイル</h1>
<p>
<a href="css.html">スタイルシート</a>を利用すると、
一部の<a href="link.html">リンク</a>だけ色などの
スタイルを変えることができます。「:link」や「:visited」などは
「<a href="pseudo.html" class="special">疑似クラス</a>」
と呼ばれています。
</p>
<p class="navbar">
[<a href="next.html">次ページ</a>]
[<a href="top.html">トップ</a>]
[<a href="prev.html">前ページ</a>]
</p>
</body>
</html>
```

☞ 色指定：「色の指定方法」(p.144)
　　要素名：「IDやクラスを指定した要素に適用させる」(p.159)

特定の属性に適用させる

```
［属性名］ { ～ }
［属性名="属性値"］ { ～ }
要素名［属性名］ { ～ }
要素名［属性名="属性値"］ { ～ }
```

```
□ 特定の属性に適用させる                             ─   □   ×
①

  段落1

  段落2

  段落3

  段落4

  段落5
```

　「特定の属性が指定されている要素」または「特定の属性に特定の値が指定されている要素」を適用対象にしたい場合の書式です。

```html
<!DOCTYPE html>
<html lang="ja">
<head>
<meta charset="UTF-8">
<title>特定の属性に適用させる</title>
<style>
p {
  padding: 0.5em;
}
[title] {
  color: #ffffff;            /* 文字色を白に */
  background: #ff6600;       /* 背景色をオレンジに */
}
[title="タイトル2"] {
  border: solid 6px #000000;  /* 黒い枠を表示 */
}
</style>
```

```
</head>
<body>

<p>段落1</p>
<p>段落2</p>
<p title="タイトル1">段落3</p>
<p title="タイトル2">段落4</p>
<p title="タイトル3">段落5</p>

</body>
</html>
```

1行目に適用させる

要素名:**first-line** { 〜 }

※「要素名」の部分には、「#ID名」や「.クラス名」も指定できます。

```
🗋 1行目に適用させる                                    ─    □    ×
ⓘ

「:first-line」は、ブロックレベル要素の1行目として表示される部分だけにスタイル
を適用させる疑似要素です。セレクタにはいくつか種類があり、基本的には任意の順序
で組み合わせて使うことができますが、疑似要素については必ずセレクタの最後の部分
で使用します。
```

　　指定したブロックレベル要素の1行目として表示される部分だけにスタイルを適用
させたい場合の書式です。

```
<!DOCTYPE html>
<html lang="ja">
<head>
<meta charset="UTF-8">
<title>1行目に適用させる</title>
<style>
p { line-height: 1.6; }
p:first-line {
  color: #ffffff;
  background: #ff6600;
}
</style>
</head>
<body>

<p>
「:first-line」は、ブロックレベル要素の1行目として表示される部分だけに
スタイルを適用させる疑似要素です。セレクタにはいくつか種類があり、
基本的には任意の順序で組み合わせて使うことができますが、疑似要素については
必ずセレクタの最後の部分で使用します。
</p>

</body>
</html>
```

☞ 要素名:「IDやクラスを指定した要素に適用させる」(p.159)

CSS

1文字目に適用させる

適用する対象を指定する

要素名:`first-letter { 〜 }`

※「要素名」の部分には、「#ID名」や「.クラス名」も指定できます。

```
□ 1文字目に適用させる                           −   □   ×
ⓘ
雑  誌などで時々見られるように、スタイルシートを使用して先頭の1文字だけにス
    タイルを適用することができます。雑誌などで時々見られるように、スタイルシ
    ートを使用して先頭の1文字だけにスタイルを適用することができます。雑誌な
    どで時々見られるように、スタイルシートを使用して先頭の1文字だけにスタイルを適
    用することができます。
```

　指定したブロックレベル要素の最初の1文字だけにスタイルを適用させたい場合の
書式です。

```
<!DOCTYPE html>
<html lang="ja">
<head><meta charset="UTF-8">
<title>1文字目に適用させる</title>
<style>
p:first-letter {
  font-size: 3em;
  float: left;          /* テキストを回り込ませる */
  font-weight: bold;    /* 文字を太くする */
  color: #ff6600;       /* 文字色をオレンジに */
  background: #ffffff;
}
</style>
</head>
<body>

<p>
雑誌などで時々見られるように、スタイルシートを使用して先頭の1文字だけにスタイルを適用することが
できます。雑誌などで時々見られるように、スタイルシートを使用して先頭の1文字だけにスタイルを適用
することができます。雑誌などで時々見られるように、スタイルシートを使用して先頭の1文字だけにスタ
イルを適用することができます。
</p>

</body>
</html>
```

☞ 要素名：「IDやクラスを指定した要素に適用させる」(p.159)

n番目の要素に適用させる

要素名:**nth-child**(整数) **{ ～ }**

```
□ n番目の要素に適用させる                        ─    □    ×
ⓘ
段落1

段落2

段落3

段落4

段落5
```

　1番目の要素、2番目の要素、というように、その要素が何番目にあるのかでスタイルを適用したい場合の書式です。( ) 内に 1 と指定すれば1番目、2 と指定すれば2番目に適用されます。

```
<!DOCTYPE html>
<html lang="ja">
<head><meta charset="UTF-8">
<title>n番目の要素に適用させる</title>
<style>
p {
  padding: 0.5em;
}
p:nth-child(2) {
  color: #ffffff;          /* 文字色を白に */
  background: #ff6600;      /* 背景色をオレンジに */
}
p:nth-child(5) {
  border: solid 6px #000000;  /* 黒い枠を表示 */
}
</style>
</head>
<body>
<p>段落1</p>
<p>段落2</p>
<p>段落3</p>
<p>段落4</p>
<p>段落5</p>
</body>
</html>
```

奇数番目・偶数番目の要素に適用させる

```
要素名:nth-child(odd) { ～ }    ←奇数番目
要素名:nth-child(even) { ～ }   ←偶数番目
```

特定の要素の奇数番目または偶数番目にだけスタイルを適用させたい場合の書式です。

```
<!DOCTYPE html>
<html lang="ja">
<head>
<meta charset="UTF-8">
<title>奇数番目・偶数番目の要素に適用させる</title>
<style>
body { margin: 2em; }
table { border-collapse: collapse; }
td { padding: 2px 50px; }
table, td { border: 4px solid #999999; }
tr:nth-child(odd) {
  color: #000000;              /* 文字色を黒に */
  background-color: #cccccc;   /* 背景色を暗いグレーに */
}
tr:nth-child(even) {
  color: #666666;              /* 文字色をグレーに */
  background-color: #fafafa;   /* 背景色を明るいグレーに */
}
</style>
</head>
<body>

<table>
<tr><td>データ</td><td>データ</td><td>データ</td></tr>
<tr><td>データ</td><td>データ</td><td>データ</td></tr>
<tr><td>データ</td><td>データ</td><td>データ</td></tr>
<tr><td>データ</td><td>データ</td><td>データ</td></tr>
<tr><td>データ</td><td>データ</td><td>データ</td></tr>
<tr><td>データ</td><td>データ</td><td>データ</td></tr>
<tr><td>データ</td><td>データ</td><td>データ</td></tr>
<tr><td>データ</td><td>データ</td><td>データ</td></tr>
<tr><td>データ</td><td>データ</td><td>データ</td></tr>
<tr><td>データ</td><td>データ</td><td>データ</td></tr>
</table>

</body>
</html>
```

特定の要素に含まれる要素に適用させる

要素名　要素名 **{ ～ }**

※「要素名」の部分には、「#ID名」や「.クラス名」も指定できます。

　特定の要素に含まれる要素に適用させる　　　　　　　　　　　　　　　─　　□　　×

ⓘ

これは*h1*要素の内容です。

これは p要素 の内容です。

　前の要素の中に含まれる後の要素に対して、スタイルを適用させたい場合の書式
です。

　要素名と要素名の間は、半角スペースで区切ります。

```
<!DOCTYPE html>
<html lang="ja">
<head>
<meta charset="UTF-8">
<title>特定の要素に含まれる要素に適用させる</title>
<style>
p em {
  color: #ffffff;          /* 文字色を白に  */
  background: #ff6600;     /* 背景色をオレンジに  */
}
</style>
</head>
<body>

<h1>これは<em>h1要素</em>の内容です。</h1>

<p>
これは<em>p要素</em>の内容です。
</p>

</body>
</html>
```

☞ 要素名：「IDやクラスを指定した要素に適用させる」(p.159)

文字色を指定する

color: 色指定

🗋 文字色を指定する	—	☐	✕
ⓘ			

■ 文字色に「#009999」を指定しています。

■ 文字色に「#cccc00」を指定しています。

■ 文字色に「#ff9900」を指定しています。

---

colorは、文字の色を指定するプロパティです。

【CSS】
```css
.type1 {
  color: #009999;
  background: #ffffff;
}
.type2 {
  color: #cccc00;
  background: #ffffff;
}
.type3 {
  color: #ff9900;
  background: #ffffff;
}
```

【HTML】
```html
<p class="type1">■ 文字色に「#009999」を指定しています。</p>
<p class="type2">■ 文字色に「#cccc00」を指定しています。</p>
<p class="type3">■ 文字色に「#ff9900」を指定しています。</p>
```

☞ 色指定：「色の指定方法」(p.144)

色指定：付録「カラーチャート1〜3」(p.573)

フォントを指定する

font-family: フォント名，フォント名，フォント名，…

フォント名	フォントファミリー名 フォントの種類(serif・sans-serif・cursive・fantasy・monospace)

```
📄 フォントを指定する                                        −    □    ×
ⓘ

この文章は明朝体に設定しています（簡単な指定）。

この文章は明朝体に設定しています（詳細な指定）。

この文章はゴシック体に設定しています（簡単な指定）。

この文章はゴシック体に設定しています（詳細な指定）。

```

font-familyは、フォント名を指定するプロパティです。

　フォント名はひとつでも指定できますが、「,」で区切って複数指定することができます。その場合は、より先(左)に指定されているフォントで、ユーザーの環境で表示可能なものが採用されます。フォント名の中にスペースが含まれている場合は、フォント名を「 " 」または「 ' 」で囲ってください(スペースが含まれていないフォント名を囲っても問題ありません)。

　また、フォント名として、フォントの種類を表すキーワードを指定することもできます。各キーワードは、それぞれ次のような種類を表しています。

- serif ──────── 明朝系(例：ＭＳ Ｐ明朝, ヒラギノ明朝, Times)
- sans-serif─────── ゴシック系(例：ＭＳ Ｐゴシック, メイリオ, Osaka)
- cursive ─────── 草書体・筆記体系(例：Comic Sans MS)
- fantasy ─────── 装飾的なフォント(例：Impact)
- monospace ────── 等幅フォント(例：ＭＳゴシック, Osaka-等幅, Courier)

　これらは、指定したすべてのフォント名が有効でない場合の最終的な指定として、常に指定しておいたほうがよいでしょう。

　なお、環境によってはフォントの日本語名を認識せず、英語名しか有効にならない場合があります。また、同じフォントであってもWindowsとMacで名称が微妙に異なっているものがありますのでご注意ください。

【CSS】

```css
p { font-size: x-large; }
.min1 { font-family: serif; }
.min2 { font-family: "游明朝","Yu Mincho","游明朝体","YuMincho",
        "ヒラギノ明朝 Pro W3","Hiragino Mincho Pro","MS P明朝",serif; }
.gth1 { font-family: sans-serif; }
.gth2 { font-family: "游ゴシック","Yu Gothic","游ゴシック体","YuGothic",
        "ヒラギノ角ゴ Pro W3","Hiragino Kaku Gothic Pro","メイリオ",Meiryo,
        "MS Pゴシック",sans-serif; }
```

【HTML】

```html
<p class="min1">この文章は明朝体に設定しています(簡単な指定)。</p>
<p class="min2">この文章は明朝体に設定しています(詳細な指定)。</p>
<p class="gth1">この文章はゴシック体に設定しています(簡単な指定)。</p>
<p class="gth2">この文章はゴシック体に設定しています(詳細な指定)。</p>
```

☞ font：「フォント関係をまとめて指定する」(p.180)

フォント名：付録「フォント表示見本」(p.578)

コラム フォントファミリーとは？

Windowsを使用している方であれば、「Times New Roman」というフォントの名前を目にしたことがあると思います。このフォントには、元となるひとつのフォントしかないわけではなく、太字用にデザインされた「Times New Roman Bold」、イタリック用にデザインされた「Times New Roman Italic」、太字のイタリックとしてデザインされた「Times New Roman Bold Italic」という別々のフォントが用意されています。フォントは計算によって太くしたり斜めにしたりすることもできますが、あらかじめ専用にデザインしたフォントを用意しておくことで、より美しい表示や印刷が可能になるわけです。

このように、同じ種類でありながら別々のスタイル専用にデザインされたフォントを、まとめて「フォントファミリー」と呼んでいます。上記の例では「Times New Roman」がフォントファミリー名ということになります。

フォントサイズを指定する

font-size: サイズ

サイズ	単位付きの数値・%・smaller・larger xx-small・x-small・small・medium・large・x-large・xx-large

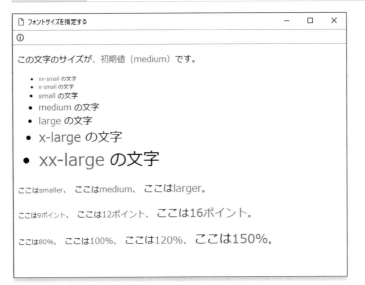

font-sizeは、フォントのサイズを指定するプロパティです。

%で指定した場合は、指定した要素の親である要素のフォントサイズに対する割合になります。また、キーワードを利用することによって、「xx-small」から「xx-large」までの7段階のサイズを表現することができます。この場合、「medium」が標準のサイズです。「smaller」と「larger」は、親要素のフォントサイズに対して、それぞれ1段階小さいサイズと1段階大きいサイズに設定します。

```
【CSS】
.xxs { font-size: xx-small }
.xs  { font-size: x-small }
.s   { font-size: small }
.m   { font-size: medium }
.l   { font-size: large }
.xl  { font-size: x-large }
.xxl { font-size: xx-large }
.smaller { font-size: smaller }
```

```
.larger  { font-size: larger }
.s09 { font-size: 9pt }
.s12 { font-size: 12pt }
.s16 { font-size: 16pt }
.p080 { font-size: 80% }
.p120 { font-size: 120% }
.p150 { font-size: 150% }
em {
  color: #ff3300;
  background-color: #ffffff;
  font-style: normal;
}
```

【HTML】

```
<p>この文字のサイズが、<em>初期値(medium)</em>です。</p>
<ul>
<li class="xxs"><em>xx-small</em> の文字</li>
<li class="xs"><em>x-small</em> の文字</li>
<li class="s"><em>small</em> の文字</li>
<li class="m"><em>medium</em> の文字</li>
<li class="l"><em>large</em> の文字</li>
<li class="xl"><em>x-large</em> の文字</li>
<li class="xxl"><em>xx-large</em> の文字</li>
</ul>
<p>
<span class="smaller">ここは<em>smaller</em></span>、
<span class="m">ここは<em>medium</em></span>、
<span class="larger">ここは<em>larger</em></span>。
</p>
<p>
<span class="s09">ここは<em>9ポイント</em></span>、
<span class="s12">ここは<em>12ポイント</em></span>、
<span class="s16">ここは<em>16ポイント</em></span>。
</p>
<p>
<span class="p080">ここは<em>80%</em></span>、
ここは<em>100%</em>、
<span class="p120">ここは<em>120%</em></span>、
<span class="p150">ここは<em>150%</em></span>。
</p>
```

☞ コラム「実際に表示できるフォントの太さは？」(p.177)

　　font:「フォント関係をまとめて指定する」(p.180)

フォントの太さを指定する

`font-weight`: 太さ

太さ	normal・bold・lighter・bolder 100・200・300・400・500・600・700・800・900

```
🗋 フォントの太さを指定する                           −   □   ×
ⓘ
```

- font-weight: normal
- **font-weight: bold**
- font-weight: 400
- font-weight: 500
- **font-weight: 600**
- **font-weight: 700**
- **font-weight: 800**
- **font-weight: 900**

font-weightは、フォントの太さを指定するプロパティです。

「bold」を指定すると一般的な太字になります。同じフォントファミリー中に異なる太さのフォントがある場合、「lighter」は1段階細いフォントに、「bolder」は1段階太いフォントに設定されます。また、太さは100 〜 900の数値で指定することもできます。この場合、標準の太さ「normal」は400で、「bold」は700に相当します。

```
[CSS]
ul {
    font-size: xx-large;
    font-family: "Times New Roman", Times, serif;
}
#bold { font-weight: bold }
#w400 { font-weight: 400 }
#w500 { font-weight: 500 }
#w600 { font-weight: 600 }
#w700 { font-weight: 700 }
#w800 { font-weight: 800 }
#w900 { font-weight: 900 }
em {
```

```
  color: #ff3300;
  background-color: #ffffff;
  font-style: normal;
}
```

【HTML】
```
<ul>
<li>font-weight: <em>normal</em></li>
<li id="bold">font-weight: <em>bold</em></li>
<li id="w400">font-weight: <em>400</em></li>
<li id="w500">font-weight: <em>500</em></li>
<li id="w600">font-weight: <em>600</em></li>
<li id="w700">font-weight: <em>700</em></li>
<li id="w800">font-weight: <em>800</em></li>
<li id="w900">font-weight: <em>900</em></li>
</ul>
```

font：「フォント関係をまとめて指定する」(p.180)

コラム 実際に表示できるフォントの太さは？

font-weightプロパティを使用すると、9段階ものフォントの太さを指定できますが、実際にそれだけの太さの違いをブラウザ上で表現できる環境は多くはありません。特に日本語の環境では、ごく一部のフォントを除いては標準状態か太字かの2段階しか表現できないことがほとんどです。現実的にfont-weightプロパティの値で有効なのは、「normal」か「bold」かのいずれかであると考えておくのが現時点では妥当のようです。

フォントスタイルを指定する

font-style: 斜体
text-decoration: 装飾

斜体	normal・italic・oblique
装飾	none・underline・overline・line-through・blink

フォントを指定する

```
┌ フォントスタイルを指定する ────────── ─ □ ×
 ⓘ

 font-style: normal

 font-style: italic

 font-style: oblique

 text-decoration: none

 text-decoration: underline

 text-decoration: line-through

 text-decoration: overline

 text-decoration: underline overline

```

　font-styleはフォントを斜体にするかどうかを、text-decorationはフォントの装飾を指定するプロパティです。

　ここでいう「italic」とは、通常の文字よりも続け書きに近い草書体風にデザインされた斜体のフォントを指します。「oblique」とは、標準のフォントを単純に斜めにしたものです。一般的な日本語フォントの場合、「italic」も「oblique」も同じように単純な斜体で表示されます。

　「underline」「overline」「line-through」は、それぞれ文字に対して「下線」「上線」「取消線」を付け、「blink」は文字を点滅させます。これらの値は、半角スペースで区切って複数同時に指定することもできます。

　斜体を標準に戻すためにはfont-styleプロパティに「normal」を、装飾をなくするためにはtext-decorationプロパティに「none」を指定します。

[CSS]
```css
p {
  font-size: x-large;
  font-family: "Times New Roman", Times, serif;
}
#itlc { font-style: italic }
#oblq { font-style: oblique }
#udln { text-decoration: underline }
#lnth { text-decoration: line-through }
#ovln { text-decoration: overline }
#udov { text-decoration: underline overline }
.keywd {
  color: #ff3300;
  background-color: #ffffff;
}
```

[HTML]
```html
<p>
font-style: <span class="keywd">normal</span>
</p>
<p id="itlc">
font-style: <span class="keywd">italic</span>
</p>
<p id="oblq">
font-style: <span class="keywd">oblique</span>
</p>
<p>
text-decoration: <span class="keywd">none</span>
</p>
<p id="udln">
text-decoration: <span class="keywd">underline</span>
</p>
<p id="lnth">
text-decoration: <span class="keywd">line-through</span>
</p>
<p id="ovln">
text-decoration: <span class="keywd">overline</span>
</p>
<p id="udov">
text-decoration: <span class="keywd">underline overline</span>
</p>
```

☞ font：「フォント関係をまとめて指定する」(p.180)

フォント関係をまとめて指定する

font: 斜体　太さ　サイズ/行間　フォント名

斜体	font-styleで指定できる値（p.178）
太さ	font-weightで指定できる値（p.176）
サイズ	font-sizeで指定できる値（省略不可）（p.174）
行間	line-heightで指定できる値（値の前に「/」が必要）（p.182）
フォント名	font-familyで指定できる値（省略不可）（p.172）

　fontプロパティを使用すると、フォント関連のプロパティの値をまとめて指定することができます。

　サイズと行間の間は「/」で区切りますが、それ以外の値は半角スペースで区切ってください。また、値は基本的に上に示した順序で指定しますが、サイズとフォント名以外は省略することができます。

[CSS]

```css
body {
  margin: 0;
  color: #ffffff;
  background: #009900 url(back.jpg);
}
h1, h2 {
  text-align: center;
  margin: 0;
}
h1 {
  font: italic bold 6em "Times New Roman",Times,serif;
}
h2 {
  font: 1.5em Arial,sans-serif;
  color: #ffff00;
  background: transparent;
}
p {
  font: 12pt/200% serif;
  margin: 1em 2em;
  padding: 1em;
  color: #ffffff;
  background: #000000;
}
```

[HTML]

```html
<h1>-font-</h1>
<h2>[ shorthand font property ]</h2>
<p>
このプロパティを利用すると、フォントに関連する複数のプロパティを
一度に設定することができます。
</p>
```

行間を設定する

line-height: 行の高さ

行の高さ	normal・数値・単位付きの数値・％

```
🗋 行間を設定する                                    ─   □   ×
ⓘ
```

行間の設定

line-height: normal

行の高さは文章の読みやすさに影響します。狭すぎても広すぎても読みにくくなります。行数が少ない場合は行間が少なくても比較的読みやすく、1行の文字数が多い場合は行間が狭いとかなり読みにくくなります。

line-height: 1.5

行の高さは文章の読みやすさに影響します。狭すぎても広すぎても読みにくくなります。行数が少ない場合は行間が少なくても比較的読みやすく、1行の文字数が多い場合は行間が狭いとかなり読みにくくなります。

line-height: 180%

行の高さは文章の読みやすさに影響します。狭すぎても広すぎても読みにくくなります。行数が少ない場合は行間が少なくても比較的読みやすく、1行の文字数が多い場合は行間が狭いとかなり読みにくくなります。

line-heightは、行の高さを設定するプロパティです。

単位を付けないで数値だけを指定した場合は、フォントサイズにその値を掛けた高さに設定されます。％による指定も、フォントサイズに対する割合になります。マイナスの値は指定できません。

```
【CSS】
#sample1 { line-height: normal }
#sample2 { line-height: 1.5 }
#sample3 { line-height: 180% }
em {
  color: #ff3300;
  background-color: #ffffff;
  font-style: normal;
```

```
}
```

[HTML]
```
<h1>行間の設定</h1>

<h2>line-height: <em>normal</em></h2>
<p id="sample1">
```
行の高さは文章の読みやすさに影響します。狭すぎても広すぎても読みに
くくなります。行数が少ない場合は行間が少なくても比較的読みやすく、
1行の文字数が多い場合は行間が狭いとかなり読みにくくなります。
```
</p>
<h2>line-height: <em>1.5</em></h2>
<p id="sample2">
```
行の高さは文章の読みやすさに影響します。狭すぎても広すぎても読みに
くくなります。行数が少ない場合は行間が少なくても比較的読みやすく、
1行の文字数が多い場合は行間が狭いとかなり読みにくくなります。
```
</p>
<h2>line-height: <em>180%</em></h2>
<p id="sample3">
```
行の高さは文章の読みやすさに影響します。狭すぎても広すぎても読みに
くくなります。行数が少ない場合は行間が少なくても比較的読みやすく、
1行の文字数が多い場合は行間が狭いとかなり読みにくくなります。
```
</p>
```

☞ font：「フォント関係をまとめて指定する」(p.180)

コラム **line-heightプロパティには単位を付けない値を指定するのが基本**

line-heightプロパティで指定した値は、その要素の内部に含まれる子要素・子孫
要素にも継承されて適用されます。しかしその際に適用される値は、最初に指定
された値そのままではなく、必要に応じて計算が行われた後の値となります。た
とえば、フォントサイズが10pxの要素に「line-height: 1.5em;」と指定した場合、
継承される値は「1.5em」ではなく、計算結果の「15px」となるわけです。もし、
子要素のフォントサイズが10pxでない場合などは、これでは都合が悪いことに
なります。line-heightに単位を付けない数値を指定すると、計算結果ではなく指
定した値がそのまま継承されますので、通常は単位を付けない値が使われていま
す。

行揃えを指定する

text-align: 行揃え位置

行揃え位置	left・right・center

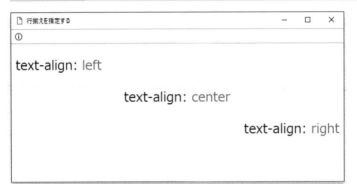

text-alignは、行揃えを指定するプロパティです。

「left」「right」「center」は、それぞれ「左揃え」「右揃え」「中央揃え」を表しています。このプロパティは、ブロックレベル要素に対して指定して、その内容の行揃えを設定するものです。ブロックレベル要素のボックス自体をセンタリングする場合は、左右のマージンを「auto」にするなど他のプロパティを使用します。

```
【CSS】
p { font-size: x-large }
#sample1 { text-align: left }
#sample2 { text-align: center }
#sample3 { text-align: right }
em {
  font-style: normal;
  color: #ff3300;
  background-color: #ffffff;
}

【HTML】
<p id="sample1">text-align: <em>left</em></p>
<p id="sample2">text-align: <em>center</em></p>
<p id="sample3">text-align: <em>right</em></p>
```

margin：「横方向の中央に配置する」(p.246)

display：「縦横両方向の中央に配置する」(p.248)

縦方向の位置を指定する

`vertical-align`: 縦方向の位置

【縦方向の位置】	
top	上をその行の上に合わせる
middle	中心をその行の「ベースライン + 小文字xの半分の高さ」に合わせる
bottom	下をその行の下に合わせる
baseline	ベースラインをその行のベースラインに合わせる（初期値）
text-top	上をその行のフォントの上に合わせる
text-bottom	下をその行のフォントの下に合わせる
super	ベースラインをその行の上付き文字の位置に合わせる
sub	ベースラインをその行の下付き文字の位置に合わせる
単位付きの数値	その行のベースラインを0とした値の＋－
%	その行のベースラインを0とした行の高さに対する割合

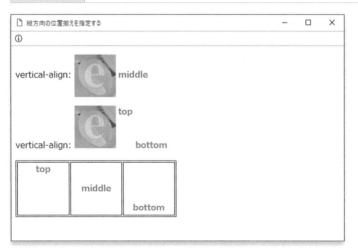

vertical-alignは、指定されたインライン要素が表示される行の中での縦方向の位置を指定するプロパティです。

このプロパティは行全体の縦の位置揃えを指定するものではなく、指定されたインライン要素を、その行の中で縦方向のどの位置に配置するかを指定するものです。

なお、このプロパティをth要素またはtd要素に指定した場合には、「top」「middle」「bottom」は、それぞれセル内の「上」「中心」「下」に揃えられ、「baseline」を指定した場合にはセル内の最初の行のベースラインが揃えられます。

[CSS]
```
.vtop { vertical-align: top }
.vmid { vertical-align: middle }
.vbtm { vertical-align: bottom }
em {
  font-style: normal;
  font-weight: bold;
  color: #ff6600;
  background: #ffffff;
}
td {
  width: 6em;
  height: 6em;
  text-align: center;
}
table, td {
  border: 1px solid black;
}
```

[HTML]
```
<p>
vertical-align:
<img class="vmid" src="leaf.gif" width="80" height="80" alt="">
<em>middle</em>
</p>
<p>
vertical-align:
<img src="leaf.gif" width="80" height="80" alt="">
<em class="vtop">top</em>
<em class="vbtm">bottom</em>
</p>

<table>
<tr>
<td class="vtop"><em>top</em></td>
<td class="vmid"><em>middle</em></td>
<td class="vbtm"><em>bottom</em></td>
</tr>
</table>
```

文字間隔・単語間隔を設定する

letter-spacing: 文字間隔
word-spacing: 単語間隔

文字間隔・単語間隔	normal・単位付きの数値

文字間隔・単語間隔を設定する　　　　　　　　　－　□　✕

ⓘ

文字間隔と単語間隔

■ letter-spacing

letter-spacing: normal

l e t t e r - s p a c i n g :   0 . 5 e m

文　字　間　隔　：　1 e m

文　字　　間　　隔　：　　2　e　　m

■ word-spacing

It specifies spacing behavior between words.

It　specifies　spacing　behavior　between　words.

It　　specifies　　spacing　　behavior　　between　　words.

---

　letter-spacingは文字と文字の間隔を、word-spacingは単語と単語の間隔を設定するプロパティです。

　数値を指定した場合は、標準の値に対してプラスされます(マイナスも可)。

```
[CSS]
.sample1 { letter-spacing: 0.5em }
.sample2 { letter-spacing: 1em }
.sample3 { letter-spacing: 2em }
.sample4 { word-spacing: 0.8em }
.sample5 { word-spacing: 1.5em }
em {
  font-style: normal;
  font-weight: bold;
  color: #ff6600;
```

```
  background: #ffffff;
}
```

[HTML]
```
<h1>文字間隔と単語間隔</h1>

<h2>■ letter-spacing</h2>
<p>letter-spacing: <em>normal</em></p>
<p class="sample1">letter-spacing: <em>0.5em</em></p>
<p class="sample2">文字間隔：<em>1em</em></p>
<p class="sample3">文字間隔：<em>2em</em></p>

<h2>■ word-spacing</h2>
<p>It specifies spacing behavior between words.</p>
<p class="sample4">It specifies spacing behavior between words.</p>
<p class="sample5">It specifies spacing behavior between words.</p>
```

コラム 単語の途中にスペースを入れてはいけない？

印刷することを前提とした文書では、「日 時」「場 所」のようにひとつの単語の途中にスペースを入れて文字間隔を調整することがあります。しかし、ホームページで同様のことを行うと、内容を音声で読み上げさせる際に正しく読み上げられなくなる可能性が高くなります（たとえば「日 時」は「ひ・とき」、「場 所」は「ば・ところ」のように読み上げられます）。単語の途中にスペースを入れてしまうと、検索の対象にならなくなるなどの不都合も生じます（たとえば「場 所」は「場所」で検索しても検索結果に表示されません）。文字の間隔を空けたい場合にはスタイルシートで調整しましょう。

1行目のインデントを設定する

text-indent: インデント

インデント	単位付きの数値・%

1行目のインデントを設定する ― □ ×

ⓘ

これはインデント「0（初期値）」の状態です。

　これが「1em」だけインデントされた状態です。1行目の開始位置を、指定した距離だけ右に移動させます。

　　　これが「3em」だけインデントされた状態です。1行目の開始位置を、指定した距離だけ右に移動させます。

　　　　　これが「5em」だけインデントされた状態です。1行目の開始位置を、指定した距離だけ右に移動させます。

---

　text-indentは、ブロックレベル要素内のテキストの先頭のインデント（字下げ）を設定するプロパティです。

　インデントには、マイナスの値を指定することもできます。

【CSS】
```
#sample1 { text-indent: 1em }
#sample2 { text-indent: 3em }
#sample3 { text-indent: 5em }
em {
  font-style: normal;
  font-weight: bold;
  color: #ff6600;
  background: #ffffff;
}
```

【HTML】
```
<p>
これはインデント「<em>0</em>（初期値）」の状態です。
</p>
<p id="sample1">
これが「<em>1em</em>」だけインデントされた状態です。
1行目の開始位置を、指定した距離だけ右に移動させます。
</p>
<p id="sample2">
これが「<em>3em</em>」だけインデントされた状態です。
1行目の開始位置を、指定した距離だけ右に移動させます。
</p>
<p id="sample3">
これが「<em>5em</em>」だけインデントされた状態です。
1行目の開始位置を、指定した距離だけ右に移動させます。
</p>
```

空白や改行をそのまま表示させる

white-space: pre

```
空白や改行をそのまま表示させる                    —  □  ×

ⓘ

function resetRadio() {
  for(var i = 0; i < document.form1.type.length; i++) {
    if(document.form1.type[i].defaultChecked == true)
      document.form1.type[i].checked = true
    else
      document.form1.type[i].checked = false
  }
}
```

「white-space: pre」は、半角スペースやタブ、改行を入力されている通りにそのまま表示させる指定です。

[CSS]
```
code { white-space: pre }
```

[HTML]
```
<p>
<code>
function resetRadio() {
  for(var i = 0; i &lt; document.form1.type.length; i++) {
    if(document.form1.type[i].defaultChecked == true)
      document.form1.type[i].checked = true
    else
      document.form1.type[i].checked = false
  }
}
</code>
</p>
```

改行しないで表示させる

white-space: nowrap

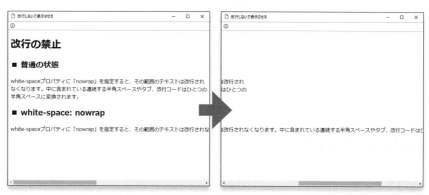

　「white-space: nowrap」は、連続する半角スペースやタブ、改行をひとつの半角スペースに変換して、改行せずに表示させる指定です。

[CSS]
```
.sample1 { white-space: nowrap }
```

[HTML]
```
<h1>改行の禁止</h1>

<h2>■ 普通の状態</h2>
<p>
white-spaceプロパティに「nowrap」を指定すると、その範囲のテキストは改行されなくな
ります。中に含まれている連続する半角スペースやタブ、改行コードはひとつの半角スペースに変換
されます。
</p>

<h2>■ white-space: nowrap</h2>
<p class="sample1">
white-spaceプロパティに「nowrap」を指定すると、その範囲のテキストは改行されなくな
ります。中に含まれている連続する半角スペースやタブ、改行コードはひとつの半角スペースに変換
されます。
</p>
```

全体を大文字または小文字で表示させる

text-transform: 大文字・小文字の指定

【大文字・小文字の指定】	
uppercase	すべての文字を大文字で表示
lowercase	すべての文字を小文字で表示
capitalize	各単語の先頭の文字だけ大文字で表示

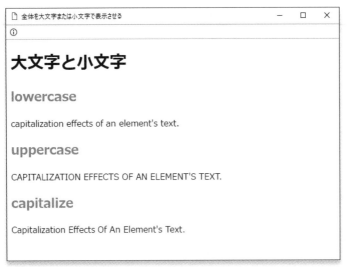

text-transformは、全体を大文字や小文字で表示させたり、各単語の先頭の文字だけを大文字で表示させることのできるプロパティです。

日本語の部分は特に変化しません。

[CSS]

```css
#sample1 { text-transform: lowercase }
#sample2 { text-transform: uppercase }
#sample3 { text-transform: capitalize }
h2 {
  color: #ff6600;
  background: #ffffff;
}
```

[HTML]

```html
<h1>大文字と小文字</h1>

<h2>lowercase</h2>
<p id="sample1">
CAPITALIZATION EFFECTS OF AN ELEMENT'S TEXT.
</p>

<h2>uppercase</h2>
<p id="sample2">
capitalization effects of an element's text.
</p>

<h2>capitalize</h2>
<p id="sample3">
capitalization effects of an element's text.
</p>
```

テキストに影をつける

text-shadow： 影の色　右にずらす距離　下にずらす距離　ぼかす範囲

　text-shadowは、テキストに影を表示させるプロパティです。影の色はrgba()形式を使用して半透明にすると、背景が白以外のときにうまくなじみます。影を左または上にずらしたい場合には、マイナスの値を指定してください。

【CSS】
```
h1 { text-shadow: rgba(0,0,0,0.5) 2px 2px 4px; }
```

【HTML】
```
<h1>テキストに影をつける</h1>
```

テキストを縦書きで表示させる

writing-mode: vertical-rl

背景を指定する

「writing-mode: vertical-rl」を指定することでテキストを縦書きにすることができます。このプロパティは、table要素内の横列や縦列およびそのグループ、ruby要素内で使用される一部の要素などを除くすべての要素に指定可能です。

【CSS】
```
body { writing-mode: vertical-rl; }
h1, p { font-family: serif; }
```

【HTML】
```
<h1>縦書きにする</h1>
<p>
　カスケーディングスタイルシートを使用すると、このようにテキストを縦書きで表示させることができます。
縦書きにするために必要なプロパティはたった一つだけです。
</p>
・・・
```

CSS

背景色を指定する

`background-color`: 色指定

ボックスと背景の適用範囲

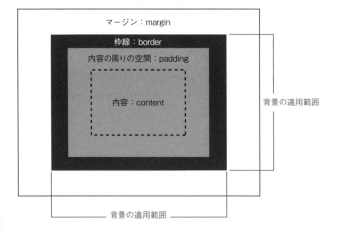

background-colorは、背景の色を指定するプロパティです。

色の値として「transparent」を指定すると、背景が透明になって下の背景が透けて見えるようになります。ここで設定した色はボックスのマージン（常に透明）には適用されません。

```
[CSS]
body {
  margin: 2em;
  color: #ffffff;
  background-color: #ff3300;
}
h1 {
  text-align: center;
  color: #ffffff;
  background-color: #000000;
}
p {
  padding: 1em;
  color: #000000;
  background-color: #ffcc00;
}
div {
  padding: 1em;
  color: #000000;
  background-color: #ffffff;
}
table, input {
  color: #ffffff;
  background-color: #ff3300;
}
table, th, td { border: 1px solid black; }
caption, select {
  color: #ffffff;
  background-color: #333399;
}
textarea {
  color: #ffffff;
  background-color: #339933;
}
```

```
[HTML]
<h1>h1要素</h1>

<p>
スタイルシートを使用すると、さまざまな要素の背景色を自由に設定することができます。
</p>

<div>
<table>
<caption>table要素</caption>
```

```
<tr><th>ヘッダセル</th><th>ヘッダセル</th><th>ヘッダセル</th></tr>
<tr><td>データセル</td><td>データセル</td><td>データセル</td></tr>
</table>
<p>
<textarea rows="4" cols="50">textarea要素</textarea>
</p>
<p>
<input type="text" value="input要素">
<input type="checkbox" name="chk" checked>
<input type="checkbox" name="chk">
<input type="radio" name="rdo" checked>
<input type="radio" name="rdo">
<select>
  <option>select要素</option>
  <option>option要素</option>
</select>
<input type="button" value="button">
</p>
</div>
```

☞ 色指定：「色の指定方法」(p.144)
　　color：「文字色を指定する」(p.171)
　　色指定：付録「カラーチャート1 ～ 3」(p.573)

背景画像を指定する

```
background-image: url(URL)
```

URL	画像のURL

background-imageは、背景として表示させる画像を指定するプロパティです。

背景色の場合と同様に、ここで設定した画像はボックスのマージン（常に透明）には適用されません。環境や状況によっては、背景画像が表示されなかったり遅れて表示される場合がありますので、背景色も同時に指定しておくようにしてください。

[CSS]

```css
body {
  margin: 2em;
  color: #ffffff;
  background-color: #ff3300;
  background-image: url(red.jpg);
}
h1 {
  text-align: center;
  color: #ffffff;
  background-color: #000000;
  background-image: url(black.jpg);
}
p {
  padding: 1em;
  color: #000000;
  background-color: #ffcc00;
  background-image: url(yellow.gif);
}
div {
  padding: 1em;
  color: #000000;
  background-color: #ffffff;
  background-image: url(white.jpg);
}
table, input {
  color: #ffffff;
  background-color: #ff3300;
  background-image: url(red.jpg);
}
table, th, td { border: 1px solid black; }
caption, select {
  color: #ffffff;
  background-color: #333399;
  background-image: url(blue.gif);
}
textarea {
  color: #ffffff;
  background-color: #339933;
  background-image: url(green.jpg);
}
```

[HTML]

```html
<h1>h1要素</h1>

<p>
スタイルシートを使用すると、さまざまな要素の背景画像を自由に設定することができます。
</p>

<div>
<table>
```

```
<caption>table要素</caption>
<tr><th>ヘッダセル</th><th>ヘッダセル</th><th>ヘッダセル</th></tr>
<tr><td>データセル</td><td>データセル</td><td>データセル</td></tr>
</table>
<p>
<textarea rows="4" cols="50">textarea要素</textarea>
</p>
<p>
<input type="text" value="input要素">
<input type="checkbox" name="chk" checked>
<input type="checkbox" name="chk">
<input type="radio" name="rdo" checked>
<input type="radio" name="rdo">
<select>
  <option>select要素</option>
  <option>option要素</option>
</select>
<input type="button" value="button">
</p>
</div>
```

CSS

背景画像の並び方を指定する

background-repeat: 並び方

【並び方】	
repeat	縦横にタイル状に繰り返して表示（初期値）
repeat-x	横方向にのみ繰り返して表示
repeat-y	縦方向にのみ繰り返して表示
no-repeat	繰り返さずにひとつだけ表示

背景を指定する

background-repeatは、背景画像の並び方を指定するプロパティです。

```
[CSS]
body {
  color: #ff6600;
  background-color: #ffffff;
  background-image: url(back.gif);
  background-repeat: no-repeat;
}
h1 { text-align: right }
```

```
[HTML]
<h1>no-repeat</h1>
```

背景画像の表示位置を指定する

background-position: 表示位置

【表示位置】	
横位置 縦位置	左上を起点とした単位付きの数値または%
横位置 縦位置	left・right・center・top・bottom

🗋 背景画像の表示位置を指定する	—	□	×
ⓘ			

center center = 50% 50%

Knee Car Design

🗋 背景画像の表示位置を指定する	—	□	×
ⓘ			

right bottom = 100% 100%

Knee Car Design

background-positionは、背景画像の表示位置を指定するプロパティです。画像を縦または横に繰り返して表示させる場合は、このプロパティで指定した位置を基点として繰り返されます。

単位付きの数値と%による指定の場合は、横位置・縦位置の順に半角スペースで区切って指定します。値がひとつしか指定されなかった場合は、横位置が指定されたことになり、その場合の縦位置は「50%」の位置になります。単位付きの数値の場合は、領域の左上から画像の左上までの距離を指定します。%による指定の場合は、領域の左上から指定した割合の位置に、画像の左上から同じ割合の位置を合わせた状態で表示されます。これらは混在させて指定することが可能です。

位置を示すキーワード(leftやtopなど)は、それぞれleftとtopは「0%」、centerは「50%」、rightとbottomは「100%」を指定した場合と同じ結果になります。これらは順不同で指定することができ、ひとつしか指定しなかった場合はもう一方がcenterになります。

このサンプルのようにbody要素の背景画像の表示位置を指定する場合、body要素とhtml要素の高さをブラウザの表示領域と一致させる必要があるため、html要素とbody要素の両方に「height: 100%;」を指定する必要がある点に注意してください。

```
【CSS】
html, body {
  margin: 0;
  height: 100%;
}
body {
  color: #000000;
  background-color: #ffffff;
  background-image: url(logo.gif);
  background-repeat: no-repeat;
  background-position: center center;
}

【HTML】
<div>center center = 50% 50%</div>
```

背景画像を固定する

background-attachment: 固定するかどうか

【固定するかどうか】	
fixed	背景画像の位置を固定する
scroll	背景画像を他の内容と共にスクロールさせる（初期値）

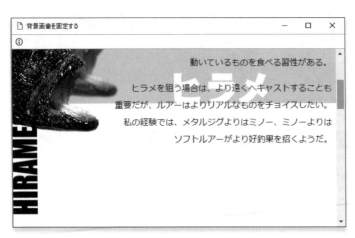

　background-attachmentは、背景画像を表示領域のその位置に固定して、スクロールしても動かないようにするプロパティです。

```
[CSS]
body {
  color: #000000;
  background-color: #ffffff;
  background-image: url(hirame.jpg);
  background-repeat: no-repeat;
  background-attachment: fixed;
  margin-top: 100px;
  text-align: right;
}
p { line-height: 2em }
```

```
[HTML]
<h1>ヒラメはフィッシュイーター </h1>
<p>
ヒラメを初めて釣りあげた時、<br>
その鋭い歯に驚くアングラーも多い。<br>
その主食は、生きた魚類、エビ類、イカ類などで、<br>
動いているものを食べる習性がある。
</p>
<p>
ヒラメを狙う場合は、より遠くへキャストすることも<br>
重要だが、ルアーはよりリアルなものをチョイスしたい。<br>
私の経験では、メタルジグよりはミノー、ミノーよりは<br>
ソフトルアーがより好釣果を招くようだ。
</p>
```

1枚の背景画像でページ全体を覆う

background-size: cover

　background-sizeプロパティを使用すると、1枚の背景画像で常にページ全体を覆うことができます。background-sizeプロパティ以外の指定も含めて下の例のように指定すると、ウィンドウのサイズをどのように変更しようとも常に背景画像1枚でページ全体がカバーされるようになります。

```
[CSS]
html, body { height: 100%; }
body {
  margin: 0;
  background-image: url(kinoko.jpg);
  background-size: cover;
  background-position: center;
}
```

背景関係をまとめて指定する

background：背景関連のプロパティの値

【背景関連のプロパティの値】
background-colorで指定できる値（p.196）
background-imageで指定できる値（p.199）
background-repeatで指定できる値（p.202）
background-positionで指定できる値（p.203）
background-attachmentで指定できる値（p.205）
background-sizeで指定できる値（p.207）

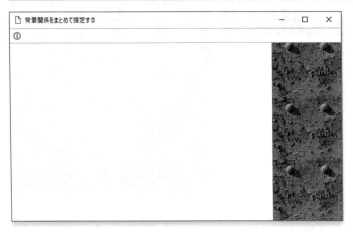

backgroundは、背景関連のプロパティの値をまとめて指定できるプロパティです。必要な値を任意の順序で半角スペースで区切って指定します。

```
body {
  color: #000000;
  background: #ffffff url(back.gif) right repeat-y;
}
```

マージンを設定する

`margin-top:` マージン	← 上マージン
`margin-bottom:` マージン	← 下マージン
`margin-left:` マージン	← 左マージン
`margin-right:` マージン	← 右マージン
`margin:` マージン	← 上・右・下・左マージン

マージン	単位付きの数値・%・auto

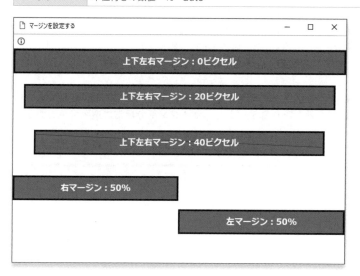

ボックスの構造

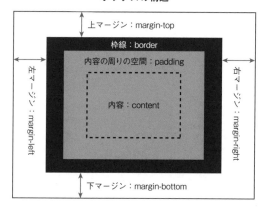

margin-top、margin-bottom、margin-left、margin-right、marginは、それぞれボックスのマージンを設定するプロパティです。

%で指定した場合には、指定されたボックスを含むボックスの横幅に対する割合となります。上下のマージンについても高さではなく横幅を参照しますので注意してください。値として「auto」を指定すると、マージンは状況に応じて自動的に調整されます。たとえば、インライン要素の上下左右とブロックレベル要素の上下については0になり、ブロックレベル要素の左右に指定すると両者が同じ値となるためにセンタリングされます。

marginプロパティを使用すると、上下左右のマージンを一度に設定することができきます。その場合、値を半角スペースで区切って指定しますが、与えられた値の個数によって次のようにマージンが設定されます。

- 値が1つの場合 ──── 値1→上下左右
- 値が2つの場合 ──── 値1→上下　値2→左右
- 値が3つの場合 ──── 値1→上　値2→左右　値3→下
- 値が4つの場合 ──── 値1→上　値2→右　値3→下　値4→左

なお、上下に隣接するブロックレベル要素同士のマージンは、相殺されて大きい方のマージンだけが有効となります。また、マージン部分は常に透明で色を設定することはできません。

```
[CSS]
body { margin: 0 }
p {
    text-align: center;
    font-weight: bold;
    padding: 0.5em;
    border: solid 3px #000000;
    color: #ffffff;
    background: #ff3300;
}
#sample1 { margin: 0 }
#sample2 { margin: 20px }
#sample3 { margin: 40px }
#sample4 { margin-right: 50% }
#sample5 { margin-left: 50% }

[HTML]
<p id="sample1">上下左右マージン：0ピクセル</p>
<p id="sample2">上下左右マージン：20ピクセル</p>
<p id="sample3">上下左右マージン：40ピクセル</p>
<p id="sample4">右マージン：50%</p>
<p id="sample5">左マージン：50%</p>
```

内容の周りの空間を設定する

```
padding-top: 幅        ← 上の空間
padding-bottom: 幅     ← 下の空間
padding-left: 幅       ← 左の空間
padding-right: 幅      ← 右の空間
padding: 幅            ← 上・右・下・左の空間
```

幅	単位付きの数値・%

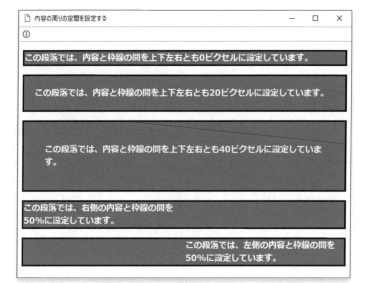

ボックスの構造

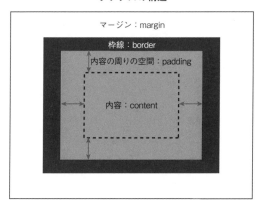

padding-top、padding-bottom、padding-left、padding-right、paddingは、 そ
れぞれボックスの内容を表示する領域と枠線の間の空間を設定するプロパティです。

%で指定した場合には、指定されたボックスを含んでいる最も近いボックスの横
幅に対する割合となります。上下の空間の幅についても高さではなく横幅を参照し
ますので注意してください。

paddingプロパティを使用すると、上下左右の幅を一度に設定することができま
す。その場合、値を半角スペースで区切って指定しますが、与えられた値の個数によっ
て、次のように幅が設定されます。

- 値が1つの場合 ─── 値1→上下左右
- 値が2つの場合 ─── 値1→上下　値2→左右
- 値が3つの場合 ─── 値1→上　値2→左右　値3→下
- 値が4つの場合 ─── 値1→上　値2→右　値3→下　値4→左

【CSS】

```css
p {
  font-weight: bold;
  border: solid 3px #000000;
  color: #ffffff;
  background: #ff3300;
}
#sample1 { padding: 0 }
#sample2 { padding: 20px }
#sample3 { padding: 40px }
#sample4 { padding-right: 50% }
#sample5 { padding-left: 50% }
```

【HTML】

```html
<p id="sample1">
この段落では、内容と枠線の間を上下左右とも0ピクセルに設定しています。
</p>
<p id="sample2">
この段落では、内容と枠線の間を上下左右とも20ピクセルに設定しています。
</p>
<p id="sample3">
この段落では、内容と枠線の間を上下左右とも40ピクセルに設定しています。
</p>
<p id="sample4">
この段落では、右側の内容と枠線の間を50%に設定しています。
</p>
<p id="sample5">
この段落では、左側の内容と枠線の間を50%に設定しています。
</p>
```

枠線の太さを指定する

```
border-top-width: 太さ        ← 上の枠線の太さ
border-bottom-width: 太さ     ← 下の枠線の太さ
border-left-width: 太さ       ← 左の枠線の太さ
border-right-width: 太さ      ← 右の枠線の太さ
border-width: 太さ            ← 上・右・下・左の枠線の太さ
```

太さ	単位付きの数値・thin・medium・thick

```
📄 枠線の太さを指定する                        —  □  ×
ⓘ

        上下左右の枠の太さ：1ピクセル

        上下左右の枠の太さ：thin

        上下左右の枠の太さ：medium（初期値）

        上下左右の枠の太さ：thick

        上下左右の枠の太さ：1em

               左：100ピクセル　右：0
```

border-top-width、border-bottom-width、border-left-width、border-right-width、border-widthは、それぞれボックスの枠線の太さを設定するプロパティです。

border-widthプロパティを使用すると、上下左右の枠線の太さを一度に設定することができます。その場合、値を半角スペースで区切って指定しますが、与えられた値の個数によって、次のように枠線の太さが設定されます。

- 値が1つの場合 ─── 値1→上下左右
- 値が2つの場合 ─── 値1→上下　値2→左右
- 値が3つの場合 ─── 値1→上　値2→左右　値3→下
- 値が4つの場合 ─── 値1→上　値2→右　値3→下　値4→左

「thin」「medium」「thick」は、それぞれ「細い枠線」「中くらいの枠線」「太い枠線」に

設定します。この場合の実際の太さは、ブラウザによって異なります。

[CSS]

```
p {
  text-align: center;
  font-weight: bold;
  padding: 0.5em;
  border: solid #000000;
  color: #ffffff;
  background: #ff3300;
}
#sample1 { border-width: 1px }
#sample2 { border-width: thin }
#sample3 { border-width: medium }
#sample4 { border-width: thick }
#sample5 { border-width: 1em }
#sample6 {
  border-left-width: 100px;
  border-right-width: 0;
}
```

【HTML】

```
<p id="sample1">上下左右の枠の太さ：1ピクセル</p>
<p id="sample2">上下左右の枠の太さ：thin</p>
<p id="sample3">上下左右の枠の太さ：medium(初期値)</p>
<p id="sample4">上下左右の枠の太さ：thick</p>
<p id="sample5">上下左右の枠の太さ：1em</p>
<p id="sample6">左：100ピクセル　右：0</p>
```

枠線の色を指定する

```
border-top-color: 色指定        ◀ 上の枠線の色
border-bottom-color: 色指定     ◀ 下の枠線の色
border-left-color: 色指定       ◀ 左の枠線の色
border-right-color: 色指定      ◀ 右の枠線の色
border-color: 色指定            ◀ 上・右・下・左の枠線の色
```

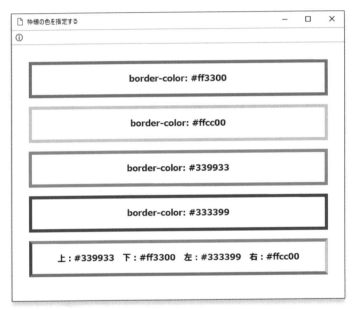

　border-top-color、border-bottom-color、border-left-color、border-right-color、border-colorは、それぞれボックスの枠線の色を設定するプロパティです。

　border-colorプロパティを使用すると、上下左右の枠線の色を一度に設定することができます。その場合、値を半角スペースで区切って指定しますが、与えられた値の個数によって、次のように枠線の色が設定されます。

- 値が1つの場合 ─── 値1→上下左右
- 値が2つの場合 ─── 値1→上下　値2→左右
- 値が3つの場合 ─── 値1→上　値2→左右　値3→下
- 値が4つの場合 ─── 値1→上　値2→右　値3→下　値4→左

なお、この値の初期値は、「color: 色指定」で設定されている値となります。

[CSS]

```css
p {
  text-align: center;
  font-weight: bold;
  padding: 1em;
  border: solid 6px;
}
#sample1 { border-color: #ff3300 }
#sample2 { border-color: #ffcc00 }
#sample3 { border-color: #339933 }
#sample4 { border-color: #333399 }
#sample5 {
  border-top-color: #339933;
  border-bottom-color: #ff3300;
  border-left-color: #333399;
  border-right-color: #ffcc00;
}
```

[HTML]

```html
<p id="sample1">border-color: #ff3300</p>
<p id="sample2">border-color: #ffcc00</p>
<p id="sample3">border-color: #339933</p>
<p id="sample4">border-color: #333399</p>
<p id="sample5">上：#339933　下：#ff3300　左：#333399　右：#ffcc00</p>
```

☞ 色指定：「色の指定方法」(p.144)

色指定：付録「カラーチャート1 〜 3」(p.573)

枠線の線種を指定する

```
border-top-style: 線種          ← 上の枠線の線種
border-bottom-style: 線種       ← 下の枠線の線種
border-left-style: 線種         ← 左の枠線の線種
border-right-style: 線種        ← 右の枠線の線種
border-style: 線種              ← 上・右・下・左の枠線の線種
```

線種	none・hidden・dotted・dashed・solid・double・groove・ridge・inset・outset

ボックスの設定をする

border-top-style、border-bottom-style、border-left-style、border-right-style、border-styleは、それぞれボックスの枠線の線種を設定するプロパティです。

border-styleプロパティを使用すると、上下左右の枠線の線種を一度に設定することができます。その場合、値を半角スペースで区切って指定しますが、与えられた値の個数によって、次のように枠線の線種が設定されます。

- 値が1つの場合 ───── 値1→上下左右
- 値が2つの場合 ───── 値1→上下　値2→左右
- 値が3つの場合 ───── 値1→上　値2→左右　値3→下
- 値が4つの場合 ───── 値1→上　値2→右　値3→下　値4→左

「none」と「hidden」はどちらも枠線を表示せず、枠線の太さも0に設定します。ただし、テーブルのセルの枠線として重なりあった場合には、「none」は他の値を優先し、「hidden」は自分自身の値を優先します。この値の初期値は「none」です。

```
[CSS]
p {
    text-align: center;
    font-weight: bold;
    padding: 0.5em;
    border: solid 8px #ff3300;
}
#sample1 { border-style: none }
#sample2 { border-style: solid }
#sample3 { border-style: double }
#sample4 { border-style: dashed }
#sample5 { border-style: dotted }
#sample6 { border-style: groove }
#sample7 { border-style: ridge }
#sample8 { border-style: inset }
#sample9 { border-style: outset }
```

```
[HTML]
<p id="sample1">none</p>
<p id="sample2">solid</p>
<p id="sample3">double</p>
<p id="sample4">dashed</p>
<p id="sample5">dotted</p>
<p id="sample6">groove</p>
<p id="sample7">ridge</p>
<p id="sample8">inset</p>
<p id="sample9">outset</p>
```

枠線をまとめて指定する

border-top： 枠線関連のプロパティの値   ← 上の枠線の設定
border-bottom： 枠線関連のプロパティの値   ← 下の枠線の設定
border-left： 枠線関連のプロパティの値   ← 左の枠線の設定
border-right： 枠線関連のプロパティの値   ← 右の枠線の設定
border： 枠線関連のプロパティの値   ← 上下左右の枠線
                                                に同じ値を設定

【枠線関連のプロパティの値】
border-colorで指定できる値 (p.215)
border-widthで指定できる値 (p.213)
border-styleで指定できる値 (p.217)

border-top、border-bottom、border-left、border-right、borderは、それぞれボックスの枠線関連のプロパティの値をまとめて指定できるプロパティです。

必要な値を任意の順序で半角スペースで区切って指定します。指定しなかった値については、初期値が指定されたことになります。

なお、「border」を使用して上下左右に別々の設定をすることはできません。

[CSS]

```
p {
    text-align: center;
    font-weight: bold;
    margin: 2em;
    padding: 1em;
}
#sample1 { border: double   3px #ff3300 }
#sample2 { border: dashed   2px #ffcc00 }
#sample3 { border: dotted   7px #339933 }
#sample4 { border: ridge   10px #3366cc }
```

[HTML]

```
<p id="sample1">border: double   3px #ff3300</p>
<p id="sample2">border: dashed   2px #ffcc00</p>
<p id="sample3">border: dotted   7px #339933</p>
<p id="sample4">border: ridge   10px #3366cc</p>
```

ボックス width height

幅と高さを指定する

```
width: 幅
height: 高さ
```

幅・高さ	単位付きの数値・% ・auto

ボックスの構造

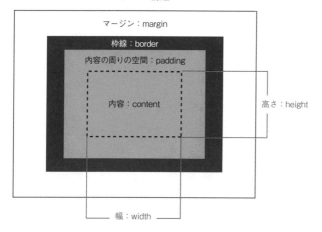

width と height は、ボックスの内容を表示する領域の幅と高さを設定するプロパティです。

ブロックレベル要素と置換要素(img や input、textarea、select など)の他、横列と横列グループ(tr・thead・tbody・tfoot)を除くテーブル関連要素に対して指定できます。%で指定する場合は、そのボックスを含むボックスの幅または高さに対する割合になります。値として「auto」を指定すると状況に応じて自動的に調整されますが、置換要素の場合には本来の幅や高さになります。

```
[CSS]
img.small  { width:  50px; height:  50px }
img.normal { width:  auto; height:  auto }
img.large  { width: 200px; height: 200px }
.half {
  width: 50%;
  color: #ffffff;
  background: #ff3300;
}
```

```
[HTML]
<p>
※中央がオリジナルサイズ(100px×100px)
</p>
<p>
<img src="orange.jpg" alt="" class="small">
<img src="orange.jpg" alt="" class="normal">
<img src="orange.jpg" alt="" class="large">
</p>


<hr>


<p class="half">
これ以下のサンプルでは、要素の幅(width)を「50%」に設定しています。
</p>
<p>
select要素：<br>
<select class="half">
<option selected>選択項目1</option>
<option>選択項目2</option>
</select>
</p>
<p>
input要素：<br>
<input type="text" class="half" value="入力フィールド">
</p>
<p>
textarea要素：<br>
<textarea rows="5" cols="30" class="half">
複数行の入力フィールド
</textarea>
</p>
```

幅と高さを枠線も含めて適用させる

`box-sizing: border-box`

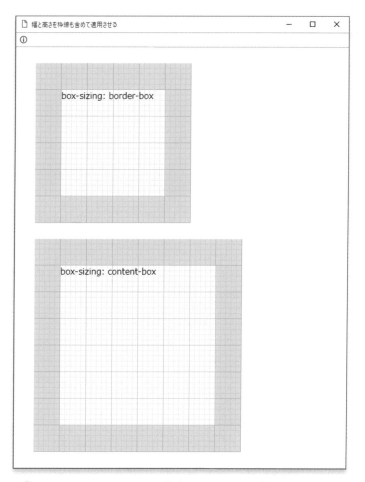

　「box-sizing: border-box」を指定すると、その要素に適用したwidthプロパティと heightプロパティの値は枠線も含めた範囲に適用されるようになります。適用範囲 を元の状態に戻す場合は「box-sizing: content-box」を指定してください。

```
[CSS]
div {
  width: 300px;
  height: 300px;
  border: 50px solid rgba(255,0,0,0.1);
  background-image: url(grid.gif);
  margin: 30px;
}
#A { box-sizing: border-box; }
#B { box-sizing: content-box; }

[HTML]
<div id="A">box-sizing: border-box</div>
<div id="B">box-sizing: content-box</div>
```

ボックスの設定をする

224

ボックスの角を丸くする

border-radius: 角丸の半径

　border-radiusプロパティを使用すると、ボックスの4つの角を丸くすることができます。値には、ボックスの角を1/4の円と考えたときの半径を指定します。

```
[CSS]
div {
  margin: 20px auto;
  width: 400px;
  height: 80px;
}
#sample1 { border: 1px solid #999; }
#sample2 { background: #ddd; }
#sample3 { background: url(sky.jpg); }
#sample1, #sample2, #sample3 {
  border-radius: 15px;
}

[HTML]
<div id="sample1"></div>
<div id="sample2"></div>
<div id="sample3"></div>
```

1/4 の円

ボックスに影をつける

box-shadow：影の色　右にずらす距離　下にずらす距離　ぼかす範囲

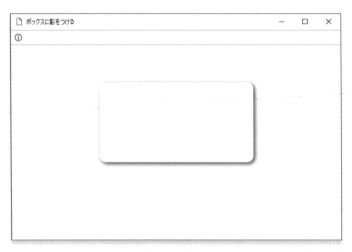

　box-shadowプロパティを使用すると、ボックスに影をつけることができます。影の色はrgba()形式を使用して半透明にすると、背景が白以外のときにうまくなじみます。影を左または上にずらしたい場合には、マイナスの値を指定してください。

　また、「ぼかす範囲」のあとに半角スペースで区切って4つめの数値を指定することで、影を拡張させることもできます。さらに半角スペースで区切って「inset」というキーワードを指定すると、影はボックスの内側に表示されます。

```
【CSS】
div {
  margin: 0 auto;
  width: 300px;
  height: 150px;
  background: #fff;
  border-radius: 12px;
  box-shadow: rgba(0,0,0,0.7) 3px 3px 10px;
}

【HTML】
<div></div>
```

ボックスの大きさを変更可能にする

`resize: both`   ⬅ 幅も高さも変更可にする

`resize: horizontal`   ⬅ 幅のみ変更可にする

`resize: vertical`   ⬅ 高さのみ変更可にする

`resize: none`   ⬅ 変更不可にする

　resizeは、ユーザーがボックスの大きさを変更できるようにしたり、逆に変更でき
なきないようにすることのできるプロパティです（一般的なブラウザでは、textarea
要素は最初から大きさを変更できるようになっています）。

　このプロパティは、overflowプロパティの値が「visible（初期値）」の状態の要素に
は適用されませんので注意してください。

[CSS]
```css
div {
  width: 150px;
  height: 150px;
  border: 1px solid black;
  resize: both;
  overflow: hidden;
}
```

[HTML]
```html
<div></div>
```

ブロックレベル要素を横に並べる

display: flex

「display: flex」を指定すると、その内部にある子要素は左から順に横に並んで表示され、高さも揃えられます。このように「display: flex」を指定してレイアウトすることをフレキシブルボックスレイアウトと言います。

```
【CSS】
main {
  display: flex;
  width: 300px;
  border: 10px solid #dddddd;
}
section {
  color: white;
  width: 100px;
  height: 100px;
}
#child1 { background-color: #2288ff; }    /* 青 */
#child2 { background-color: #ffcc00; }    /* 黄 */
#child3 { background-color: #ff5544; }    /* 赤 */

【HTML】
<main>
  <section id="child1">青</section>
  <section id="child2">黄</section>
  <section id="child3">赤</section>
</main>
```

横に並べた要素の順番を変更する

`order`：順番

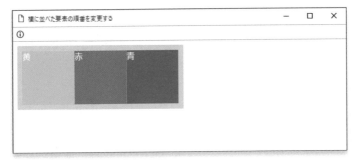

　orderは、「display: flex」を指定して横に並べた子要素の順番を指定するプロパティ
です。初期状態では子要素のorderプロパティの値はすべて0になっており、ソース
コードに書かれている順番で左から並びます。orderプロパティで数値を指定すると、
値の大きなものほど右側に表示されるようになります。0よりも左側に配置できるよ
うにマイナスの値も指定できます。

```
【CSS】
main {
  display: flex;
  width: 300px;
  border: 10px solid #dddddd;
}
section {
  color: white;
  width: 100px;
  height: 100px;
}
#child1 {
  order: 3;
  background-color: #2288ff;    /* 青 */
}
#child2 {
  order: 1;
  background-color: #ffcc00;    /* 黄 */
}
#child3 {
  order: 2;
  background-color: #ff5544;    /* 赤 */
```

```
}
```

[HTML]
```
<main>
  <section id="child1">青</section>
  <section id="child2">黄</section>
  <section id="child3">赤</section>
</main>
```

並べる方向を指定する

flex-direction: 並べる方向

【並べる方向】	
row	左から右に横方向に並べる（初期値）
row-reverse	右から左に横方向に並べる
column	上から下に縦方向に並べる
column-reverse	下から上に縦方向に並べる

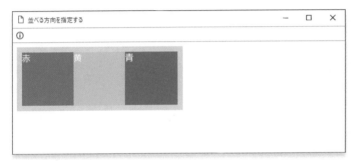

flex-directionは、「display: flex」が指定された要素の子要素をどの方向に並べるかを指定するプロパティです。このプロパティの初期値は「row（左から右）」となっているため、特にこのプロパティを指定しなければ左から右に並びます。

【CSS】
```
main {
  display: flex;
  flex-direction: row-reverse;
  width: 300px;
  border: 10px solid #dddddd;
}
section {
  color: white;
  width: 100px;
  height: 100px;
}
#child1 { background-color: #2288ff; }   /* 青 */
#child2 { background-color: #ffcc00; }   /* 黄 */
#child3 { background-color: #ff5544; }   /* 赤 */
```

【HTML】
```
<main>
  <section id="child1">青</section>
```

フレキシブルボックスレイアウト

```
  <section id="child2">黄</section>
  <section id="child3">赤</section>
</main>
```

フレキシブルボックスレイアウト   **flex**

親要素の幅に応じて子要素の幅を変化させる

flex: 幅の伸縮

【幅の伸縮】	
数値	幅の比率を数値で指定する
auto	空きがあれば広がり狭ければ縮まるようにする
none	幅を伸縮させない(固定幅にする)

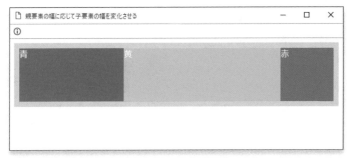

flexは、「display: flex」が指定された要素の幅が変化したときに、その子要素の幅をどう変化させるかを設定するプロパティです。

値として数値を指定した場合は、子要素同士でその数値の比率を保ったまま伸縮します。たとえば下の例のように値として2、3、1を指定した場合、それぞれの子要素の幅は2:3:1の比率を保ちつつ、親要素の幅に合わせて伸縮します。

子要素の幅を固定したい場合は「none」を指定してください。「auto」を指定すると親要素内に空きができないように幅が伸縮するようになります。

```
【CSS】
main {
  display: flex;
  border: 10px solid #dddddd;
}
section {
  color: white;
  height: 100px;
}
#child1 {
  flex: 2;
  background-color: #2288ff;      /* 青 */
}
```

```
#child2 {
  flex: 3;
  background-color: #ffcc00;      /* 黄 */
}
#child3 {
  flex: 1;
  background-color: #ff5544;      /* 赤 */
}
```

[HTML]
```
<main>
  <section id="child1">青</section>
  <section id="child2">黄</section>
  <section id="child3">赤</section>
</main>
```

グリッドレイアウトの基本的な指定方法

```
display: grid                          ← グリッドレイアウトにする
grid-template-columns: 各セルの幅      ← グリッドの定義
grid-template-rows: 各セルの高さ        ← グリッドの定義
grid-column: 配置するセルの横方向の範囲  ← 配置位置の指定
grid-row: 配置するセルの縦方向の範囲     ← 配置位置の指定
```

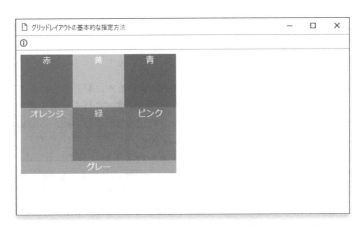

　グリッドレイアウトは、ボックスを格子状に区切って、そのマス目に子要素を自由に配置できるようにするレイアウト手法です。グリッドレイアウトでは、グリッド(格子状の区切り)の各マス目のことをグリッドセルと言います。

　まず、ボックスを格子状に区切りたい要素に「display: grid」と指定することで、グリッドの定義が可能となります。グリッドは、grid-template-columnsプロパティでグリッドセルの各幅を左から順に指定し、grid-template-rowsプロパティでグリッドセルの各高さを上から順に指定することで定義します(各幅は半角スペースで区切ります)。高さに「auto」を指定すると、内容に合わせた高さになります。

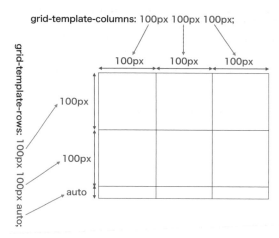

⬆ グリッドの定義の仕方

　定義されたグリッドに対して、その子要素をどのグリッドセルに配置するのかを指定するのがgrid-columnプロパティとgrid-rowプロパティです。これらは子要素側に指定します。grid-columnプロパティでは、グリッドの左から何番目の線から何番目の線までに配置するのかを指定します。同様にgrid-rowプロパティでは、グリッドの上から何番目の線から何番目の線までに配置するのかを指定します。その際、数値を1つだけ指定すると「その線から次の線まで」という意味になります (つまりその方向では1マス分しか使わないということです)。複数のグリッドセルを使用する場合は、「1 / 4」のように2つの数値の間に半角スラッシュを入れて何番目から何番目の線の間に配置するのかを指定します。

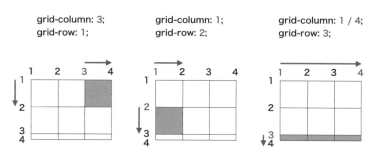

⬆ 子要素を配置するグリッドセルの指定方法

```
【CSS】
main {
    display: grid;
    width: 300px;
    grid-template-columns: 100px 100px 100px;
```

```
  grid-template-rows: 100px 100px auto;
}
div {
  color: white;
  text-align: center;
}
#child1 {
  grid-column: 3;
  grid-row: 1;
  background-color: #2288ff;      /* 青 */
}
#child2 {
  grid-column: 2;
  grid-row: 1;
  background-color: #ffcc00;      /* 黄 */
}
#child3 {
  grid-column: 1;
  grid-row: 1;
  background-color: #ff5544;      /* 赤 */
}
#child4 {
  grid-column: 3;
  grid-row: 2;
  background-color: #ff69b4;      /* ピンク */
}
#child5 {
  grid-column: 2;
  grid-row: 2;
  background-color: #009900;      /* 緑 */
}
#child6 {
  grid-column: 1;
  grid-row: 2;
  background-color: #ffaa00;      /* オレンジ */
}
#child7 {
  grid-column: 1 / 4;
  grid-row: 3;
  background-color: #bbbbbb;      /* グレー */
}
```

[HTML]
```
<main>
  <div id="child1">青</div>
  <div id="child2">黄</div>
  <div id="child3">赤</div>
  <div id="child4">ピンク</div>
  <div id="child5">緑</div>
  <div id="child6">オレンジ</div>
  <div id="child7">グレー</div>
</main>
```

グリッドセルに名前をつけて指定する

grid-template-areas: 各セルの名前
grid-area: 配置するセルの名前

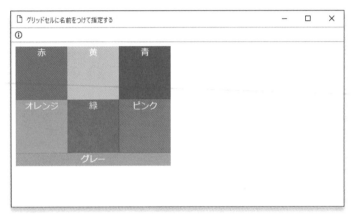

　グリッドレイアウトでは、すべてのグリッドセルにあらかじめ名前をつけておき、子要素を配置する位置を名前で指定することもできます。

　セルに名前をつけるには、親要素にgrid-template-areasプロパティを指定します。値は各グリッドセルの名前を半角スペースやタブなどで区切ったものを横一列分ずつ1つの文字列にして（引用符で囲って）指定します。各文字列は半角スペース・タブ・改行のいずれかで区切ります。このとき、下の例のように各名前がグリッドと同様に揃うようにしておくとわかりやすくなります。1つの要素を複数のグリッドセルにまたがって配置する場合は、それらのセルに同じ名前をつけてください。

　名前をつけたグリッドに子要素を配置するには、grid-areaプロパティを使用します。子要素側にこのプロパティを指定して、値としてグリッドセルの名前を指定するだけでそのグリッドセルに配置できます。

[CSS]

```
main {
  display: grid;
  width: 300px;
  grid-template-columns: 100px 100px 100px;
  grid-template-rows: 100px 100px auto;
  grid-template-areas: "cell1  cell2  cell3"
                       "cell4  cell5  cell6"
                       "footer footer footer";
```

```
}
div {
  color: white;
  text-align: center;
}
#child1 {
  grid-area: cell3;
  background-color: #2288ff;    /* 青 */
}
#child2 {
  grid-area: cell2;
  background-color: #ffcc00;    /* 黄 */
}
#child3 {
  grid-area: cell1;
  background-color: #ff5544;    /* 赤 */
}
#child4 {
  grid-area: cell6;
  background-color: #ff69b4;    /* ピンク */
}
#child5 {
  grid-area: cell5;
  background-color: #009900;    /* 緑 */
}
#child6 {
  grid-area: cell4;
  background-color: #ffaa00;    /* オレンジ */
}
#child7 {
  grid-area: footer;
  background-color: #bbbbbb;    /* グレー */
}
```

[HTML]
```
<main>
  <div id="child1">青</div>
  <div id="child2">黄</div>
  <div id="child3">赤</div>
  <div id="child4">ピンク</div>
  <div id="child5">緑</div>
  <div id="child6">オレンジ</div>
  <div id="child7">グレー</div>
</main>
```

グリッドセルの幅を比率で指定する

grid-template-columns: 数値**fr**

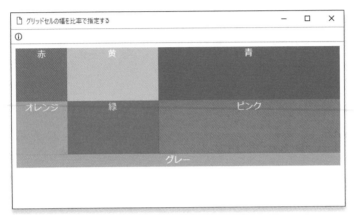

　フレキシブルボックスと同様に、グリッドレイアウトにおいてもグリッドセルの幅を可変にしてそれぞれのセルの幅の比率を指定することができます。比率を指定するには、grid-template-columnsでグリッドの幅を定義する際に「fr」という単位を使用します。この fr は、英語の fraction（比）を省略したもので、たとえば下の例のように「100px 1fr 2fr」という値を指定すると、はじめに100pxの幅を確保し、残った幅を1:2の比率で分配します。

[CSS]
```
main {
  display: grid;
  grid-template-columns: 100px 1fr 2fr;
  grid-template-rows: 100px 100px auto;
  grid-template-areas: "cell1  cell2  cell3"
                       "cell4  cell5  cell6"
                       "footer footer footer";
}
div {
  color: white;
  text-align: center;
}
#child1 {
  grid-area: cell3;
  background-color: #2288ff;     /* 青 */
}
```

```
#child2 {
  grid-area: cell2;
  background-color: #ffcc00;      /* 黄 */
}
#child3 {
  grid-area: cell1;
  background-color: #ff5544;      /* 赤 */
}
#child4 {
  grid-area: cell6;
  background-color: #ff69b4;      /* ピンク */
}
#child5 {
  grid-area: cell5;
  background-color: #009900;      /* 緑 */
}
#child6 {
  grid-area: cell4;
  background-color: #ffaa00;      /* オレンジ */
}
#child7 {
  grid-area: footer;
  background-color: #bbbbbb;      /* グレー */
}
```

[HTML]

```
<main>
  <div id="child1">青</div>
  <div id="child2">黄</div>
  <div id="child3">赤</div>
  <div id="child4">ピンク</div>
  <div id="child5">緑</div>
  <div id="child6">オレンジ</div>
  <div id="child7">グレー</div>
</main>
```

左右への配置と回り込みを指定する

float: 配置位置

配置位置	left・right・none

---

①

カクレクマノミは、クマノミの中でも小さくてとてもかわいい種類です。ふわふわとしたカーペットのような触手のあるハタゴイソギンチャクが大好きで、いつも気持ちよさそうに寄り添っています。最近は、水替えの必要のないフィルターなども発売されていますので、以前にくらべると飼育も楽になりました。また、様々な付着生物が生きたまま付いている珊瑚礁の岩を入れておくことで、さらに水槽内の環境が良くなるようです。この岩は、ライブロックと呼ばれており、現在では主に海外から輸入されたものが販売されているようです。

カクレクマノミは、クマノミの中でも小さくてとてもかわいい種類です。ふわふわとしたカーペットのような触手のあるハタゴイソギンチャクが大好きで、いつも気持ちよさそうに寄り添っています。最近は、水替えの必要のないフィルターなども発売されていますので、以前にくらべると飼育も楽になりました。また、

様々な付着生物が生きたまま付いている珊瑚礁の岩を入れておくことで、さらに水槽内の環境が良くなるようです。この岩は、ライブロックと呼ばれており、現在では主に海外から輸入されたものが販売されているようです。

---

　floatは、指定した要素を左または右に配置して、その反対側に後に続く要素を回り込ませるプロパティです。

　leftは指定した要素を左に、rightは右に配置します。noneを指定すると左右への配置と回り込みは行いません。

　回り込みを指定した後にそれを解除するためには、clearプロパティを利用します。

[CSS]

```css
img.left {
  float: left;
  margin-right: 0.8em;
  margin-bottom: 0.5em;
}
img.right {
  float: right;
  margin-left: 0.8em;
  margin-bottom: 0.5em;
}
p {
  clear: both;
  line-height: 1.4;
}
```

[HTML]

```html
<p>
<img src="fish1.jpg" class="left" width="155" height="120" alt="">
カクレクマノミは、クマノミの中でも小さくてとてもかわいい種類です。ふわふわとしたカーペット
のような触手のあるハタゴイソギンチャクが大好きで、いつも気持ちよさそうに寄り添っています。
最近は、水替えの必要のないフィルターなども発売されていますので、以前にくらべると飼育も楽に
なりました。また、様々な付着生物が生きたまま付いている珊瑚礁の岩を入れておくことで、さらに
水槽内の環境が良くなるようです。この岩は、ライブロックと呼ばれており、現在では主に海外から
輸入されたものが販売されているようです。
</p>
<p>
<img src="fish2.jpg" class="right" width="155" height="120" alt="">
カクレクマノミは、クマノミの中でも小さくてとてもかわいい種類です。ふわふわとしたカーペット
のような触手のあるハタゴイソギンチャクが大好きで、いつも気持ちよさそうに寄り添っています。
最近は、水替えの必要のないフィルターなども発売されていますので、以前にくらべると飼育も楽に
なりました。また、様々な付着生物が生きたまま付いている珊瑚礁の岩を入れておくことで、さらに
水槽内の環境が良くなるようです。この岩は、ライブロックと呼ばれており、現在では主に海外から
輸入されたものが販売されているようです。
</p>
```

表示と配置の指定をする

回り込みを解除する

clear: どちら側の要素に対して解除するか

【どちら側の要素に対して解除するか】	
left	左側の要素に対する回り込みを解除
right	右側の要素に対する回り込みを解除
both	両側の要素に対する回り込みを解除
none	回り込みを解除しない

回り込みを解除する　　　　　　　　　　　　　　　　　　　─　□　×

カクレクマノミは、クマノミの中でも小さくてとてもかわいい種類です。ふわふわとしたカーペットのような触手のあるハタゴイソギンチャクが大好きで、いつも気持ちよさそうに寄り添っています。

最近は、水替えの必要のないフィルターなども発売されていますので、以前にくらべると飼育も楽になりました。

カクレクマノミは、クマノミの中でも小さくてとてもかわいい種類です。ふわふわとしたカーペットのような触手のあるハタゴイソギンチャクが大好きで、いつも気持ちよさそうに寄り添っています。

最近は、水替えの必要のないフィルターなども発売されていますので、以前にくらべると飼育も楽になりました。

　clearは、ある要素を左または右に配置してテキストなどを回り込ませた場合の、回り込みを解除するプロパティです。

　ブロックレベルの要素に対して指定することができます。

[CSS]

```css
img.left {
  float: left;
  margin-right: 0.8em;
  margin-bottom: 0.5em;
}
img.right {
  float: right;
  margin-left: 0.8em;
  margin-bottom: 0.5em;
}
p {
  clear: both;
  line-height: 1.4;
}
```

[HTML]

```html
<p>
<img src="fish1.jpg" class="left" width="155" height="120" alt="">
カクレクマノミは、クマノミの中でも小さくてとてもかわいい種類です。ふわふわしたカーペット
のような触手のあるハタゴイソギンチャクが大好きで、いつも気持ちよさそうに寄り添っています。
</p>
<p>
最近は、水替えの必要のないフィルターなども発売されていますので、以前にくらべると飼育も楽に
なりました。
</p>
<p>
<img src="fish2.jpg" class="right" width="155" height="120" alt="">
カクレクマノミは、クマノミの中でも小さくてとてもかわいい種類です。ふわふわしたカーペット
のような触手のあるハタゴイソギンチャクが大好きで、いつも気持ちよさそうに寄り添っています。
</p>
<p>
最近は、水替えの必要のないフィルターなども発売されていますので、以前にくらべると飼育も楽に
なりました。
</p>
```

| margin | auto | margin-left | margin-right |

横方向の中央に配置する

```
margin-left: auto; margin-right: auto
margin: auto
margin: 上下マージン auto
margin: 上マージン auto 下マージン
```

※上下マージン、上マージン、下マージンについては任意の値

ブロックレベル要素のボックスの左右のマージンを「auto」にすると、左右のマージンが同じ値になるため結果として横方向の中央に配置されます（上の書式はどれも左右のマージンを「auto」にする指定方法です）。ブロックレベル要素の内容の行揃えを設定したい場合には、text-alignプロパティを使用してください。

```
【CSS】
h1, p {
  margin-left: auto;
  margin-right: auto;
  padding: 20px;
  width: 150px;
}
table {
  margin: auto;
}
table, th, td { border: 1px solid #000000; }
h1, p, table {
```

```
  color: #ffffff;
  background: #ff6600;
}
```

【HTML】
```
<h1>これはh1要素です</h1>

<p>これはp要素です。</p>

<table>
<tr><th>ヘッダ</th><th>ヘッダ</th><th>ヘッダ</th></tr>
<tr><td>データ</td><td>データ</td><td>データ</td></tr>
</table>
```

☞ text-align：「行揃えを指定する」(p.184)

margin-left・margin-right・margin：「マージンを設定する」(p.209)

縦横両方向の中央に配置する

```
display: flex;              ← フレキシブルボックスにする
align-items: center;        ← 縦方向の中央に配置する
justify-content: center;    ← 横方向の中央に配置する
```

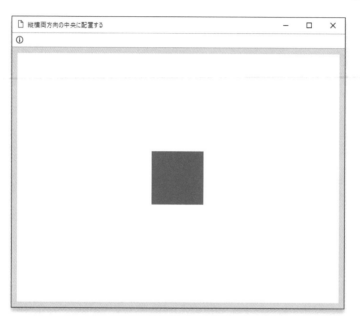

　上の書式の3行をそのまま指定するだけで、子要素のボックスを縦横両方向の中央に配置できます。

```
【CSS】
html, body {
  height: 100%;
  margin: 0;
}
main {
  display: flex;
  align-items: center;
  justify-content: center;
  height: 100%;
  box-sizing: border-box;
  border: 10px solid #dddddd;    /* グレー */
```

```
}
div {
  width: 100px;
  height: 100px;
  background-color: #2288ff;      /* 青 */
}
```

【HTML】
```
<main>
  <div></div>
</main>
```

CSS

絶対的な位置に配置する

`position: absolute`	←	配置方法を絶対配置に切り替える
`top:` 距離	←	上からの距離
`bottom:` 距離	←	下からの距離
`left:` 距離	←	左からの距離
`right:` 距離	←	右からの距離

距離	単位付きの数値・%

表示と配置の指定をする

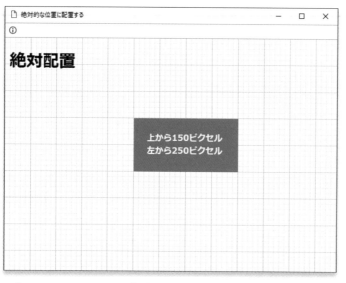

「position: absolute」を指定すると、top、bottom、left、rightの各プロパティを使用して絶対的な位置指定が可能となります。位置指定の基準となるボックスは基本的にはページ全体ですが、「position: absolute」を指定したボックスが「position: absolute」「position: relative」「position: fixed」のいずれかが指定されているボックスに含まれている場合は、そのボックスが基準ボックスとなります。

topプロパティは基準ボックスの上から指定した要素の上までの距離、bottomプロパティは基準ボックスの下から指定した要素の下までの距離、leftプロパティは基準ボックスの左から指定した要素の左までの距離、rightプロパティは基準ボックスの右から指定した要素の右までの距離を指定します。

この指定をすると、その部分は通常の配置とは別に扱われるようになる(別レイヤーに配置されたような状態となる)ため、他の要素の配置位置には一切影響を与えなくなります。

[CSS]

```
body {
  color: #000000;
  background: #ffffff url(grid.gif);
}
p {
  position: absolute;
  top: 150px;
  left: 250px;
  width: 150px;
  height: 50px;
  margin: 0;
  padding: 25px;
  font-weight: bold;
  color: #ffffff;
  background: #ff3300;
}
```

[HTML]

```
<h1>絶対配置</h1>

<p>
上から150ピクセル<br>
左から250ピクセル
</p>
```

相対的な位置に配置する

`position: relative`	← 配置方法を相対配置に切り替える
`top:` 距離	← 上からの距離
`bottom:` 距離	← 下からの距離
`left:` 距離	← 左からの距離
`right:` 距離	← 右からの距離

距離	単位付きの数値・%

表示と配置の指定をする

　「position: relative」を指定すると、top、bottom、left、rightの各プロパティを使用して本来表示されるべき位置から相対的に移動させることが可能になります。

　この後に続く要素は、指定された要素が本来の位置に表示されている場合と同様に配置されます。topプロパティは上から下へ移動させる距離、bottomプロパティは下から上へ移動させる距離、leftプロパティは左から右へ移動させる距離、rightプロパティは右から左へ移動させる距離を指定します。

[CSS]

```css
h1 {
  font: bold 60px Arial, sans-serif;
  text-align: center;
  margin-bottom: 0;
  color: #99ccff;
  background-color: #ffffff;
}
p {
  position: relative;
  top: -90px;
  font: bold 20px "MS Ｐゴシック",Osaka,sans-serif;
  text-align: center;
  margin-top: 0;
  color: #000000;
  background-color: transparent;
}
```

[HTML]

```html
<h1>POSITION<br>RELATIVE</h1>

<p>普通の配置位置から<br>相対的に移動します。</p>
```

CSS

絶対的な位置に固定配置する

```
position: fixed      ← 配置方法を固定配置に切り替える
top: 距離             ← 上からの距離
bottom: 距離          ← 下からの距離
left: 距離            ← 左からの距離
right: 距離           ← 右からの距離
```

距離	単位付きの数値・%

表示と配置の指定をする

　「position: fixed」を指定すると、その要素は指定された位置に固定されてスクロールしても位置が変わらなくなります。位置の指定方法は「position: absolute」の絶対配置と同様ですが、top、bottom、left、rightの各プロパティで指定する位置の基準は常に表示領域全体となります。

　この指定をされた要素は、通常の配置とは別に扱われるようになるため、他の要素の配置には一切影響を与えません。topプロパティは表示領域の上から指定した要

素の上までの距離、bottomプロパティは表示領域の下から指定した要素の下までの距離、leftプロパティは表示領域の左から指定した要素の左までの距離、rightプロパティは表示領域の右から指定した要素の右までの距離を指定します。

```
[CSS]
body {
  margin: 3em 0 1em;
  color: #000000;
  background: #ffffff url(grid.gif);
}
#navi {
  position: fixed;
  top: 0;
  left: 0;
  width: 100%;
  height: 1em;
  margin: 0;
  padding: 0.5em;
  text-align: center;
  color: #ffffff;
  background: #ffcc00;
}
h1, p {
  margin-left: 20px;
  margin-right: 20px;
}
```

```
[HTML]
<h1>固定配置</h1>

<p>
上のナビゲーション・バー(背景が黄色の部分)は、ウィンドウの上部に固定されるため、スクロールしても常に同じ位置に表示されます。
</p>

<div id="navi">
<a href="prev.html">前</a> |
<a href="home.html">トップ</a> |
<a href="next.html">次</a>
</div>
```

重なる順序を指定する

z-index: 重なる順序

重なる順序	整数値

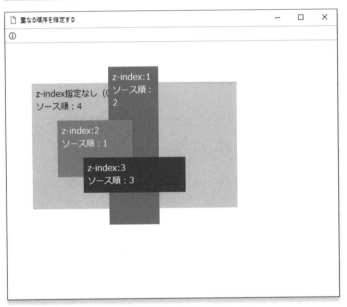

z-indexは、絶対配置や相対配置されている要素の重なる順序を指定するプロパティです。

通常表示される状態を0として、値が大きいものほど上に（重ねられた状態で）表示されます。

【CSS】
```
#sample1 {
  position: absolute;
  z-index: 2;
  top: 130px;
  left: 100px;
  width: 130px;
  height: 90px;
  color: #ffffff;
  background-color: #339933;
}
```

```
#sample2 {
  position: absolute;
  z-index: 1;
  top: 30px;
  left: 200px;
  width: 80px;
  height: 280px;
  color: #ffffff;
  background-color: #ff3300;
}
#sample3 {
  position: absolute;
  z-index: 3;
  top: 200px;
  left: 150px;
  width: 180px;
  height: 50px;
  color: #ffffff;
  background-color: #333399;
}
#sample4 {
  position: absolute;
  top: 60px;
  left: 50px;
  width: 380px;
  height: 220px;
  color: #000000;
  background-color: #ffcc00;
}
p { padding: 0.5em }
```

[HTML]
```
<p id="sample1">
z-index:2<br>ソース順：1
</p>

<p id="sample2">
z-index:1<br>ソース順：2
</p>

<p id="sample3">
z-index:3<br>ソース順：3
</p>

<p id="sample4">
z-index指定なし(0)<br>ソース順：4
</p>
```

表示と配置の指定をする

表示されないようにする

`display: none`　　← その要素がない状態にする
`visibility: hidden`　← 領域は確保するが見えない状態にする

```
┌ 表示されないようにする ──────────────── ─  □  × ┐
│ ⓘ                                              │
├──────────────────────────────────────────────┤
│ この段落のすぐ下に表示されない段落がひとつあります。「display: none」を指定し │
│ ていますので、その要素自体がないような状態になっています。           │
│                                                │
│  ┌──────────────┐                            │
│  │              │                            │
│  ├──┬───┬───┤                            │
│  │データ│データ│データ│                      │
│  └──┴───┴───┘                            │
│                                                │
│                                                │
│ この段落のすぐ上に表示されない段落がひとつあります。「visibility: hidden」を指定 │
│ していますので、表示される場合と同じ領域が確保されます。           │
│                                                │
└──────────────────────────────────────────────┘
```

⬆

```
┌ 表示されないようにする ──────────────── ─  □  × ┐
│ ⓘ                                              │
├──────────────────────────────────────────────┤
│ この段落のすぐ下に表示されない段落がひとつあります。「display: none」を指定し │
│ ていますので、その要素自体がないような状態になっています。           │
│ この段落は、「display: none」を指定して表示されないようにしています。     │
│                                                │
│  ┌──┬───┬───┐                            │
│  │ヘッダ│ヘッダ│ヘッダ│                      │
│  ├──┼───┼───┤                            │
│  │データ│データ│データ│                      │
│  ├──┼───┼───┤                            │
│  │データ│データ│データ│                      │
│  └──┴───┴───┘                            │
│ この段落は、「visibility: hidden」を指定して表示されないようにしています。   │
│                                                │
│ この段落のすぐ上に表示されない段落がひとつあります。「visibility: hidden」を指定 │
│ していますので、表示される場合と同じ領域が確保されます。           │
│                                                │
└──────────────────────────────────────────────┘
```

これらの指定をすると、要素が表示されなくなります。

「display: none」を指定するとボックスそのものが生成されなくなり、あたかもその要素がないような状態になります。「visibility: hidden」を指定すると、その要素の表示領域は確保されますが、見えない状態(つまり、その要素が透明になったような状態)になります。

[CSS]
```
.none { display: none }
.hidden { visibility: hidden }
table, th, td { border: 1px solid #000000 }
```

[HTML]
```
<p>
この段落のすぐ下に表示されない段落がひとつあります。「display: none」を指定しています
ので、その要素自体がないような状態になっています。
</p>

<p class="none">
この段落は、「display: none」を指定して表示されないようにしています。
</p>

<table>
<tr class="hidden">
<th>ヘッダ</th><th>ヘッダ</th><th>ヘッダ</th>
</tr>
<tr>
<td>データ</td><td>データ</td><td>データ</td>
</tr>
<tr class="hidden">
<td>データ</td><td>データ</td><td>データ</td>
</tr>
</table>

<p class="hidden">
この段落は、「visibility: hidden」を指定して表示されないようにしています。
</p>

<p>
この段落のすぐ上に表示されない段落がひとつあります。「visibility: hidden」を指定して
いますので、表示される場合と同じ領域が確保されます。
</p>
```

はみ出る部分の処理方法を指定する

```
overflow: 表示形式
```

【表示形式】	
visible	ボックスからはみ出して表示
hidden	はみ出した部分を表示しない
scroll	スクロールして見られるようにする
auto	必要に応じてスクロールできるようにする

表示と配置の指定をする

overflowは、内容がボックスに入り切らない場合に、その部分をどのように処理するかを指定するプロパティです。

このプロパティは、ブロックレベル要素と置換要素(imgやinput、textarea、selectなど)、th要素、td要素に対して指定することができます。

[CSS]

```
#sample1 { overflow: scroll }
#sample2 { overflow: auto }
#sample3 { overflow: hidden }
#sample4 { overflow: visible }
p {
  width: 180px;
  height: 70px;
  line-height: 1.5;
  color: #000000;
  background: #ffcc00;
}
em {
  font-style: normal;
  font-weight: bold;
  font-size: large;
  color: #ff0000;
  background: transparent;
}
```

[HTML]

```
<p id="sample1">
「<em>overflow: scroll</em>」を指定しています。
overflowは、内容がボックスの中に入り切らない場合に、その部分をどのように表示するかを
設定するプロパティです。
</p>

<p id="sample2">
「<em>overflow: auto</em>」を指定しています。
overflowは、内容がボックスの中に入り切らない場合に、その部分をどのように表示するかを
設定するプロパティです。
</p>

<p id="sample3">
「<em>overflow: hidden</em>」を指定しています。
overflowは、内容がボックスの中に入り切らない場合に、その部分をどのように表示するかを
設定するプロパティです。
</p>

<p id="sample4">
「<em>overflow: visible</em>」を指定しています。
overflowは、内容がボックスの中に入り切らない場合に、その部分をどのように表示するかを
設定するプロパティです。
</p>
```

幅に合わせてCSSを切り替える：style要素

```
<style media="メディアクエリ"> ～ </style>
```

メディアクエリ	screen and (max-width: 最大幅) ／ screen and (min-width: 最小幅)

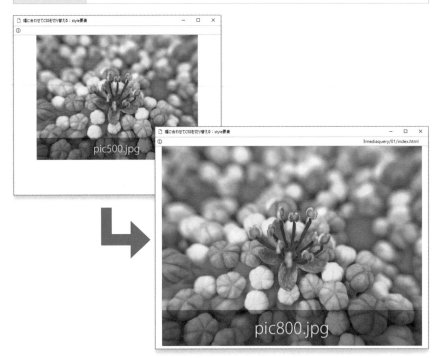

　style要素のmedia属性にメディアクエリと呼ばれる条件式を書き込むことによって、ビューポート(表示領域)の幅に合わせてCSSを切り替えることができます。この機能は、スマートフォン用のレイアウトとPC用のレイアウトを切り替える場合などに使用されます。

　メディアクエリは、対象のメディアを表す文字列(TIPS「CSSの適用対象とするメディアを指定する」p.150)に続けて「and (max-width: 最大幅)」または「and (min-width: 最小幅)」のように記述して、style要素内のCSSを適用する条件を示します。最大幅と最小幅を示す際にはCSSで利用可能な単位が指定できます。たとえば(max-width: 500px) と書くと「最大幅が500ピクセル」となり、結果として「幅が500ピクセル以下」のときに適用されることになります。「and (○○○: △△△)」の書式は続けていくつでも記述できますので、「and (min-width: 501px) and (max-width: 800px)」のように書くことで「最小幅が501ピクセル、最大幅が800ピクセル」つまり

「幅が501ピクセル以上、800ピクセル以下」のような範囲を示すこともできます。

このサンプルでは、「幅が500ピクセル以下」のときは画像を表示領域の横幅いっぱいに表示させ、「幅が501ピクセル以上、800ピクセル以下」のときには画像の幅を500ピクセルに固定した上で内容全体（header要素）をセンタリングして表示させています。「幅が801ピクセル以上」になると、内容はセンタリングさせた状態のままで画像の幅は800ピクセルになります。

```html
<!DOCTYPE html>
<html lang="ja">
<head>
<meta charset="UTF-8">
<meta name="viewport" content="width=device-width">
<title>幅に合わせてCSSを切り替える：style要素</title>
<style>
body { margin: 0; }
</style>
<style media="screen and (max-width: 500px)">
img { width: 100%; }
</style>
<style media="screen and (min-width: 501px) and (max-width: 800px)">
img { width: 500px; }
header {
  margin: 0 auto;
  width: 500px;
}
</style>
<style media="screen and (min-width: 801px)">
img { width: 800px; }
header {
  margin: 0 auto;
  width: 800px;
}
</style>
</head>
<body>

<header>
<picture>
  <source media="(max-width: 800px)" srcset="pic500.jpg">
  <img src="pic800.jpg" alt="">
</picture>
</header>

</body>
</html>
```

幅に合わせてCSSを切り替える：link要素

```
<link rel="stylesheet" href="URL" media="メディアクエリ">
```

URL	読み込むCSSファイルのURL
メディアクエリ	screen and (max-width: 最大幅) ／ screen and (min-width: 最小幅)

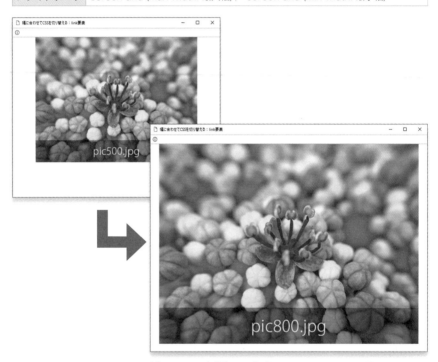

幅に合わせてCSSを切り替える

　メディアクエリは、link要素のmedia属性でも指定できます。これを利用することで、ビューポート（表示領域）の幅に合わせて読み込ませるCSSファイルを切り替えることが可能になります。

　このサンプルでは、「幅が500ピクセル以下」のときには「small.css」、「幅が501ピクセル以上、800ピクセル以下」のときには「medium.css」、「幅が801ピクセル以上」のときには「large.css」を読み込ませています。

【HTML(index.html)】

```
<!DOCTYPE html>
<html lang="ja">
<head>
<meta charset="UTF-8">
<meta name="viewport" content="width=device-width">
<title>幅に合わせてCSSを切り替える：link要素</title>
<link rel="stylesheet" href="style.css">
<link rel="stylesheet" href="small.css" media="screen and (max-width:
500px)">
<link rel="stylesheet" href="medium.css" media="screen and (min-width:
501px) and (max-width: 800px)">
<link rel="stylesheet" href="large.css" media="screen and (min-width:
801px)">
</head>
<body>

<header>
<picture>
  <source media="(max-width: 800px)" srcset="pic500.jpg">
  <img src="pic800.jpg" alt="">
</picture>
</header>

</body>
</html>
```

【CSS(small.css)】

```
img { width: 100%; }
```

【CSS(medium.css)】

```
img { width: 500px; }
header {
  margin: 0 auto;
  width: 500px;
}
```

【CSS(large.css)】

```
img { width: 800px; }
header {
  margin: 0 auto;
  width: 800px;
}
```

@media

幅に合わせてCSSを切り替える：@media

@media メディアクエリ { 〜 }

メディアクエリ	screen and (max-width: 最大幅) ／ screen and (min-width: 最小幅)

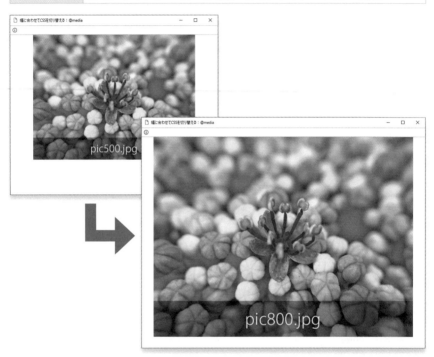

　メディアクエリはHTMLのmedia属性だけでなく、CSSの内部で使用することもできます。その際に使用するのがここで紹介する書式です。このサンプルでは、style要素の内部（<style> 〜 </style> の範囲内）で@mediaの書式を使用し、適用させるCSSを切り替えています。

```
<!DOCTYPE html>
<html lang="ja">
<head>
<meta charset="UTF-8">
<meta name="viewport" content="width=device-width">
<title>幅に合わせてCSSを切り替える：@media</title>
<style>
body { margin: 0; }
@media screen and (max-width: 500px) {
  img { width: 100%; }
}
@media screen and (min-width: 501px) and (max-width: 800px) {
  img { width: 500px; }
  header {
    margin: 0 auto;
    width: 500px;
  }
}
@media screen and (min-width: 801px) {
  img { width: 800px; }
  header {
    margin: 0 auto;
    width: 800px;
  }
}
</style>
</head>
<body>

<header>
<picture>
  <source media="(max-width: 800px)" srcset="pic500.jpg">
  <img src="pic800.jpg" alt="">
</picture>
</header>

</body>
</html>
```

リストのマークや番号の形式を変える

list-style-type: 種類

【種類】	
none	表示しない
disc	塗りつぶされた丸（初期値）
circle	線で描かれた丸
square	線で描かれた四角
lower-roman	ローマ数字の小文字
upper-roman	ローマ数字の大文字
lower-greek	ギリシャ文字の小文字
decimal	算用数字
decimal-leading-zero	頭に0を付けた算用数字
lower-latin	アルファベットの小文字
lower-alpha	アルファベットの小文字
upper-latin	アルファベットの大文字
upper-alpha	アルファベットの大文字
armenian	アルメニア数字
georgian	グルジア数字

```
リストのマークや番号の形式を変える                    —  □  ×
ⓘ

       none          • disc          ○ circle         ■ square
       none          • disc          ○ circle         ■ square
       none          • disc          ○ circle         ■ square


    1. decimal      01. decimal-leading-zero       α. lower-greek
    2. decimal      02. decimal-leading-zero       β. lower-greek
    3. decimal      03. decimal-leading-zero       γ. lower-greek


   a. lower-alpha   a. lower-latin   A. upper-alpha   A. upper-latin
   b. lower-alpha   b. lower-latin   B. upper-alpha   B. upper-latin
   c. lower-alpha   c. lower-latin   C. upper-alpha   C. upper-latin


    i. lower-roman    I. upper-roman   Ա. armenian      ა. georgian
   ii. lower-roman   II. upper-roman   Բ. armenian      ბ. georgian
  iii. lower-roman  III. upper-roman   Գ. armenian      გ. georgian
```

CSS

リストの設定をする

268

list-style-typeは、リストのマークや番号の形式を設定するプロパティです。

list-style-imageプロパティで画像が指定されている場合には、その画像が優先して表示されます。

```
<!DOCTYPE html>
<html lang="ja">
<head>
<meta charset="UTF-8">
<title>リストのマークや番号の形式を変える</title>
</head>
<body>

<table>

<tr>
<td>
<ol style="list-style-type: none">
<li>none</li>
<li>none</li>
<li>none</li>
</ol>
</td>
<td>
<ol style="list-style-type: disc">
<li>disc</li>
<li>disc</li>
<li>disc</li>
</ol>
</td>
<td>
<ol style="list-style-type: circle">
<li>circle</li>
<li>circle</li>
<li>circle</li>
</ol>
</td>
<td>
<ol style="list-style-type: square">
<li>square</li>
<li>square</li>
<li>square</li>
</ol>
</td>
</tr>
    ～後略～
```

`list-style-image: url()`

リストのマークを画像にする

`list-style-image: url(URL)`

URL	画像のURL

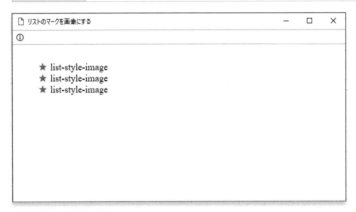

　list-style-imageは、リストのマークとして表示する画像を指定するプロパティです。

　list-style-typeプロパティが同時に設定されている場合でも、画像が優先して表示されます。

```
【CSS】
ul {
  list-style-image: url(star.gif);
  font: large "Times New Roman", Times, serif;
}
```

```
【HTML】
<ul>
<li>list-style-image</li>
<li>list-style-image</li>
<li>list-style-image</li>
</ul>
```

リストのマークを内側に表示させる

list-style-position: 表示位置

【表示位置】	
outside	マークを外側に表示（初期値）
inside	マークを内側に表示

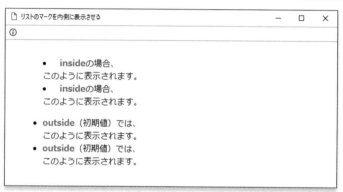

list-style-positionは、リストのマークをリスト項目の表示領域の外側に表示させるか、内側に表示させるかを指定するプロパティです。

```
【CSS】
.in { list-style-position: inside }
em {
  color: #ff3300;
  background-color: #ffffff;
  font-style: normal;
  font-weight: bold;
}

【HTML】
<ul class="in">
<li><em>inside</em>の場合、<br>
このように表示されます。
</li>
<li><em>inside</em>の場合、<br>
このように表示されます。
</li>
</ul>
```

```
<ul>
<li><em>outside</em>(初期値)では、<br>
このように表示されます。
</li>
<li><em>outside</em>(初期値)では、<br>
このように表示されます。
</li>
</ul>
```

リストのマークをまとめて指定する

list-style: リスト関連のプロパティの値

【リスト関連のプロパティの値】

list-style-typeで指定できる値（p.268）
list-style-imageで指定できる値（p.270）
list-style-positionで指定できる値（p.271）

list-styleは、リストのマークに関連するプロパティの値をまとめて指定できるプロパティです。必要な値を任意の順序で半角スペースで区切って指定します。値として「none」を指定すると、マークが表示されなくなります。

【CSS】
```
ul {
  font-size: large;
  list-style: url(star.gif) disc inside;
}
li { margin-bottom: 1em }
```

【HTML】
```
<ul>
<li>
list-style-imageの値<br>も指定できます。
</li>
<li>
list-style-typeの値は、<br>画像が表示されない場合<br>に利用されます。
```

```
</li>
<li>
list-style-positionの<br>値も指定できます。この<br>例では、insideです。
</li>
</ul>
```

表の枠線を単一の線にする

border-collapse: 表の枠線の表示形式

【表の枠線の表示形式】	
collapse	表の外枠や各セルの枠を重ねて表示
separate	表の外枠や各セルの枠を別に表示

border-collapseは、表の外枠や各セルの枠線を重ねて(単一の線として)表示させるか、別々に表示させるかを指定するプロパティです。

このプロパティは、table要素に対してのみ指定できます。

```
【CSS】
table#sample1 { border-collapse: collapse; }
table#sample2 { border-collapse: separate; }
table, th, td { border: 3px solid #999999; }
th {
  color: #000000;
  background-color: #cccccc;
}
th, td {
  padding: 8px;
}
```

```
caption{
  font-size: large;
  font-weight: bold;
  color: #ff3300;
  background: transparent;
}
```

【HTML】
```
<table id="sample1">
<caption>collapse</caption>
<tr><th>ヘッダ</th><th>ヘッダ</th><th>ヘッダ</th></tr>
<tr><td>データ</td><td>データ</td><td>データ</td></tr>
<tr><td>データ</td><td>データ</td><td>データ</td></tr>
</table>

<table id="sample2">
<caption>separate</caption>
<tr><th>ヘッダ</th><th>ヘッダ</th><th>ヘッダ</th></tr>
<tr><td>データ</td><td>データ</td><td>データ</td></tr>
<tr><td>データ</td><td>データ</td><td>データ</td></tr>
</table>
```

表の設定をする

コラム セル同士の異なる枠線が重なった場合の優先順位は？

　border-collapseプロパティの値を「collapse」にすると、表の枠線が重なって単一の線として表示されますが、もし太さや形式などの異なる枠線が重なった場合にはどのように表示されるのでしょうか？　CSSの仕様では、異なる種類の枠線が重なった場合の表示の優先順位を以下のように規定しています。

1. border-styleプロパティの値が「hidden」のものは最優先される
2. border-styleプロパティの値が「none」のものは優先度がもっとも低い
3. 「hidden」と「none」以外が指定されている場合、より太い枠線が優先される。太さが同じで形式が異なる場合の優先順位は、以下の通り（優先度が高い順）
   double←solid←dashed←dotted←ridge←outset←groove←inset
4. 枠線の太さも形式も同じ場合の優先順位は、以下の通り（優先度が高い順）
   th要素・td要素←tr要素←thead・tbody・tfoot要素←col要素←colgroup要素←table要素

セルとセルの間隔を指定する

border-spacing: 間隔

間隔	単位付きの数値

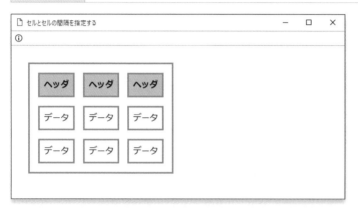

border-spacingは、隣接する各セルの枠線と枠線の間隔を指定するプロパティです。

値は半角スペースで区切ってふたつ指定することもできますが、与えられた値の個数によって次のように設定されます。

- 値が1つの場合 ――― 値1→上下左右の間隔
- 値が2つの場合 ――― 値1→左右の間隔　値2→上下の間隔

```
[CSS]
table { border-spacing: 1em }
table, th, td { border: 3px solid #999999; }
th {
  color: #000000;
  background-color: #cccccc;
}

[HTML]
<table>
<tr><th>ヘッダ</th><th>ヘッダ</th><th>ヘッダ</th></tr>
<tr><td>データ</td><td>データ</td><td>データ</td></tr>
<tr><td>データ</td><td>データ</td><td>データ</td></tr>
</table>
```

表の設定をする

表のタイトルを下に表示させる

caption-side: 配置位置

配置位置	top・bottom

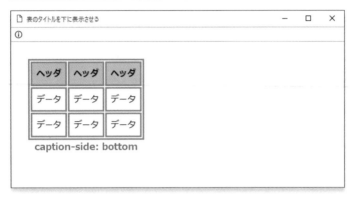

caption-sideは、表のタイトル (caption要素) の表示位置を指定するプロパティです。

「top」を指定すると表の上に、「bottom」を指定すると表の下に表示します。

```
[CSS]
caption {
  caption-side: bottom;
  font-size: large;
  font-weight: bold;
  color: #ff3300;
  background: transparent;
}
table, th, td { border: 3px solid #999999; }
th {
  color: #000000;
  background-color: #cccccc;
}

[HTML]
<table>
<caption>caption-side: bottom</caption>
<tr><th>ヘッダ</th><th>ヘッダ</th><th>ヘッダ</th></tr>
<tr><td>データ</td><td>データ</td><td>データ</td></tr>
<tr><td>データ</td><td>データ</td><td>データ</td></tr>
</table>
```

表の設定をする

空のセルの枠線の表示・非表示を設定する

empty-cells: 枠線を表示するかどうか

枠線を表示するかどうか	show・hide

empty-cellsは、空のセルの枠線を表示させるかどうかを指定するプロパティです。

この場合の「空のセル」とは、内容が空であるセルだけでなく、visibilityプロパティの値が「hidden」に設定されているセルも含みます。値として「show」を指定すると枠線を表示し、「hide」を指定すると枠線を表示しなくなります。

```
[CSS]
table, td { border: 3px solid #999999; }
td {
  padding: 8px;
  font-size: large;
  font-weight: bold;
}
td.hide { empty-cells: hide; }
td.show {
  empty-cells: show;
  border-color: #ff3300;
}

[HTML]
<table>
<tr>
  <td>hide→</td>
  <td class="hide"></td>
</tr>
<tr>
  <td class="show"></td>
  <td>←show</td>
</tr>
</table>
```

表の設定をする

279

半透明にする

`opacity`： 透明度

その他の設定をする

opacityプロパティを使用すると、要素の透明度を設定できます。0〜1の範囲の値が指定でき、0は完全に透明、1は完全に不透明となります。この指定は要素のボックス全体に適用されるため、文字も背景もボックスの枠線もすべて半透明になります。

【CSS】
```css
html, body { height: 100%; }
body {
  margin: 0;
  background-image: url(sea.jpg);
  background-size: cover;
}
p {
  position: relative;
  top: 6em;
  margin: 0 auto;
  padding: 1.3em 1.8em;
  border: 7px solid #000000;
  border-radius: 15px;
  width: 20em;
  line-height: 1.8;
  font-size: large;
  color: #000000;
  background: #ffffff;
  opacity: 0.5;
}
```

【HTML】
```html
<p>
opacityプロパティを使うことで、ボックスごと半透明にすることができます。文字も背景もボックスの枠
線もまるごと半透明になります。
</p>
```

特定方向へのグラデーションを表示させる

```
linear-gradient(上の色, 下の色)
linear-gradient(色変化の方向, 開始色, 終了色)
```

【色変化の方向】	
数値deg	数値の角度の方向へ
to top	下から上へ
to bottom	上から下へ
to left	右から左へ
to right	左から右へ

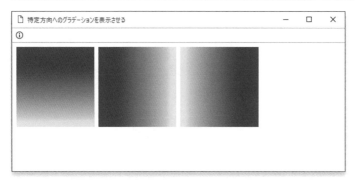

url( ) の書式で画像が指定可能なプロパティであれば、url( ) の代わりに linear-gradient( ) という書式を指定してグラデーションを表示させることができます。

単純に上から下へのグラデーションの場合は、( )内に上の色と下の色をカンマで区切って指定するだけでグラデーションが表示されます。

上から下方向以外の方向を指定する場合は、単位「deg(度)」を付けた角度で指定できます。「0deg」であれば「0度の方向へ」という意味になりますので、方向は「下から上」になります。同様に「90deg」であれば「左から右」、「135deg」であれば「左上から右下」となります。

また、「 to 」に続けてtop・bottom・left・rightのいずれかを指定して、その方向へのグラデーションを表示させることも可能です。「to bottom right」のように指定して、左上から右下へのグラデーションを表示させることもできます。

```
【CSS】
div {
  width: 150px;
```

```
  height: 150px;
  float: left;
  margin-right: 0.5em;
}
#d1 { background-image: linear-gradient(blue, yellow); }
#d2 { background-image: linear-gradient(90deg, blue, yellow); }
#d3 { background-image: linear-gradient(to left, blue, yellow); }
```

[HTML]
```
<div id="d1"></div>
<div id="d2"></div>
<div id="d3"></div>
```

円形のグラデーションを表示させる

radial-gradient(中心の色，外側の色)
radial-gradient(中心の位置，中心の色，外側の色)

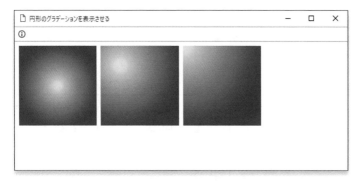

url( ) の書式で画像が指定可能なプロパティであれば、url( ) の代わりに radial-gradient( ) という書式を指定して円形のグラデーションを表示させることができます。

単純にボックスの中心から外側へと色が変化するグラデーションの場合は、( ) 内に中心の色と外側の色をカンマで区切って指定するだけで円形グラデーションが表示されます。

円形グラデーションの中心をボックスの中心以外にする場合は、「 at 」に続けて background-positionプロパティと同じ値(% をつけた数値やleft・right・center・top・bottomなど)が指定できます。

【CSS】
```
div {
  width: 150px;
  height: 150px;
  float: left;
  margin-right: 0.5em;
}
#d1 { background-image: radial-gradient(yellow, blue); }
#d2 { background-image: radial-gradient(at 25% 25%, yellow, blue); }
#d3 { background-image: radial-gradient(at top left, yellow, blue); }
```

【HTML】
```
<div id="d1"></div>
<div id="d2"></div>
<div id="d3"></div>
```

カーソルの形を指定する

```
cursor: 形状
cursor: url(URL)
```

形状	auto・crosshair・default・pointer・move・text・wait・help・progress・e-resize・ne-resize・nw-resize・n-resize・se-resize・sw-resize・s-resize・w-resize
URL	カーソルのURL

Windowsでの表示例

+	crosshair	↕	n-resize
↖	default	↕	s-resize
☝	pointer	⇔	w-resize
✥	move	⇔	e-resize
I	text	⤢	ne-resize
○	wait	⤡	nw-resize
↖?	help	⤡	se-resize
↖	progress	⤢	sw-resize

Macでの表示例

+	crosshair	↑	n-resize
▶	default	↓	s-resize
☝	pointer	←	w-resize
✛	move	→	e-resize
I	text	↗	ne-resize
⌚	wait	↖	nw-resize
?	help	↘	se-resize
●	progress	↙	sw-resize

　cursorは、マウスなどのポインティングデバイスのカーソルがその要素の上にある時のカーソルの形状を設定するプロパティです。

```
<p style="cursor: auto">auto</p>
<p style="cursor: crosshair">crosshair</p>
<p style="cursor: default">default</p>
<p style="cursor: pointer">pointer</p>
<p style="cursor: move">move</p>
<p style="cursor: text">text</p>
<p style="cursor: wait">wait</p>
<p style="cursor: help">help</p>
<p style="cursor: progress">progress</p>
```

印刷時の改ページを指定する

```
page-break-before: always
page-break-after: always
```

　page-break-beforeとpage-break-afterは、印刷時に指定した要素の直前または直後で改ページをさせるプロパティです。

　「page-break-before: always」は指定した要素の前で、「page-break-after: always」は指定した要素の後で改ページします。このプロパティは印刷時にのみ有効で、画面表示には影響を与えません。

```
h1, table { page-break-before: always }
```

CSS

要素内容の前後にテキストや画像を挿入する

要素名**:before { content: "テキスト" }**　←先頭にテキストを入れる
要素名**:before { content: url(URL) }**　←先頭に画像を入れる
要素名**:after { content: "テキスト" }**　←末尾にテキストを入れる
要素名**:after { content: url(URL) }**　←末尾に画像を入れる

※「要素名」の部分には、「#ID名」や「.クラス名」も指定できます。

URL	画像のURL

このプロパティを使用すると、CSSでテキストや画像を追加できます。

【注意】 Internet Explorer の古いバージョンは、このプロパティに対応していません。

その他の設定をする

　「:before」は、「要素名」で指定した要素の内容の先頭にテキストや画像を挿入するセレクタです。同様に「:after」は「要素名」で指定した要素の内容の末尾にテキストや画像を挿入します。挿入するテキストや画像は、contentプロパティで指定します。

```
[CSS]
.note:before { content: url(hand.gif) }
.warning:before {
  content: "【注意】";
  color: #ff0000;
  background-color: #ffffff;
}
div.info {
  border: dotted 3px #ff9900;
  padding: 0.2em 1.2em;
}

[HTML]
<div class="info">
<p class="note">
このプロパティを使用すると、CSSでテキストや画像を追加できます。
```

```
</p>
<p class="warning">
Internet Explorer の古いバージョンは、このプロパティに対応していません。
</p>
</div>
```

引用符として使用する記号を設定する

```
q { quotes: "記号1" "記号2" }          ← 引用符の設定
q:before { content: open-quote }     ← 引用符の追加（前）
q:after  { content: close-quote }    ← 引用符の追加（後）
```

記号1	引用部分の前に付ける記号
記号2	引用部分の後に付ける記号

短い引用文を示すq要素の前後に付ける引用符を設定する書式です。

quotesプロパティで引用符として使用する記号を設定し、「q:before 〜」と「q:after 〜」の書式でその引用符をq要素の前後に追加します。これによってブラウザのデフォルトの引用符は、指定した記号に置き換えられます。

```
【CSS】
body {
  margin: 2em;
  line-height: 1.5;
}
q { quotes: "「" "」" }
q:before { content: open-quote }
q:after  { content: close-quote }

【HTML】
<p>
私の持っている参考書には、<q>引用文には、カギカッコを付ける</q>と書かれています。
</p>
```

☞ HTML：「インラインの引用文を表す」(p.51)
　　 HTML：「ブロックレベルの引用文を表す」(.52)

CSS主要プロパティ一覧

プロパティ名	説明	適用対象	継承	参照
align-items	フレキシブルボックスの交差軸の整列	display:flexの要素	×	p.248
background-attachment	背景画像の表示位置を固定する	すべての要素	×	p.205
background-color	背景色	すべての要素	×	p.196
background-image	背景画像	すべての要素	×	p.199
background-position	背景画像の表示位置	すべての要素	×	p.203
background-repeat	背景画像の並べ方	すべての要素	×	p.202
background-size	背景画像のサイズ	すべての要素	×	p.207
background	背景の一括指定	すべての要素	×	p.208
border-collapse	表の枠線を単一の線にする	table要素	○	p.275
border-color	上下左右の枠線の色の一括指定	すべての要素	×	p.215
border-spacing	セルとセルの間隔	table要素	○	p.277
border-style	上下左右の枠線の線種の一括指定	すべての要素	×	p.217
border-top	上の枠線の色・線種・太さ	すべての要素	×	p.219
border-bottom	下の枠線の色・線種・太さ	すべての要素	×	p.219
border-left	左の枠線の色・線種・太さ	すべての要素	×	p.219
border-right	右の枠線の色・線種・太さ	すべての要素	×	p.219
border-top-color	上の枠線の色	すべての要素	×	p.215
border-bottom-color	下の枠線の色	すべての要素	×	p.215
border-left-color	左の枠線の色	すべての要素	×	p.215
border-right-color	右の枠線の色	すべての要素	×	p.215
border-top-style	上の枠線の線種	すべての要素	×	p.217
border-bottom-style	下の枠線の線種	すべての要素	×	p.217
border-left-style	左の枠線の線種	すべての要素	×	p.217
border-right-style	右の枠線の線種	すべての要素	×	p.217
border-top-width	上の枠線の太さ	すべての要素	×	p.213
border-bottom-width	下の枠線の太さ	すべての要素	×	p.213
border-left-width	左の枠線の太さ	すべての要素	×	p.213
border-right-width	右の枠線の太さ	すべての要素	×	p.213
border-radius	ボックスの角を丸くする	すべての要素	×	p.225
border-width	上下左右の枠線の太さの一括指定	すべての要素	×	p.213
border	上下左右の枠線の一括指定	すべての要素	×	p.219
bottom	下からの位置	position:static;以外	×	p.250
box-shadow	ボックスに影をつける	すべての要素	×	p.226
box-sizing	幅と高さを枠線も含めて適用させる	すべての要素	×	p.223
caption-side	表のキャプションの表示位置	caption要素	○	p.278

プロパティ名	説明	適用対象	継承	参照
clear	回り込みの解除	ブロックレベル要素	×	p.244
clip	見える範囲	絶対配置の要素	×	
color	文字色	すべての要素	○	p.171
content	要素内容の追加	:before, :after	×	p.286
counter-increment	自動連番の値を進める	すべての要素	×	
counter-reset	自動連番をリセットする	すべての要素	×	
cursor	カーソルの形状	すべての要素	○	p.284
direction	文字表記の方向	すべての要素	○	
display	要素の基本的な表示形式	すべての要素	×	p.228
empty-cells	内容が空のセルの枠線の表示形式	th要素・td要素	○	p.279
flex	display:flexの子要素の伸縮・比率	display:flexの子要素	×	p.228
flex-direction	display:flexの子要素を並べる方向	display:flexの要素	×	p.231
float	後続の要素を横に回り込ませる	すべての要素	×	p.242
font-family	フォントの種類	すべての要素	○	p.172
font-size	フォントサイズ	すべての要素	○	p.174
font-style	イタリック	すべての要素	○	p.178
font-variant	スモール・キャピタル	すべての要素	○	
font-weight	フォントの太さ	すべての要素	○	p.176
font	フォントの一括指定	すべての要素	○	p.180
grid-area	グリッドの割り当てるセルの名前	display:gridの子要素	×	p.238
grid-column	グリッドの割り当てるセル(横方向)	display:gridの子要素	×	p.235
grid-row	グリッドの割り当てるセル(縦方向)	display:gridの子要素	×	p.235
grid-template-areas	グリッドの各セルの名前を順に指定	display:gridの要素	×	p.235
grid-template-columns	グリッドの各セルの幅を順に指定	display:gridの要素	×	p.235
grid-template-rows	グリッドの各セルの高さを順に指定	display:gridの要素	×	p.235
height	高さ	すべての要素	×	p.221
justify-content	フレキシブルボックスの主軸の整列	display:flexの要素	×	p.248
left	左からの位置	position:static;以外	×	p.250
letter-spacing	文字間隔	すべての要素	○	p.187
line-height	行の高さ	すべての要素	○	p.182
list-style-image	リストの行頭記号にする画像	li要素	○	p.270
list-style-position	リストの行頭記号の表示位置	li要素	○	p.271
list-style-type	リストの行頭記号の種類	li要素	○	p.268
list-style	リストの行頭記号の一括指定	li要素	○	p.273
margin-top	上のマージン	すべての要素	×	p.209
margin-bottom	下のマージン	すべての要素	×	p.209
margin-left	左のマージン	すべての要素	×	p.209

プロパティ名	説明	適用対象	継承	参照
margin-right	右のマージン	すべての要素	×	p.209
margin	上下左右のマージンの一括指定	すべての要素	×	p.209
max-height	最大の高さ	すべての要素	×	
max-width	最大の幅	すべての要素	×	
min-height	最小の高さ	すべての要素	×	
min-width	最小の幅	すべての要素	×	
opacity	不透明度	すべての要素	×	p.280
order	display:flexの子要素の並ぶ順番	display:flexの子要素	×	p.229
orphans	ページ最後の段落の最小行数	ブロックレベル要素	○	
outline-color	アウトラインの色	すべての要素	×	
outline-style	アウトラインの線種	すべての要素	×	
outline-width	アウトラインの太さ	すべての要素	×	
outline	アウトラインの一括指定	すべての要素	×	
overflow	はみ出た部分をどう表示させるか	ブロックレベル要素	×	p.260
padding-top	上のパディング	すべての要素	×	p.211
padding-bottom	下のパディング	すべての要素	×	p.211
padding-left	左のパディング	すべての要素	×	p.211
padding-right	右のパディング	すべての要素	×	p.211
padding	上下左右のパディングの一括指定	すべての要素	×	p.211
page-break-after	直後に改ページさせる	ブロックレベル要素	×	p.285
page-break-before	直前で改ページさせる	ブロックレベル要素	×	p.285
page-break-inside	改ページを禁止する	ブロックレベル要素	×	
position	絶対配置・相対配置・固定配置	すべての要素	×	p.250
quotes	引用符として使う記号の設定	すべての要素	○	p.288
resize	縦横方向のリサイズの可否を設定	overflow:visible以外	×	p.227
right	右からの位置	position:static:以外	×	p.250
table-layout	表の縦列の幅の決定方法	table要素	×	
text-align	行揃え	ブロックレベル要素	○	p.184
text-decoration	下線・上線・取消線・点滅	すべての要素	×	p.178
text-indent	段落の一行目のインデント	ブロックレベル要素	○	p.189
text-shadow	テキストに影をつける	テキスト	○	p.194
text-transform	大文字または小文字にする	すべての要素	○	p.192
top	上からの位置	position:static:以外	×	p.250
unicode-bidi	文字表記の方向の組込み・上書き	すべての要素	×	
vertical-align	上下方向の表示位置の調整	インライン要素	×	p.185
visibility	表示・非表示	すべての要素	○	p.258
white-space	空白・改行・タブの扱い方	すべての要素	○	p.190

プロパティ名	説明	適用対象	継承	参照
widows	ページ先頭の段落の最小行数	ブロックレベル要素	○	
width	幅	すべての要素	×	p.221
word-spacing	単語間隔	すべての要素	○	p.187
writing-mode	テキストを縦書きにする	すべての要素	○	p.195
z-index	重なる順序	position:static;以外	×	p.256

HTML & CSS & JavaScript の活用

HTMLとCSSとJavaScriptのつながり

● 今の時代に必要な3つの要素

本書で解説しているHTML/CSS/JavaScriptは、いずれも現代的なWebサイトの作成に欠かせない技術です。これら3つの技術を上手に連携させると、魅力的な外観や動作を伴った、使いやすいWebサイトを構築できます。

本パートでは、最近のWebサイトで見かけるギミックを題材に、HTML/CSS/JavaScriptを有効に活用するためのサンプルを紹介します。本書で解説しているHTML/CSS/JavaScriptが、実際のWebサイトでどのような役割を果たすのかを、理解する助けになれば幸いです。

さて、HTML/CSS/JavaScriptには、大まかに次のような役割の分担があります。歴史的な経緯から、分担がやや曖昧な部分もありますが、基本的には以下のような分担です。

- HTML
  タイトル・見出し・段落・リンクといった、Webページの文書構造を表現するために使います。

- CSS
  色・フォント・枠線・影といった、Webページの見た目を設定するために使います。

- JavaScript
  ボタンなどを操作したときの処理や、Webサーバと通信する処理を記述するために使います。

HTML/CSS/JavaScriptがどのように連携するのかを、サンプルを通じて体験してみましょう。ここでは実際のWebサイトでよく見かける、メニューバーを作成してみます。

● メニューバーを作ってみよう

多くのWebサイトは、ページの最上部にメニューバー(ナビゲーションとも呼ばれます)を配置しています。メニューバーの項目を選択すると、対応するページに移動できます。以下は企業のWebサイトをイメージした、シンプルなメニューバーのサンプルです。

⬆ メニューバー

　上記のメニューバーは、現在開いているページの項目（ここでは「ホーム」）をオレンジ色で表示します。一方、別の項目（ここでは「ニュース」）にマウスカーソルを合わせると、次のように項目が黄色に変化します。

⬆ 項目にマウスカーソルを合わせる

　さらに項目をクリック（またはタップ）すると、選択した項目がオレンジ色に変わり、対応するページが開きます。メニューバーはどのページにも表示されるので、好きなページへいつでも簡単に移動できます。

⬆ 項目を選択する

　HTML/CSS/JavaScriptを組み合わせて、このようなメニューバーを作ってみましょう。

● HTMLで基本の構造を作る

　まずはHTMLを使って、メニューバーの基本構造を作成します。メニューバーの項目は、リンク（a要素）を並べて表現しましょう。項目をクリックすると、対応す

るページが開く仕組みです。また、後ほどCSSを使ってスタイルを設定するために、div要素を使ってメニューバーの項目をまとめておきます。

　次のようなHTMLファイルを作成します。なお、ダウンロードファイルにはコメントが含まれていませんが、紙面では説明用のコメントを付加しています。

🔵 menubar\01html\index.html

```html
<!DOCTYPE html>
<html lang="ja">
  <head>
    <meta charset="UTF-8">
    <title>メニューバー </title>
  </head>
  <body>

    <!-- メニューバー -->
    <div>
      <a href="index.html">ホーム</a>
      <a href="goods.html">グッズ</a>
      <a href="shop.html">ショップ</a>
      <a href="event.html">イベント</a>
      <a href="news.html">ニュース</a>
      <a href="support.html">サポート</a>
    </div>

    <!-- ページ(ここではホーム)の内容 -->
    <h1>ホーム</h1>

  </body>
</html>
```

　上記のHTMLファイルをブラウザで開くと、次のように表示されます。ページの最上部に、ホームやグッズといったリンクが並んでいるだけの、とてもシンプルなメニューです。リンクをクリックすると、対応するページに移動できます。

ホーム グッズ ショップ イベント ニュース サポート

ホーム

⬆ HTMLで基本の構造を作る

同様に、次のような6個のHTMLファイルを作成します。どのファイルもほとんど同じ内容で、「\<h1>ホーム\</h1>」の部分だけが、ファイルごとに異なります。実際のWebサイトでは、この部分に各ページの内容(グッズやショップの情報など)を記述するとよいでしょう。

⏬ HTMLファイルの一覧

内容	ファイル名
ホーム	index.html
グッズ	goods.html
ショップ	shop.html
イベント	event.html
ニュース	news.html
サポート	support.html

次はCSSを使って、メニューバーらしい見た目に改良しましょう。

● CSSで見た目を良くする

HTMLファイルにCSSを適用して、メニューバーの見た目を設定します。まずはhead要素にlink要素を追加して、CSSファイル (menubar.css)を指定します。また、スタイルを適用するメニューバーを識別するために、メニューバーを表すdiv要素のクラスを設定します。

前回作成したHTMLファイル (menubar\01html\index.html)を、次のように変更します。div要素はmenubarクラスとしました。他のHTMLファイルについても、同様に変更します。

⏬ menubar\02css\index.html

```
<!DOCTYPE html>
<html lang="ja">
  <head>
    <meta charset="UTF-8">

    <!-- CSSファイルを指定 -->
    <link rel="stylesheet" href="menubar.css">

    <title>メニューバー </title>
  </head>
  <body>

    <!-- メニューバーをmenubarクラスにする -->
    <div class="menubar">
      <a href="index.html">ホーム</a>
```

```
      <a href="goods.html">グッズ</a>
      <a href="shop.html">ショップ</a>
      <a href="event.html">イベント</a>
      <a href="news.html">ニュース</a>
      <a href="support.html">サポート</a>
    </div>

    <h1>ホーム</h1>
  </body>
</html>
```

　次はCSSファイルを記述します。body要素、メニューバー、メニューバーの項目について、スタイルを設定します。文字色や背景色、余白の広さなどは、お好みに合わせて変更しても構いません。

🔻 menubar\02css\menubar.css

```css
/* body要素のスタイル */
body {

  /* 周囲の余白をなくす */
  margin: 0;
}

/* メニューバーのスタイル */
.menubar {

  /* 背景色は黒 */
  background-color: black;

  /* はみ出した部分は非表示 */
  overflow: hidden;
}

/* メニューバーの項目のスタイル */
.menubar a {

  /* 文字色は白 */
  color: white;

  /* マウスカーソルは指差しの形 */
  cursor: pointer;

  /* ブロック要素として表示(改行する) */
```

```
  display: block;

  /* 左寄せ */
  float: left;

  /* 余白は縦1文字分、横1.5文字分 */
  padding: 1em 1.5em;

  /* 文字は中央寄せ */
  text-align: center;

  /* リンクの下線は無し */
  text-decoration: none;
}

/* メニューバーにマウスカーソルを合わせたときのスタイル */
.menubar a:hover {

  /* 背景色は黄色(金色) */
  background-color: gold;

  /* 文字色は黒 */
  color: black;
}
```

　CSSを適用したHTMLファイルをブラウザで開くと、次のように表示されます。見た目がすっかりメニューバーらしくなりました。項目にマウスカーソルを合わせると色が変化し、クリックすると対応するページに移動できます。

| ホーム | グッズ | ショップ | イベント | ニュース | サポート |

ホーム

🔼 CSSで見た目をよくする

　次はJavaScriptを使って、現在開いているページの項目をオレンジで表示してみます。

● JavaScriptで処理を記述する
　現状では、開いているページに対応するメニューバーの項目は、黒で表示されて

います。この項目をオレンジにして、現在開いているページを分かりやすく示しましょう。

ショップ

⬆ 開いているページの項目をオレンジにする

　項目の色を変えるには、CSSを使って背景色や文字色を設定すればよいでしょう。例えば、ホームのページならばホームの項目に、グッズのページならばグッズの項目に、特別な色を設定します。

　問題はページごとに色を設定する項目が異なることです。手作業でも設定できますが、複数（ここでは6個）のHTMLファイルについて、それぞれ設定するのは手間がかかりますし、間違いやすくもあります。

　そこでJavaScriptを使って、現在開いているページの項目に対し、自動的に特別な色を設定するようにします。具体的には、「項目のリンク先のURL」と「現在開いているページのURL」を比べて、一致した場合には項目の色を変えます。

　この方針に基づいて、各ファイルを作成してみましょう。まずはHTMLファイルです。JavaScriptのスクリプトを読み込むために、前回のHTMLファイル（menubar\02css\index.html）に、script要素を追加します。他のHTMLファイルも同様に変更します。

🔽 menubar\03javascript\index.html

```
<!DOCTYPE html>
<html lang="ja">
  <head>
    <meta charset="UTF-8">
    <link rel="stylesheet" href="menubar.css">

    <!-- スクリプトを読み込む -->
    <script src="menubar.js"></script>

    <title>メニューバー</title>
  </head>

  <!-- 中略 -->

</html>
```

次はCSSファイルです。開いているページに対応する項目（a要素）は、activeとい
うクラスにすることにします。前回のCSSファイル（menubar\02css\menubar.css）
に、activeクラスのa要素に設定するスタイルを、以下のように追加します。

⬇ menubar\03javascript\menubar.css（一部）

```css
/* 開いているページに対応する項目のスタイル */
.menubar a.active {

  /* 背景色はオレンジ */
  background-color: orange;

  /* 文字色は黒 */
  color: black;
}
```

最後はJavaScriptファイルを作成します。メニューバーの中にある全ての項目に
ついて、「項目のリンク先のURL」と「現在開いているページのURL」を比べます。両
者が一致したら、項目のクラスをactiveに変更します。

⬇ menubar\03javascript\menubar.js

```javascript
// ページの読み込みが終わったときの処理
window.addEventListener("load", () => {

  // メニューバー(menubarクラスの要素)を1個ずつ処理する
  for (const bar of document.getElementsByClassName("menubar")) {

    // メニューバーの項目(a要素)を1個ずつ処理する
    for (const a of bar.getElementsByTagName("a")) {

      // 「項目のリンク先」と「現在開いているページ」が同じなら…
      if (a.href == window.location.href) {

        // 項目(a要素)のクラスをactiveにする
        a.className = "active";
      }
    }
  }
});
```

ブラウザでHTMLファイル（menubar\03javascript\index.html）を開いて、実際
に操作してみてください。これでメニューバーは完成です。

メニューバーのような、実際のWebサイトでよく見かける機能の多くは、上記の
サンプルのようにHTML/CSS/JavaScriptの連携によって実現されています。次はこ

のメニューバーを、スマホ (スマートフォン) のような画面が狭いデバイスにも対応
させてみましょう。

スマホ時代のHTML

● マルチデバイスとレスポンシブデザイン

最近のWebサイトは、パソコンから利用するだけではなく、スマホ・タブレット・
ゲーム機といった色々なデバイス (機器) から利用されます。パソコンのように画面
が広いデバイスと、スマホのように画面が狭いデバイスの、どちらからも利用でき
るWebサイトを作るには、少し工夫が必要です。

例えば、パソコン用のWebサイトをスマホで開くと、表示が小さすぎて閲覧や操
作がしにくいことがあります。逆に、スマホ用のWebサイトをパソコンで開くと、
表示が大きすぎたり縦に長すぎたりして、やはり使いにくいことがあります。

こういった問題を解決して、Webサイトを多くの人に利用してもらうには、マル
チデバイス (多様な機器) への対応が求められます。そのための方法の一つがレスポ
ンシブデザインです。レスポンシブデザインとは、画面のサイズや解像度が異なっ
ても、問題なく閲覧や操作ができるように、Webページを設計することです。

どのようにマルチデバイスへ対応するのか、サンプルを通じて体験してみましょ
う。先ほどのメニューバーを、レスポンシブデザインに改良してみます。

● メニューバーをレスポンシブデザインにする

先ほど作成したメニューバーは、パソコンのような幅が広い画面に向いたデザイ
ンです。スマホのように幅が狭い画面で表示すると、次のようにレイアウトが崩れ
てしまいます。

↑ 幅が狭い画面ではレイアウトが崩れる

レイアウトの崩れを防ぐ方法の一つは、いくつかのレイアウトを用意しておき、
画面の幅に応じて切り替える方法です。レスポンシブデザインを採用した多くの
Webサイトは、画面のサイズや解像度に合わせて、ページのレイアウトを自動的に
切り替えます。

今回は幅が狭い画面向けに、次のようなレイアウトを追加してみましょう。項目

はホームだけを表示し、右上にはメニューを開くためのアイコンを配置します。

⬆ 幅が狭い画面向けのレイアウト

　アイコンをクリックすると、メニューが開き、全ての項目が表示されます。項目をクリックすると、対応するページに移動できます。項目以外をクリックすると、ページは移動せずに、メニューが閉じます。

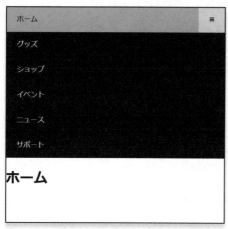

⬆ アイコンをクリックするとメニューが開く

　先ほどのメニューバーを改良して、上記の機能を追加してみましょう。HTML/CSS/JavaScriptをそれぞれ変更します。

● HTMLでビューポートを設定する

　ビューポート (viewport) とは、ブラウザがページを表示する領域のことです。マルチデバイスに対応するには、HTMLのmeta要素を使って、次のようにビューポートを設定します。

- ● ビューポートの幅をデバイスの画面幅に合わせる
- ● ビューポートの拡大率を1にする(ページの原寸に合わせる)

　上記の設定を省略しても、デバイスによっては正しくページを表示できます。一方、上記の設定を行わないと、適切なビューポートの幅を取得できないために、ページの表示に問題が出るデバイスもあるようです。

　ビューポートを設定するために、前回のHTMLファイル (menubar\03javascript\index.html) を次のように変更します。他のHTMLファイルについても同様です。

⊙ menubar\04responsive\index.html

```
<!DOCTYPE html>
<html lang="ja">
  <head>
    <meta charset="UTF-8">

    <!-- ビューポートを設定する -->
    <meta name="viewport"
          content="width=device-width, initial-scale=1">

    <link rel="stylesheet" href="menubar.css">
    <script src="menubar.js"></script>
    <title>メニューバー</title>
  </head>
  <body>
    <div class="menubar">
      <a href="index.html">ホーム</a>
      <a href="goods.html">グッズ</a>
      <a href="shop.html">ショップ</a>
      <a href="event.html">イベント</a>
      <a href="news.html">ニュース</a>
      <a href="support.html">サポート</a>

      <!-- メニューを開くためのアイコン -->
      <a class="menuicon">≡</a>

    </div>
    <h1>ホーム</h1>
  </body>
</html>
```

　上記のHTMLファイルでは、メニューバーの末尾に、メニューを開くためのアイコンも追加しています。アイコンにはリンク (a要素) を使い、クラスはmenuiconとしました。

　メニューのアイコンには、「≡」のような横棒の並びを使うWebサイトをよく見かけます。今回は数学で「合同」を表す「≡」の文字（文字コードによる表記は「≡」）を使いました。他には、八卦（はっけ）の一種である「☰」の文字（文字

コードによる表記は「☰」)を使う方法や、画像を使う方法もあります。
次はCSSを使って、幅が狭い画面向けのレイアウトを作りましょう。

● CSSで幅が狭い画面向けのレイアウトを作る

画面の幅に応じてレイアウトを変えるには、CSSのメディアクエリーを使います。メディアクエリーとは、デバイスが指定した特性を持つ場合に限って、スタイルを適用する機能です。今回は、ビューポートの幅が一定値以下の場合について、幅が狭い画面向けのスタイルを適用することにします。

具体的には、前回のCSSファイル (menubar\03javascript\menubar.css)を次のように変更します。@mediaという規則がメディアクエリーに相当します。以下の例では、ビューポートの幅が600px（ピクセル）以下の場合に限り、幅が狭い画面のスタイルを適用します。

⬇ menubar\04responsive\menubar.css（一部）

```css
/* アイコンのスタイル */
.menubar .menuicon {

  /* 普段は(幅が広い画面では)非表示 */
  display: none;

  /* 太字 */
  font-weight: bold;
}

/* 幅が狭い画面(600ピクセル以下)のスタイル */
@media screen and (max-width: 600px) {

  /* メニューを閉じたときの、先頭以外の項目のスタイル */
  .menubar a:not(:first-child) {

    /* 非表示 */
    display: none;
  }

  /* メニューを閉じたときの、アイコンのスタイル */
  .menubar a.menuicon {

    /* ブロック要素として表示(改行する) */
    display: block;

    /* 右寄せ */
    float: right;
  }
```

```
/* メニューを開いたときの、項目のスタイル */
.menubar.open a {

  /* 左右寄せや回り込みを行わない */
  float: none;

  /* ブロック要素として表示(改行する) */
  display: block;

  /* 文字は左寄せ */
  text-align: left;
}

/* メニューを開いたときの、アイコンのスタイル */
.menubar.open .menuicon {

  /* 位置はページの右上 */
  position: absolute;
  right: 0;
  top: 0;
  }
}
```

　上記のCSSファイルでは、画面の幅やメニューの状態に応じて、次のようにレイアウトを切り替えます。今回は、画面の幅が600ピクセル以下ならば幅が狭い画面、それ以外(600ピクセル超)ならば幅が広い画面としました。

● 幅が広い画面
　全ての項目を表示し、アイコンは表示しない。

● 幅が狭い画面で、メニューを閉じたとき
　項目は先頭(ホーム)のみを表示し、アイコンも表示する。

● 幅が狭い画面で、メニューを開いたとき
　全ての項目を改行して表示し、アイコンも表示する。

　実際のWebサイトでは、主要なデバイスにおける画面の幅を考慮して、より細かくレイアウトを切り替える場合もあります。例えば375・640・768・1024・1280・1536・1920といった幅を切り替えの境界にしますが、新しいデバイスが登場すると、これらの境界は変わるかもしれません。
　なお、CSSのメディアクエリーにおけるピクセル数は、デバイスのピクセル数と

は一致しない場合があります。最近のデバイス、特にスマホやタブレットは、非常に高精細な（ピクセルが細かい）画面を搭載していることが一般的です。こういったデバイスは、表示が小さくなりすぎないように、メディアクエリーに対して実際のピクセル数よりも少ないピクセル数を報告します。結果として、例えば実際には1280ピクセルのデバイスでも、メディアクエリーでは640ピクセルとして認識される場合があります。

　さて、上記のCSSファイルを適用すると、画面の幅に応じてレイアウトが切り替わるようになります。ブラウザでHTMLファイル (menubar\04responsive\index.html)を開いて、実際に操作してみてください。

　次はJavaScriptを使って、アイコンをクリックしたときにメニューが開くようにしましょう。

● JavaScriptでメニューの開閉を制御する

　アイコンをクリックしたときにメニューが開く処理は、JavaScriptで記述します。今回は、メニューバーのクラスを次のように変更することで、メニューバーの開閉を区別します。

- メニューを開いたとき
  クラスにopenを設定して「menubar open」とする。

- メニューを閉じたとき
  クラスからopenを除外して「menubar」とする。

　前回のJavaScriptファイル (menubar\03javascript\menubar.js) に対して、画面をクリックしたときの処理を、以下のように追加します。メニューが閉じているときにアイコンをクリックしたら、メニューを開きます。メニューが開いているときには、アイコン以外をクリックしても、メニューを閉じます。

◉ menubar\04responsive\menubar.js（一部）

```
// 画面をクリックしたときの処理
window.addEventListener("click", (event) => {

  // メニューバー(menubarクラスの要素)を1個ずつ処理する
  for (const bar of document.getElementsByClassName("menubar")) {

    // アイコン(menuiconクラスの要素)を1個ずつ処理する
    for (const icon of bar.getElementsByClassName("menuicon")) {

      // クリックの対象がアイコンで、メニューが閉じていたら…
      if (event.target == icon && bar.className == "menubar") {
```

```
        // メニューを開く(クラスにopenを設定する)
        bar.className = "menubar open";

      // それ以外の場合は…
      } else {

        // メニューを閉じる(クラスからopenを除外する)
        bar.className = "menubar";
      }
    }
  }
});
```

　これでメニューバーにレスポンシブデザインを適用し、マルチデバイスに対応することができました。多様化したデバイスへの対応策であるレスポンシブデザインも、このようにHTML/CSS/JavaScriptの連携によって実現されています。

　ところで、今回のようにスマホやタブレットにも対応したWebサイトは、アプリの代わりとしても使えます。スマホ専用やタブレット専用のアプリを開発するよりも、パソコンなども含めた色々な機種に対応できるWebサイトを作成する方が、開発の期間や費用を抑えられる可能性があります。必要ならば、Webサイトをアプリに変換するツールを併用してもよいでしょう。

　次は少し話題を変えて、時間とともに内容を自動的に更新するページを作ってみます。

自動的に内容を更新するページ

● JavaScriptで更新を自動化する

　最近のWebサイトでは、ユーザが何も操作をしなくても、時間とともに内容を自動的に更新するページをよく見かけます。例えば、SNSに新しいメッセージが書き込まれると自動で表示するページや、ショッピングサイトで誰かが商品を購入すると自動で表示するページなどがあります。

　こういったページは、例えば次のような方法で実現できます。JavaScriptを使って、自動的にデータの取得やページの更新を行うことがポイントです。

(1) データの取得
　　JavaScriptを使って、Webサイトからデータを取得します。

(2) ページの更新
　　JavaScriptを使って、取得したデータをページに表示します。

(3) 繰り返し
　一定時間が経過したら、(1)に戻って繰り返します。

　Webサイトから取得するデータの形式としては、次に紹介するJSONがよく使われます。

● JSONによるデータの表現

　JSON（ジェイソン）は広く使われているデータ形式の一つです。テキスト形式であり、文法も簡潔なので、人間が読み書きしやすく、コンピュータでも処理しやすいことが特長です。JSONはJavaScript Object Notation（JavaScriptにおけるオブジェクトの表記法）の略で、その名の通りJavaScriptの文法を基盤にしていますが、JavaScript以外のプログラミング言語でも活用されています。

　JSONが普及する前には、XML（eXtensible Markup Language）が広く使われていましたが、現在ではJSONを利用する場面が増えています。XMLに比べて、JSONは文法の習得が容易で、手作業による読み書きも簡単なことが魅力です。

　以下はJSONを使って、各地の天気情報を表現した例です。[と]で囲まれた部分はJavaScriptの配列に相当し、{と}で囲まれた部分はJavaScriptのオブジェクトに相当します。なお、もし下記のファイルをテキストエディタで入力した場合は、保存時の文字エンコーディングをUTF-8にしてください。

⬇ weather\01fetch\weather.json

```
[
  {
    "city": "東京",
    "weather": "晴",
    "max": 9,
    "min": 1,
    "rain": 20
  },
  {
    "city": "大阪",
    "weather": "晴時々曇",
    "max": 12,
    "min": 3,
    "rain": 90
  },
  {
    "city": "名古屋",
    "weather": "曇",
    "max": 8,
    "min": 2,
    "rain": 40
```

```
  },
  {
    "city": "福岡",
    "weather": "曇のち雨",
    "max": 10,
    "min": 5,
    "rain": 70
  },
  {
    "city": "札幌",
    "weather": "雪",
    "max": 1,
    "min": -1,
    "rain": 60
  }
]
```

　上記の例では、各地点ごとに以下の情報をオブジェクトにまとめています。さらに、複数地点の情報を配列に格納しています。

- 都市（city）
- 天気（weather）
- 最高気温（max）
- 最低気温（min）
- 降水確率（rain）

　今回は上記のJSONファイルを使って、天気情報をページに表示するプログラムを作成してみましょう。次のような仕組みで、JavaScriptからサーバサイド（Webサーバ側）にあるJSONファイルを要求し、JSONデータ（JSON形式のデータ）を取得して、ページの内容を更新します。

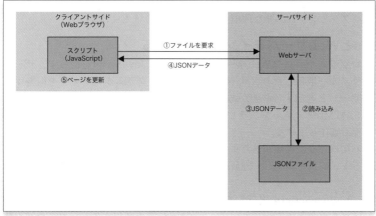

⬆ サーバサイドのファイルを取得する

　実際のWebサイトでは、サーバサイドで動作するプログラムからデータ(例えば JSONデータ)を取得し、ページの内容を更新することが一般的です。このように Webを通じて色々なデータを提供するサービスは、Web API(ウェブ・エーピーアイ) とも呼ばれます。

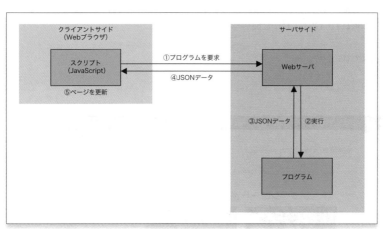

⬆ サーバサイドのプログラムからデータを取得する

　サーバサイドのプログラミングは、本書で解説する範囲を超えています。そのた め今回は、サーバサイドのプログラムを作成しなくても済むように、ファイルから データを取得することにしました。

　一方、本書で紹介するJavaScriptのスクリプトは、プログラム(Web API)からデー タを取得する場合にも簡単に応用できるので、ご安心ください。データを取得する 先のURLを、ファイルからプログラムに変更し、必要に応じてパラメータを追加す

るだけで済みます。

次は、プログラミングに必要な環境をセットアップしましょう。

● Node.jsとWebサーバをインストールする

今回のプログラミングにはWebサーバを使います。JavaScriptを使って、サーバサイドのファイルを取得したり、サーバサイドのプログラムからデータを取得するには、Webサーバと通信する必要があるためです。前回メニューバーを作成したときのように、HTMLファイルをブラウザから直接開くだけでは、JavaScriptのスクリプトが上手く動作しません。

Webサーバには色々な種類があります。今回はインストールの簡単さを重視して、Node.js（ノード・ジェイエス）上で動作する、シンプルなWebサーバを使うことにしました。

Node.jsとは、JavaScriptを実行するための環境の一種です。通常、JavaScriptのスクリプトはブラウザ上で実行します。一方でNode.jsを利用すると、ブラウザを使わずにスクリプトを単独で実行できます。Node.jsの主な目的は、JavaScriptを使ってサーバサイドのプログラミングを行うことです。

それでは、Node.jsをインストールしてみましょう。以下ではWindowsにおける手順を紹介します。

Node.jsのインストーラは、次のWebサイトからダウンロードします。本稿の執筆時点では、LTS（Long-Term Support、長期サポート）版と最新版が公開されていましたが、LTS版（18.12.1 LTS）を使いました。

> ・Node.jsのWebサイト
> https://nodejs.org/ja/

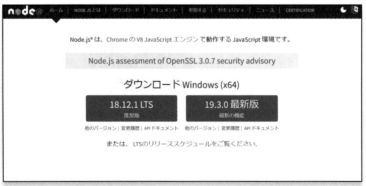

⬆ Node.jsのWebサイト

インストーラを入手したら、実行してください。画面の内容を確認しながら、「Next（次へ）」「I accept the terms in the License Agreement（使用許諾契約に同意する）」

「Install（インストール）」「Finish（完了）」をクリックして、インストールを進めます。
各種の設定はデフォルトのままで大丈夫です。

⬆ Node.jsのインストーラ

　インストールが終わったら、エクスプローラでサンプルのフォルダ（sample\
weather\fetch01）を開いてください。次に、右クリックメニューの「ターミナルで開
く」を実行して、ターミナルを起動します。ターミナルの設定に応じて、コマンドプ
ロンプトまたはWindows PowerShellが開きます。

⬆ ターミナル

　次に、ターミナルで以下のコマンドを実行して、Webサーバ（http-server）をイン
ストールします。必要なファイルを自動的にダウンロードするので、少し時間がか
かります。なお、npmはNode.js用のパッケージマネージャ（ソフトウェアのインス
トールや更新などを管理するツール）です。

```
npm install -g http-server
```

　続いて、ターミナルで以下のコマンドを実行し、Webサーバを起動します。いく

つかのメッセージが表示されますが、「Available on:…」に続いてサーバのURLが表示されたら成功です。

```
http-server
```

⬆ Webサーバの起動

Webサーバを停止する際には、Ctrl+Cキー（CtrlキーとCキーの同時押し）を入力してください。「http-server stopped.」と表示されたら成功です。

これでプログラミングに必要な環境は整いました。次はいよいよ、JavaScriptでJSONファイルを取得し、ページに表示してみます。

● ファイルを取得してページに表示する

最初は取得したJSONファイルの内容を、そのままページに表示してみましょう。まずは、次のようなHTMLファイルを作成します。ページの中に、天気情報を表示するためのdiv要素（idはweather）を配置しました。

⬇ weather\01fetch\index.html

```
<!DOCTYPE html>
<html lang="ja">
  <head>
    <meta charset="UTF-8">

    <!-- スクリプトを読み込む -->
    <script src="weather.js"></script>

    <title>各地の天気</title>
  </head>
  <body>
```

```
    <!-- 天気情報 -->
    <div id="weather"></div>

  </body>
</html>
```

　続いて、次のようなJavaScriptファイルを作成します。ページの読み込みが終わったときに、JSONファイルを取得し、そのまま前述のdiv要素に表示します。

⬇ weather\01fetch\weather.js

```
// ページの読み込みが終わったときの処理
window.addEventListener("load", () => {

  // JSONファイルを取得する
  fetch("weather.json")

    // レスポンスを受け取ったら、テキストを取得する
    .then((resp) => resp.text())

    // テキストを受け取ったら、ページにそのまま表示する
    .then((text) => {
      document.getElementById("weather").innerHTML = text;
    });
});
```

　サーバサイドのファイルを取得したり、サーバサイドのプログラムからデータを取得したりするには、fetch（フェッチ）関数が便利です。上記のスクリプトでは、fetch関数を次のように使っています。

(1) リクエストの送信
　　fetch関数を呼び出して、Webサーバにリクエストを送信します。

(2) テキストの取得
　　(1)の戻り値に対してthenメソッドを呼び出して、テキストを取得します。

(3) テキストの処理
　　(2)の戻り値に対してthenメソッドを呼び出して、受け取ったテキストを処理します。

リクエスト (要求) に対するレスポンス (応答) を受け取るまでには、少し時間がかかることがあります。thenメソッドを使うと、レスポンスを受け取ったときに行う処理を、あらかじめ登録しておけます。

上記のサンプルを実行してみましょう。次のように操作します。

(1) エクスプローラでサンプルのフォルダ (weather\01fetch) を開き、ターミナルを起動します。
(2) ターミナルで「http-server」を実行し、Webサーバを起動します。
(3) ブラウザのアドレス欄に「localhost:8080」を入力し、ページを開きます。

ページを開くと、以下のようにJSONがそのまま表示されます。

🔼 取得したJSONファイルをそのまま表示する

もし上手く動作しない場合は、Ctrl+F5キー (CtrlキーとF5キーの同時押し) を入力してみてください。ブラウザが全てのファイルを再度読み込むので、問題が解決する可能性があります。以後のサンプルでも同様に、動作に問題がある場合はCtrl+F5キーを入力してみてください。

次はJSONから天気情報を取り出し、見やすく加工して表示してみましょう。

● JSONからデータを取り出して表示する

以下のように、天気情報を表に出力すると見やすそうです。CSSを利用し、表の行ごとに色を変化させることで、さらに見やすくしてみました。

⬆ 天気情報を表に出力する

　先ほどのように取得したJSONファイルから、天気情報を取り出します。この天気情報から、HTMLのtr要素やtd要素を生成すれば、上記のような表を出力できます。
　前回のHTMLファイル(weather\01fetch\index.html)を、次のように変更します。天気情報の表(table要素)を配置し、表の見出し(thead要素)を作成しました。表の本体(tbody要素)の内容は、後述するスクリプトで作成します。

⬇ weather\02json\index.html

```html
<!DOCTYPE html>
<html lang="ja">
  <head>
    <meta charset="UTF-8">

    <!-- CSSファイルを指定 -->
    <link rel="stylesheet" href="weather.css">

    <script src="weather.js"></script>
    <title>各地の天気</title>
  </head>
  <body>

    <!-- 天気情報の表 -->
    <table id="weatherTable">

      <!-- 表の見出し -->
      <thead>
        <tr>
          <th>都市</th>
          <th>天気</th>
```

```
            <th>最高気温</th>
            <th>最低気温</th>
            <th>降水確率</th>
         </tr>
      </thead>

      <!-- 表の本体(最初は空) -->
      <tbody></tbody>

   </table>
  </body>
</html>
```

　以下は、上記のHTMLファイルに対するCSSファイルです。表が見やすくなるように、スタイルで背景色などを設定しています。

⬇ weather\02json\weather.css
```
/* table要素のスタイル */
table {

  /* 枠をなくす */
  border-collapse: collapse;
}

/* th要素とtd要素のスタイル */
th,td {

  /* 余白は縦1文字分、横2文字分 */
  padding: 1em 2em;

  /* 文字は中央寄せ */
  text-align: center;
}

/* thead要素内のtr要素のスタイル */
thead tr {

  /* 背景色は淡い紫色 */
  background-color: lavender;
}

/* tbody要素内のtr要素(奇数番目)のスタイル */
tbody tr:nth-child(odd) {
```

```css
  /* 背景色は淡い緑色 */
  background-color: honeydew;
}

/* tbody要素内のtr要素(偶数番目)のスタイル */
tbody tr:nth-child(even) {

  /* 背景色は淡い黄色 */
  background-color: cornsilk;
}
```

　最後はJavaScriptのスクリプトです。前回のスクリプトでは、受け取ったレスポンス(resp)に対してtextメソッドを呼び出していましたが、今回はjsonメソッドを呼び出します。jsonメソッドを使うと、結果をJSONの配列やオブジェクトとして受け取れます。次のスクリプトは、受け取ったオブジェクトから天気情報の各項目(cityやweatherなど)を取り出し、HTMLのtr要素やtd要素を生成した上で、表の本体(tbody要素)に書き込んでいます。

⬇ weather\02json\weather.js

```javascript
window.addEventListener("load", () => {
  fetch("weather.json")

    // レスポンスを受け取ったら、JSONを取得する
    .then((resp) => resp.json())

    // JSONを受け取ったら、天気情報を出力する
    .then((json) => {

      // 表(idがweatherTableの要素)を取得する
      const table = document.getElementById("weatherTable");

      // 表の本体(tbody要素)を取得する
      const tbody = table.getElementsByTagName("tbody")[0];

      // JSONから天気情報を1個ずつ取り出して処理する
      for (const info of json) {

        // 表の本体に天気情報を書き込む
        tbody.innerHTML +=
          "<tr>" +
          `<td>${info.city}</td>` +
          `<td>${info.weather}</td>` +
```

```
            `<td>${info.max}</td>` +
            `<td>${info.min}</td>` +
            `<td>${info.rain}</td>` +
            "</tr>";
      }
   });
});
```

　上記のサンプルは、前回(weather\01fetch)と同じ要領で実行できます。Webサーバを起動するフォルダは、今回のフォルダ(weather\02json)に変更してください。
　今回のスクリプトは、表の本体に天気情報を書き込む際に、HTMLのtr要素やtd要素を直接作成しています。次はHTMLのtemplate要素を使って、天気情報を書き込む処理を簡潔にしてみます。

● テンプレートを使って表を出力する

　HTMLのtemplate要素は、ブラウザは表示しませんが、後でJavaScriptから利用するテンプレートを作成するために使います。今回はtemplate要素の中に、表のtr要素やtd要素を記述しておき、JavaScriptで天気情報を書き込んでみましょう。
　template要素を使うと、前回のようにJavaScriptでtr要素やtd要素を作成するのと比べて、HTMLとJavaScriptの担当を明確に分けられます。どちらの方法がよいのかは場合によりますが、今回のサンプルではHTMLファイルとJavaScriptファイルが読みやすくなったかと思います。
　前回のHTMLファイル (weather\02json\index.html)を、次のように変更します。天気情報を書き込むためのテンプレート (idはweatherTemplate)を追加しました。テンプレートの中にはtr要素とtd要素を配置し、td要素については、どの天気情報を書き込むのかを示すテキスト(cityやweatherなど)を記述しました。

⬇ weather\03template\index.html

```
<!DOCTYPE html>
<html lang="ja">
  <head>
    <meta charset="UTF-8">
    <link rel="stylesheet" href="weather.css">
    <script src="weather.js"></script>
    <title>各地の天気</title>
  </head>
  <body>
    <table id="weatherTable">
      <thead>
        <tr>
          <th>都市</th>
          <th>天気</th>
```

```
            <th>最高気温</th>
            <th>最低気温</th>
            <th>降水確率</th>
        </tr>
      </thead>
      <tbody></tbody>
    </table>

    <!-- 天気情報のテンプレート -->
    <template id="weatherTemplate">
      <tr>

        <!-- 天気情報を書き込むための要素 -->
        <td>city</td>
        <td>weather</td>
        <td>max</td>
        <td>min</td>
        <td>rain</td>

      </tr>
    </template>

  </body>
</html>
```

続いて、JavaScriptのスクリプト（weather\02json\weather.js）を変更します。tr
要素やtd要素を出力する代わりに、以下の処理を行います。

(1) テンプレート（template要素）を取得します。
(2) JSONから天気情報を取り出します。
(3) テンプレートからtr要素やtd要素を作成します。
(4) td要素に記述したテキストを参照し、対応する天気情報を書き込みます。

td要素に記述したテキスト（cityやweatherなど）をキーにして、JSONのオブジェ
クトから対応する天気情報（都市や天気など）を取り出すのがポイントです。この方
法を使うと、例えばtd要素の順序を入れ替えても、スクリプトを修正する必要が生
じません。もしページのデザインを変更しても、柔軟に対応できます。

🔽 weather\03template\weather.js

```
window.addEventListener("load", () => {
  fetch("weather.json")
    .then((resp) => resp.json())
```

```
  .then((json) => {
    const table = document.getElementById("weatherTable");
    const tbody = table.getElementsByTagName("tbody")[0];

    // 表のテンプレート(idがweatherTemplateの要素)を取得する
    const temp = document.getElementById("weatherTemplate");

    // JSONから天気情報を1個ずつ取り出して処理する
    for (const info of json) {

      // テンプレートから要素(tr要素とtd要素)を作成する
      const tr = temp.content.cloneNode(true);

      // tr要素の中にあるtd要素を1個ずつ処理する
      for (const td of tr.querySelectorAll("td")) {

        // td要素のテキスト(cityなど)に対応する天気情報を書き込む
        td.textContent = info[td.textContent];
      }

      // 作成した要素を表の本体に追加する
      tbody.appendChild(tr);
    }
  });
});
```

次はいよいよ、ページを自動的に更新してみましょう。

● ページを自動的に更新する

JavaScriptのsetInterval関数などを使って、一定時間ごとにページを更新する処理を実行すれば、ページを自動的に更新できます。前回のスクリプトを、例えば次のように書き換えます。

⬇ weather\04update\weather.js

```
// 天気情報を更新する関数
function updateWeather() {

  // JSONファイルを毎回取得し直すために、
  // ダミーのパラメータとして現在時刻を付ける
  fetch("weather.json?" + Date.now())
    .then((resp) => resp.json())
    .then((json) => {
      const table = document.getElementById("weatherTable");
```

```
    const tbody = table.getElementsByTagName("tbody")[0];

    // 表の本体の内容を消去しておく
    tbody.innerHTML = "";

    // 表の本体に天気情報を追加する
    const temp = document.getElementById("weatherTemplate");
    for (const info of json) {
      const tr = temp.content.cloneNode(true);
      for (const td of tr.querySelectorAll("td")) {
        td.textContent = info[td.textContent];
      }
      tbody.appendChild(tr);
    }
  });
}

// ページの読み込みが終わったときの処理
window.addEventListener("load", () => {

  // 天気情報を更新する
  updateWeather();

  // 一定時間(ここでは1秒)ごとに天気情報を更新する
  setInterval(updateWeather, 1000);
});
```

　上記のスクリプトでは、天気情報を更新するupdateWeather関数を、一定時間ごとにsetInterval関数を使って呼び出します。ここでは更新の結果を確認しやすくするために、呼び出しの間隔を非常に短い時間(1000ミリ秒＝1秒)としました。実際のWebサイトで使う場合には、Webサーバに負担をかけないような長い間隔にしてください。

　また上記のスクリプトでは、JSONファイル(weather.json)を取得する際に、パラメータとして現在時刻(Date.now())を付加しています。これは余分なパラメータですが、リクエストが時間とともに変化することにより、ブラウザによるファイルの再利用を抑制する効果があります。

　もしパラメータを付けないと、ブラウザが前回の取得時にキャッシュ(一時的に保存)したJSONファイルを再利用するため、サーバサイドのJSONファイルを変更しても、ブラウザが読み込んでくれないことがあります。なお、サーバサイドのファイルではなくプログラムからデータを取得する場合には、この余分なパラメータは削除できる可能性があります。

　さて、今回のプログラムを実行してみましょう。サンプルのフォルダ

(weather\04update)でターミナルを起動し、「http-server」を実行します。ブラウザで「localhost:8080」を開くと、次のようなページが表示されます。

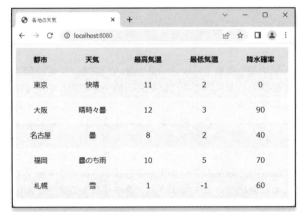

都市	天気	最高気温	最低気温	降水確率
東京	晴	9	1	20
大阪	晴時々曇	12	3	90
名古屋	曇	8	2	40
福岡	曇のち雨	10	5	70
札幌	雪	1	-1	60

⬆ JSONファイル変更前の表示

　本来はサーバサイドで天気情報を更新しますが、今回は手作業でJSONファイルを変更してみましょう。weather.jsonをテキストエディタで開き、天気情報を書き換えてみてください。例えば、東京の天気を「快晴」、気温を「11」と「2」、降水確率を「0」に書き換えると、ブラウザの表示も自動的に更新されます。

都市	天気	最高気温	最低気温	降水確率
東京	快晴	11	2	0
大阪	晴時々曇	12	3	90
名古屋	曇	8	2	40
福岡	曇のち雨	10	5	70
札幌	雪	1	-1	60

⬆ JSONファイル変更後の表示

　このようなスクリプトを、サーバサイドのプログラムと連携させれば、自動的に表示が更新されるWebサイトを作成できます。SNSや広告などの情報も、同様の方法で表示可能です。
　次はJavaScriptとNode.jsを組み合わせて、Webサイトのスクレイピングに挑戦してみましょう。

JavaScriptを使ったWebスクレイピング

● Webスクレイピングとは

　Webスクレイピングとは、Webサイトから各種のコンテンツ（HTMLファイルなど）を取得し、有用な情報を抽出する技術です。多くの場合はプログラムを使って自動的に、ページの取得や情報の抽出を行います。

　Webスクレイピングには色々なプログラミング言語が使えます。本書で解説しているJavaScriptも使えるので、ここではJavaScriptでWebスクレイピングを行うスクリプトを作成してみます。JavaScriptを使うことの利点は、Webサイトの作成を通じて学んだJavaScriptプログラミングの知識を活用できることです。

　最初は、指定したWebページのHTMLファイルを取得し、画面に表示するところから始めましょう。

● fetchを使ったWebスクレイピング

　先ほどサーバサイドのJSONファイルを取得するために使ったfetch関数は、Webスクレイピングにも活用できます。次のプログラムは、指定したURLのWebページをテキストとして取得し、画面に表示します。URLには本稿の著者のWebサイトを指定しましたが、お好きなURLに変更してみてください（ページによっては正しく取得できない場合もあります）。

⬇ scraping\fetch.js

```javascript
// 取得するページのURL（変更可能）
const url = "https://higpen.jellybean.jp/";

// ページを取得する
fetch(url)

  // レスポンスを受け取ったら、テキストを取得する
  .then((resp) => resp.text())

  // テキストを受け取ったら、画面にそのまま表示する
  .then((text) => console.log(text));
```

　上記のスクリプトはNode.jsを使って実行します。以前に説明した手順に沿って、Node.jsをインストールしておいてください。実行の手順は次の通りです。

(1) エクスプローラでサンプルのフォルダ（scraping）を開き、ターミナルを起動します。
(2) ターミナルで「node fetch.js」を実行します。

　実行に成功すると、次のように取得したHTMLファイルの内容が表示されます。

スクリプトのURLを書き換えて、色々なページを取得してみてください。

↓ 出力:scraping\fetch.jsの実行例

```
<!DOCTYPE html>
<html lang="ja">
<head>
<link rel="stylesheet" href="/www/common/default.css" type="text/cs
s">
<meta charset="UTF-8">
<meta name="viewport" content="width=device-width, initial-scale=1.
0">
<meta name="description" content="ひぐぺん工房の公式サイトです。">
<meta name="keywords" content="ひぐぺん工房，松浦健一郎，司ゆき">
<meta name="author" content="ひぐぺん工房">
<title>ひぐぺん工房(松浦健一郎・司ゆき) - HigPen Works</title>
</head>
<body>


<!-- 中略 -->


</body>
</html>
```

次は取得したWebページから、何か情報を抽出してみましょう。

● DOMを使って情報を抽出する

取得したWebページ(HTMLファイル)から情報を抽出するには、正規表現などによるテキスト処理を使った方法や、DOM (Document Object Model)を使った方法などがあります。DOMはJavaScriptによるページの作成や変更にも使うので、使い慣れている方も多いでしょう。そこで、今回はDOMを使った情報の抽出を行うことにします。

まずは、取得したHTMLファイルをDOMに変換する必要があります。本稿ではjsdomという、Node.jsでDOMを扱うためのライブラリを利用してみました。

> ・jsdomのWebサイト
> 　https://github.com/jsdom/jsdom

jsdomを使うにはインストールが必要です。ターミナルで以下のコマンドを実行してください。

```
npm install jsdom
```

jsdomを使ってWebページから情報を抽出してみましょう。今回はリンク先の一覧を抽出することにします。HTMLファイルをDOMに変換した上で、リンク(a要素のhref属性)を抽出し、画面に表示します。スクリプトは次の通りです。

⏬ scraping\dom.js

```javascript
const url = "https://higpen.jellybean.jp/";

// jsdomライブラリのJSDOMクラスを読み込む
const { JSDOM } = require("jsdom");

fetch(url)
  .then((resp) => resp.text())
  .then((text) => {

    // テキスト(HTML)をDOMに変換する
    const document = new JSDOM(text).window.document;

    // DOMに属するa要素を1個ずつ処理する
    for (const a of document.getElementsByTagName("a")) {

      // a要素のhref属性を表示する
      console.log(a.href);
    }
  });
```

上記のスクリプトは、ターミナルで「node dom.js」のように実行してください。成功すると、次のようにリンク先の一覧が表示されます。

⏬ 出力:scraping\dom.jsの実行例(一部)

```
https://higpen.jellybean.jp/
https://twitter.com/higpenworks?ref_src=…
/www/work/
/www/book/
/www/work/keyword.php
/www/work/language.php
/www/work/estimate.php
/www/work/estimate.php
/www/mail
…
```

上記のスクリプトは、リンク先を単純に表示するので、完全ではないURL(例えば「/www/work/」)が表示されたり、同じURLが複数回表示されたりします。次は抽出した情報を加工して、より分かりやすく表示してみましょう。

● 抽出した情報を加工する

リンク先の一覧を分かりやすく表示するために、不完全なURLを補完し、重複したリンク先を除去してみましょう。不完全なURLは、最初に指定したURLを使って補完することにします。例えば次のように、最初のURLからベース部分（先頭の部分）とディレクトリ部分（ファイル名を除いた部分）を抜き出しておきます。

- 最初のURL
  https://A/B/C/D

- ベース部分
  https://A

- ディレクトリ部分
  https://A/B/C/

上記のベース部分やディレクトリ部分を、必要に応じて不完全なURLに連結することで、完全なURLにします。なお、最初のURLにディレクトリを指定する場合は、末尾に必ず「 / 」を付けてください。

一方、重複したリンク先の除去には、集合(Set)を利用します。集合には重複した値を除去する性質があるので、補完した全てのURLをいったん集合に格納すれば、重複を除去できます。

改良したスクリプトは次の通りです。結果が見やすいように、最後にURLをソート(整列)して表示します。

ⓥ scraping\link.js

```
const url = "https://higpen.jellybean.jp/";
const { JSDOM } = require("jsdom");

// URLのベース部分を抜き出す
const base = url.split("/").slice(0, 3).join("/");

// URLのディレクトリ部分を抜き出す
const dir = url.split("/").slice(0, -1).join("/") + "/";

fetch(url)
  .then((resp) => resp.text())
  .then((text) => {
    const document = new JSDOM(text).window.document;

    // 重複したリンク先を除去するための集合
    const set = new Set();
```

```
// 不完全なURLを補完しながら集合に格納する
for (const a of document.getElementsByTagName("a")) {

    // URLが://を含む場合は、そのまま格納する
    if (a.href.includes("://")) set.add(a.href);

    // URLが/から始まる場合は、ベース部分を補完して格納する
    else if (a.href.startsWith("/")) set.add(base + a.href);

    // それ以外の場合は、ディレクトリ部分を補完して格納する
    else set.add(dir + a.href);
}

// 集合に格納したURLをソートして表示する
console.log(Array.from(set).sort().join("\n"));
});
```

上記のスクリプトは、ターミナルで「node link.js」のように実行してください。成功すると、次のようにリンク先の一覧が表示されます。不完全なURLを補完し、重複を除去したことで、前回よりも見やすくなりました。

⬇ 出力:scraping\link.jsの実行例(一部)

```
https://higpen.jellybean.jp/
https://higpen.jellybean.jp/www/book/
https://higpen.jellybean.jp/www/history
https://higpen.jellybean.jp/www/mail
https://higpen.jellybean.jp/www/work/
https://higpen.jellybean.jp/www/work/estimate.php
https://higpen.jellybean.jp/www/work/keyword.php
https://higpen.jellybean.jp/www/work/language.php
...
```

このようにWebスクレイピングを行うと、Webサイトから色々な情報を集められます。次は画像を収集してみましょう。

● 画像をダウンロードする

Webページに貼られた画像を収集するスクリプトを作ってみましょう。ページのHTMLファイルから画像のURL(img要素のsrc属性)を抽出し、画像をダウンロードしてファイルに保存します。具体的には、次のような手順で処理します。

(1) HTMLファイルをDOMに変換し、画像のURLを抽出します。

(2) 不完全なURLを補完し、重複するURLを除去します。

(3) 個々のURLについて、画像をダウンロードし、ファイルに保存します。

　画像のダウンロードには、前回と同様にfetch関数を使います。受け取ったレスポンスに対して、blobメソッドを使うと、結果をBlobオブジェクトとして受け取れます。

　Blobオブジェクトは、BLOBを扱うための機能です。BLOB (Binary Large OBject)とは、画像や音声といったバイナリデータ(テキストではないデータ)のことです。

　ダウンロードした画像をファイルに保存するには、Node.jsのBufferモジュールとfsモジュールを使います。モジュールとは、他のスクリプトから機能を読み込んで利用できるスクリプトのことで、一種のライブラリだといえます。今回はバイナリデータの変換にBufferモジュールを使い、ファイルへの書き込みにfsモジュールを使います。

　作成したスクリプトは次の通りです。スクリプトの最初にある、画像を含むページのURLは、お好きなURLに変更してみてください(ページによっては正しく画像を保存できない場合もあります)。

🔽 scraping\image.js

```javascript
// 画像を含むページのURL(変更可能)
const url = "https://higpen.jellybean.jp/";

// jsdomライブラリ、Bufferモジュール、fsモジュールを読み込む
const { JSDOM } = require("jsdom");
const { Buffer } = require("Buffer");
const fs = require("fs");

// URLのベース部分とディレクトリ部分を抜き出す
const base = url.split("/").slice(0, 3).join("/");
const dir = url.split("/").slice(0, -1).join("/") + "/";

// ページを取得する
fetch(url)
  .then((resp) => resp.text())
  .then((text) => {

    // テキスト(HTML)をDOMに変換する
    const document = new JSDOM(text).window.document;

    // 重複した画像のURLを除去するための集合
    const set = new Set();
```

```
// 画像のURLについて、不完全なURLを補完しながら、集合に格納する
for (const img of document.getElementsByTagName("img")) {
  if (img.src.includes("://")) set.add(img.src);
  else if (img.src.startsWith("/")) set.add(base + img.src);
  else set.add(dir + img.src);
}

// 保存先の画像ファイルに付ける番号
let n = 0;

// 集合に格納した画像のURLを1個ずつ処理する
for (const src of set) {
  fetch(src)

    // レスポンスを受け取ったら、Blobを取得する
    .then((resp) => resp.blob())

    // Blobを受け取ったら、バイナリデータを取得する
    .then((blob) => blob.arrayBuffer())

    // バイナリデータを受け取ったら…
    .then((buf) => {

      // URLから拡張子を抜き出す
      ext = "." + src.split(".").at(-1);

      // 保存先のファイル名を作成する
      file = "image" + n + ext;

      // 保存先のファイル名と、取得元のURLを表示する
      console.log(file + " <- " + src);

      // ダウンロードした画像をファイルに保存する
      fs.createWriteStream(file).write(Buffer.from(buf));

      // 画像ファイルの番号を1増やす
      n++;
    });
  }
});
```

　上記のスクリプトは、ターミナルで「node image.js」のように実行します。成功すると、次のように保存先のファイル名と、取得元のURLを表示します。画像は「image(番号).(拡張子)」というファイル名で保存されます。

⬇ 出力:scraping\image.jsの実行例(一部)

```
image0.gif <- https://higpen.jellybean.jp/www/common/img/anime_s.gif
image1.gif <- https://higpen.jellybean.jp/www/common/img/dot_t.gif
image2.png <- https://higpen.jellybean.jp/www/common/img/dot_b.png
image3.png <- https://higpen.jellybean.jp/www/common/img/peep.png
image4.png <- https://higpen.jellybean.jp/www/common/img/book.png
image5.png <- https://higpen.jellybean.jp/www/common/img/dot_beef.
png
image6.png <- https://higpen.jellybean.jp/www/common/img/torn.png
image7.jpg <- https://higpen.jellybean.jp/www/book/wkr_python/hydran.
jpg
...
```

　このようにWebスクレイピングを行うと、Webサイトから色々な情報を収集でき
ます。手作業で情報を抽出したり、ファイルに保存したりするよりも、ずっと簡単
で効率的なことが利点です。

　なお、スクリプトによるWebスクレイピングは、手作業に比べて格段に高速です。
収集の際には適度な時間待ちを行うなどして、Webサーバに過度な負担をかけない
ように注意してください。

　次は、今までのfetch関数によるWebスクレイピングとは少し異なる手法を使いま
す。Puppeteerというブラウザ操作用のライブラリを使って、Webサイトから自動
的に情報を取得してみます。

▍Webページのスクリーンショットを保存する ― Puppeteer

　Puppeteer(パペッティア)は、ブラウザ(Chrome)をスクリプトから操作できるラ
イブラリです。ブラウザを手作業で操作する代わりに、スクリプトから操作するこ
とによって、Webサイトから情報を収集する作業を自動化できます。

　こういった情報の収集は、前述のfetch関数でも可能ですが、Webサイトによって
はブラウザを使わないと難しい場合があります。Puppeteerは内部で実際のブラウ
ザを使うので、fetch関数では収集が難しい情報(例えばJavaScriptを駆使したWeb
ページの情報)でも、Puppeteerならば収集できる可能性があります。

　・PuppeteerのWebサイト
　　https://pptr.dev/

　Puppeteerを使うにはインストールが必要です。ターミナルで以下のコマンドを
実行してください。

```
npm install puppeteer
```

　Puppeteerを使ってみましょう。今回は指定したURLについて、ページ全体のスクリーンショットを撮り、ファイルに保存してみます。スクリプトは次の通りです。

🔽 scraping\screenshot.js

```javascript
// スクリーンショットを撮るページのURL(変更可能)
const url = "https://higpen.jellybean.jp/";

// Puppeteerライブラリを読み込む
const puppeteer = require("puppeteer");

// 非同期処理を行う関数を定義して呼び出す
(async () => {

    // ブラウザを起動する
    const browser = await puppeteer.launch();

    // ページを扱うためのオブジェクトを作成する
    const page = await browser.newPage();

    // 指定したURLに移動する
    await page.goto(url);

    // スクリーンショットを撮ってファイルに保存する
    await page.screenshot({ path: "screenshot.png", fullPage: true });

    // ブラウザを閉じる
    await browser.close();
})();
```

　上記のスクリプトは、ターミナルで「node screenshot.js」のように実行します。成功すると、次のようなページ全体のスクリーンショットを撮り、screenshot.pngというファイル名で保存します。

⬆ スクリーンショットの例

　次はページを画像として保存するのではなく、後からブラウザで開いて閲覧できるように、MHTML形式で保存してみましょう。

Webページを丸ごと保存する ─ Puppeteer

　MHTMLはファイル形式の一種で、Webページを丸ごと保存するために使います。Webページを構成するHTMLファイルや画像ファイルなどを、1個のファイルにまとめて保存できます。後からブラウザで閲覧したいページを、ローカルな（手元の）コンピュータにダウンロードしておきたいときに便利な形式です。

　Puppeteerを使うと、指定したページをMHTML形式で保存できます。スクリプトは次の通りです。なお、このスクリプトはChromeの開発者ツール向けプロトコル（通

信規約)を使いますが、MHTML形式による保存は「実験的な機能」とされているため、将来は使い方が変更される可能性もあります。

⊙ scraping\page.js

```javascript
// 保存するページのURL(変更可能)
const url = "https://higpen.jellybean.jp/";

// Puppeteerライブラリとfsモジュールを読み込む
const puppeteer = require("puppeteer");
const fs = require("fs");

// 非同期処理を行う関数を定義して呼び出す
(async () => {

  // ブラウザを起動する
  const browser = await puppeteer.launch();

  // ページを扱うためのオブジェクトを作成する
  const page = await browser.newPage();

  // 指定したURLに移動する
  await page.goto(url);

  // Chromeの開発者ツール向けプロトコルを使う
  const cdp = await page.target().createCDPSession();

  // MHTML形式でページを取得する
  const { data } = await cdp.send(
    "Page.captureSnapshot", { format: "mhtml" });

  // 取得したMHTML形式のページをファイルに保存する
  fs.writeFileSync("page.mhtml", data);

  // ブラウザを閉じる
  await browser.close();
})();
```

　上記のスクリプトは、ターミナルで「node page.js」のように実行します。成功すると、指定したページの内容をpage.mhtmlというファイルに保存します。このファイルをブラウザで開き、ページの内容が保存されているかどうかを確かめてみてください(ページによっては正しく保存できない場合があります)。

　このようにPuppeteerを使うと、ページのスクリーンショットを撮ったり、ページを保存したりといった操作を、手作業ではなく自動的に行えます。もし、fetch関

数では上手く情報を取得できない場合は、このPuppeteerのようなブラウザを操作
するライブラリも検討してみるとよいでしょう。

　さて、HTML/CSS/JavaScriptの実践的な使用例を紹介してきた本パートは以上で
す。本書で解説しているHTML/CSS/JavaScriptを、実際のWebサイトでどのように
活用できるのか、その一端をご紹介できたなら幸いです。

JavaScript

Javascriptについて

JavaScriptの記述法

JavaScriptは、HTMLファイル内にHTMLタグ要素を使い、スクリプトであることを指定し、そのタグ内にソースコードを記述することによって設定します。

JavaScript関連で使用するタグ要素と、それらのタグ要素を使ってHTMLファイル内への JavaScriptを記述する方法は、次の通りです。

● <script>の使い方

HTML内にJavaScriptを記述するには、<script>要素を使用します。

以前は、<script>要素内で「language」属性を指定することが求められました。しかし、HTML4.0以降、「script」要素の「language」属性が不適切とされ、その代わりスクリプトの指定には「type」属性を使うようになりました。このことは、JavaScriptを指定するタグの書き方に関しての、大きな変更でした。

そして、HTML5.0以降では、<script>要素内のスクリプトは、標準でJavaScriptとして認識されます。またmeta要素によるスクリプトの指定も、同様に指定しない場合標準でJavaScriptとして認識されます。このためmeta要素によるJavaScriptの指定も省略可能です。

具体的な<script>要素の記述方法は、次のようになります。

```
<script>
<!--
JavaScriptのソース
//-->
</script>
```

スクリプトの1行目の「<!--」、最終行の「//-->」は、JavaScriptソースをHTMLのコメントととするための処理です。これは、現在ではほぼなくなりましたが、JavaScript未対応のブラウザなど、<script>要素に未対応のブラウザで閲覧した場合にJavaScriptのソースが表示されてしまうことを防ぐための処理となります。

● <noscript>の使い方

<noscript>要素は、JavaScriptを無効にしているか、対応していないブラウザを使っているユーザーに対してメッセージを表示する時に使用します。<noscript>要素は、<script> 〜 </script> 外で使用し、JavaScriptが有効な時には <noscript> 〜 </noscript> 内の記述は表示されません。具体的な <noscript> 要素の書き方は、次のようになります。

```
<noscript>
このページではJavaScriptが使われています....。
</noscript>
```

● コメントの書き方

JavaScript内でのコメントを書くには、次の2通りの方法があります。

「//」では以降の1行が、「/* ～ */」では間に挟まれた文字列が、コメントとして扱われます。

ソースコードをコメントアウトする時に最後の行に使用する「//-->」の「//」の部分もこれに当たります。

具体的なコメントの書き方は、次のようになります。

```
<script>
<!--
//この1行はコメントとなります。
/*これに囲まれている部分
はコメントとなります。*/
//-->
</script>
```

● 文の区切り方

「；」は文の区切りを表します。JavaScriptでは、たとえ改行があったとしても、「；」によって文を区切っていない限り、ひとつの文として扱われます。JavaScriptは、基本的に「；」を省略しても自動的に文の区切りが判断されて、スクリプトが正常に処理されますが、ソースをわかりやすくする意味も含めて、文は「；」で区切っておくことをお勧めします。

● JavaScriptの外部呼び込み方法

JavaScriptは、HTMLファイル内に直接記述する方法以外に、外部にスクリプトを記述したファイルを置き、<script>要素内で「src」属性を使用してURLを指定することにより、それを読み込んで実行することが可能です。

指定したファイル内には、<script>要素を省略したJavaScriptのソースコードを記述します。この時のファイル名の拡張子は「.js」とします。

具体的な書き方は、次のようになります。

```
<script src="URL"></script>
```

この方法は、スクリプトのソースコードを見えにくくしたり(完全に隠蔽することはできません)、複数のページで同一のスクリプトを使用する場合は特に有効です。

たとえば、ファイルの更新日時を複数のWebページ上に表示するような場合は、必要な全ページにひとつひとつスクリプトを記述するのではなく、次のようにファイルの最終更新日時を書き出すスクリプトを書いて、適当な名前を付けた拡張子「.js」のファイルをひとつ作ります。後は、全ページにそのファイルのURLを指定した<script>要素を、表示したい位置に記述するだけで済みます。

```
document.write("Last update:",document.lastModified)
```

なお、「.js」ファイルを置くWebサーバーには、MIMEタイプの設定をしておく必要があります。

オブジェクト・プロパティ・メソッド

● オブジェクト

JavaScriptでは、ブラウザの各部品や情報をオブジェクトとして取り扱うことができます。そして、このオブジェクトの値を変更したり、値を調べてそれによって違った処理を設定することによって、ブラウザを動的に変更することができるのです。

JavaScriptのオブジェクトは大きく分けると、ブラウザ自身が本来持っている部品や情報を取り扱うナビゲータオブジェクトと、独自に組み込まれたビルトイン（組み込み）オブジェクトの2種類があります。

ナビゲータオブジェクト

ブラウザ自体の名前やバージョンといった情報や、ブラウザに表示されるドキュメント、画像、フォームなど、ブラウザがあらかじめ持っている部品を取り扱うオブジェクトのことを、ナビゲータオブジェクトといいます。

ナビゲータオブジェクトには階層関係があり、使用する時はその階層関の上から順番に「.」で区切って記述します。たとえばdocumentオブジェクトは、windowオブジェクトのひとつ下の階層にあるオブジェクトなので、「window.document」として表します。ただし、1番上の階層になるwindowオブジェクトは、省略することができきます。

ナビゲータオブジェクトの階層関係は、次の図の通りです。

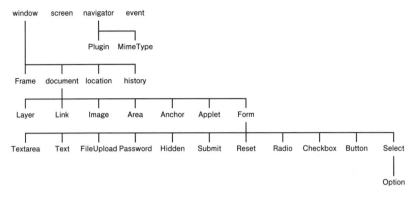

↑ ナビゲータオブジェクトの階層

ビルトインオブジェクト

　ブラウザ自身が本来持っているオブジェクトの他に、JavaScriptがブラウザに独自に組み込んでいるオブジェクトがあり、それをビルトインオブジェクトといいます。

　JavaScriptでは、日付や時間などの時を取り扱うDateオブジェクトや、文字列の操作を行うstringオブジェクトなど、多くのビルトインオブジェクトが用意されています。

　ユーザー独自のオブジェクトを作成したり、ビルトインオブジェクトを使用する時は、new演算子を使います。new演算子によるオブジェクトの作成（インスタンスの作成）は、次の書式で行います。そしてそれ以降は、「オブジェクト名」で指定した名前を使って、オブジェクトの操作を行うことができるようになります。

```
オブジェクト名=new オブジェクトの型(値)
```

　このオブジェクト名は、一定の条件下において、ユーザー側で自由に設定することができます。

● プロパティ

　オブジェクトは多くの属性を持っており、この属性のことをプロパティといいます。

　プロパティもまた、オブジェクトです。たとえばdocumentオブジェクトは、それ自体がオブジェクトであるのと同時に、windowオブジェクトのプロパティであるともいえます。

　JavaScriptではプロパティはオブジェクトの後に「.」で区切って設定します。

```
オブジェクト.プロパティ
```

また、プロパティの中には、ユーザーが値を設定することができるものがあります。
そのようなプロパティに値を設定する場合は、次の書式で設定します。

```
オブジェクト.プロパティ =値
```

● メソッド

メソッドは、オブジェクトに対して動作を指定します。

メソッドは、次のようにオブジェクトの後に「.」で区切って設定します。また、オ
ブジェクトに値を設定する時には、「()」内に値を設定することによって行います。

```
オブジェクト. メソッド(値)
```

イベントハンドラ

ユーザーやスクリプトによってページがロードされたり、オブジェクトがクリッ
クされたりというような、特定の動作が起こったタイミングをイベントといいます。
JavaScriptでは、イベントの発生を取得して、そのタイミングでスクリプトの実行
を開始することができます。

このイベントの取得を行うものを、イベントハンドラといいます。

イベントハンドラの設定は、そのイベントハンドラが設定可能なオブジェクトの
HTMLタグ内に、次のような書式で設定します。

```
イベントハンドラ名=スクリプトまたは関数
```

eventオブジェクトによるイベントの取得

イベントをオブジェクトとして捕らえるeventオブジェクトがあります。これによ
り、イベントを取得したいオブジェクトに対して取得するイベントを設定すること
により、そのオブジェクト上のどこからでもイベントの発生を取得することができ
ます。また、取得したイベントからは、そのイベントのイベントタイプなど、イベ
ントに関する色々な値を取得することが可能です。

イベントの取得は、次の用法で設定します。

```
オブジェクト.イベント=関数名またはスクリプト
```

JavaScriptで取り扱える型の種類

プロパティやメソッドに設定する値はもちろん、スクリプトが返す値や変数・定数など、JavaScriptで取り扱う値(データ)は、必ず何らかのデータ型を持っています。JavaScriptで使える値の種類は次の通りです。

● 文字列

ダブルクォート「 " 」、またはシングルクォート「 ' 」で囲まれた文字の並びや、数字は文字列。

以下の特殊記号も文字列です。

¥b	バックスペース
¥f	フォームフィード
¥n	改行
¥r	キャリッジリターン
¥t	タブ
¥v	バーティカル(垂直)タブ
¥¥	バックスラッシュ
¥'	アポストロフィーまたはシングルクォート
¥"	ダブルクォート
¥XXX	8進数で指定された、Latin-1の文字コードによって表された文字。XXXは、0から377までの3つまでの8進数。
¥xXX	16進数で指定された、Latin-1の文字コードによって表された文字。XXは、00からFFまでの2つの16進数。
¥uXXXX	ユニコードの文字コードによっ て表された文字。XXXXは、4つの16進数。
¥u0009	タブ(ユニコードエスケープシーケンス)
¥u000B	垂直タブ(ユニコードエスケープシーケンス)
¥u000C	フォームフィード(ユニコードエスケープシーケンス)
¥u0020	スペース(ユニコードエスケープシーケンス)
¥u000A	ラインフィード(ユニコードエスケープシーケンス)
¥u000D	キャリッジリターン(ユニコードエスケープシーケンス)
¥u0008	バックスペース(ユニコードエスケープシーケンス)
¥u0009	水平タブ(ユニコードエスケープシーケンス)
¥u0022	ダブルクォート(ユニコードエスケープシーケンス)

● 数値：整数

8進数、10進数、16進数が使えます。

8進数は0から始まり0から7までの数字で表す数値のことを、10進数は0以外から

始まり0から9までで表す数値のことを、16進数は0xから始まり0から9までの数値と、それに続くaあるいはAからfあるいはFまでのアルファベットで表す数値のことをいいます。

```
0514, 156, 0x11
```

● 数値：浮動小数点数

小数点をピリオド(.)で表わした10進数、または e あるいは E を使用する指数が使えます。

```
3.14, 1.79E+308
```

● 論理値

値を比較した時、その比較が論理的に考えて正しいかどうかの値です。正しければ「真」となり、正しくない場合は「偽」となります。例えば「1==1」は正しいので「真」となり、「1==2」は正しくないので「偽」となります。

true	真の値
false	偽の値

● null値

nullは、プロパティなどに値が定義されていなかったり、何も設定されていなかったりする状態を表します。

null	未定義、何も設定されていない状態

関数

一連の処理手続をまとめて名前を付けたものを、関数といいます。

JavaScriptでの関数は、大きく分けて関数の処理を定義する部分と、関数を呼び出す部分のふたつの部分からできています。

関数の処理の定義は、次のように記述します。

```
function 関数名(引数,引数,...){ 処理 }
```

この関数名は、一定の条件下において、ユーザー側で自由に設定することができます。

関数の呼び出しは、ページ上やイベントハンドラ内で行い、関数の処理を呼び出

したい部分に、「関数名(引数,引数,...)」と記述して設定します。こうしておけば、ページが読み込まれた時や、特定のイベントが発生した時に関数の処理が呼び出され、定義した関数の処理が実行されます。

引数とは、その名の通り関数の処理に引き渡す値のことをいいます。関数の処理に値を引き渡す必要がない時は、引数を設定する必要はありません。

通常、関数の処理の定義は<head>内で行い、関数の処理の呼び出しは<body>内で行います。これは、関数の定義が終わらないうちに関数が呼び出されることを防ぐためです。

ビルトイン関数

JavaScriptには、始めから定義されている関数があり、これをビルトイン関数といいます。

ビルトイン関数は、オブジェクトに依存することなく、スクリプト内のどこからでも使用することができます。

変数・定数

変数とは、値を入れておく箱のようなものと考えればいいでしょう。文字列や数値、オブジェクト・メソッド・プロパティ、あるいは条件式などで設定する式や変数などを、変数に設定することができます。

変数は、次のようにして設定します。

```
var 変数名 = 値
```

変数名は、一定の条件下において、ユーザー側で自由に設定することができます。また、「var」は省略可能です。

このようにして設定すると、右辺の「変数名」に「値」が代入され、以降「変数名」を使用することによって、値を取り出すことができます。

さらに、後から同じ「変数名」に値を設定し直すことによって、変数の値を自由に変化させることもできます。

このように、値を設定し直すことによって絶えず値が変化する変数に対し、変数に設定する値の方は変化することはありません。このことから、変数に代入する値のことを定数(リテラル)といいます。

オブジェクト・関数・変数などに設定可能な名前

オブジェクト名・関数名・引数名・変数名・定数名は、以下の条件下において、ユーザー側で自由に名前を定義することができます。

1. 大文字・小文字のアルファベット、あるいはアンダースコア"_"で始まる文字列（hamba,HAMBA,_hambaなど）
2. 日本語（2バイト文字）は使用できない
3. スペース・コンマ・疑問符・引用符は使用できない
4. 文字列内に数値を入れることは可能だが、数値を先頭にすることはできない（"Hamba1"や"f_3hamba"は可能だが、"6hamba"は不可）
5. 大文字小文字は区別される（"HAMBA"と"hamba"は区別される）
6. 予約語は使用できないが、以上の条件を満たし、予約語を含む文字列（"default"は不可だが、"Setdefault"は可）

● 予約語

システム側であらかじめ予約されている文字を予約語といい、オブジェクト名・関数名・引数名・変数名・定数名として使用することはできません。
予約語には、次のようなものがあります。

abstract	boolean	break	byte	case
catch	char	class	const	continue
default	delete	do	double	else
extends	false	final	finally	float
for	function	goto	if	implements
import	in	instanceof	int	interface
long	native	new	null	package
private	protected	public	return	short
static	super	switch	synchronized	this
throw	throws	transient	true	try
typeof	var	void	while	with

演算子

値の計算や、比較などに用いる記号のことを演算子といいます。
JavaScriptで使用できる演算子には、次のようなものがあります。

● 算術演算子

算術演算を行うための演算子です。

=	変数に値を代入する
+	加算
–	減算または負の値を表す
*	乗算
/	除算
%	剰余:除算で余りを求める
++	値を1増やす(インクリメント)
––	値を1減らす(デクリメント)
y = x++	yに値を代入してからxに1を加える
y = x––	yに値を代入してからxから1引く
y = ++x	xに1加えてからyに値を代入する
y = ––x	xから1引いてからyに値を代入する

● 比較演算子

左辺と右辺の値を比較して、真のときは値「true」を、偽のときは値「false」を返します。

x == y	xはyと等しい
x != y	xとyとは等しくない
x<y	xはyより小さい
x <= y	xはyより小さいか等しい
x>y	xはyより大きい
x >= y	xはyより大きいか等しい
x === y	xはyと等しい(型の変換は行わない)
x !== y	xとyとは等しくない(型の変換は行わない)

● 論理演算子

左辺と右辺の論理演算し、真のときは「true」の偽のときは「false」の値を返す。

x && y	AND(xかつy)
x || y	OR(xまたはy)
x !y	NOT((xはyでない)

● 文字列演算子

文字列の連結を行う演算子。

"文字列A" + "文字列B"	「文字列A」と「文字列B」を連結する
a += "文字列B"	aの後に「文字列」を追加する

● ビット演算子

値をビット単位で演算する。

コンピュータは、文字列も数値もすべてビット単位(2進数)で処理しています。ビット演算子は、値をコンピュータと同じように、ビット単位で取り扱う演算子です。

~	ビットの反転
&	ビットの論理積(AND)
|	ビットの論理和(OR)
^	ビットの排他的和(XOR)
<<	ビットの左シフト
>>	ビットの右シフト
>>>	ビットの論理右シフト
<<=	ビットごとの左シフトの代入
>>=	ビットごとの右シフトの代入
>>>=	論理右シフトの代入

● 括弧とその他

式や値を括る括弧や、オブジェクトやメソッドを区切るピリオドなども演算子です。

[]	配列のリストを括る
()	値や数式を括る
.	オブジェクト、プロパティ、メソッドを区切る
,	コンマの左右の値や数式を評価する

● new演算子

オブジェクトの作成(インスタンスの作成)を行う演算子。

```
オブジェクト名 = new オブジェクトタイプ(値1, 値2, ..., 値n)
```

● this演算子

this(キーワード)の後に指定したオブジェクトの参照を行う演算子。
オブジェクトは、継承関係を気にする事なく直接指定できます。

```
this.オブジェクト
```

● 条件演算子
条件式が真(true)の時とfalse(偽)の時で違う処理を行う演算子。

```
条件式 ? x : y
```

● typeof()演算子
数値、文字列、変数、オブジェクトなどの型を調べる演算子。

● 演算子の優先順位
それぞれの演算子には優先順位があります。
上に行くほど優先順位が高くなります。

```
. [] ()
new
! ~ ++ -- typeof
 * / %
+ -
<< >> >>>
< <= > >=
== != === !==
&
^
|
&&
||
?:
= += -= *= /= %= <<= >>= >>>= &= ^= |=
,
```

JavaScriptの命令文(ステートメント)

JavaScriptでは、if文やfor文をはじめ、多くの命令文を使うことができます。
JavaScriptで使うことができる命令文には次のようなものがあります。

● 繰り返し処理「for」
「条件式が真(true)の間、「処理を繰り返し行います。

```
for(初期値; 条件式; 増減式){処理}
```

● プロパティ、メソッドの一覧「for...in」

「オブジェクト」内のプロパティ、メソッドを「変数」に代入しながら順番に取り出します。

```
for(変数 in オブジェクト){処理}
```

● 関数の設定「function」

JavaScriptでは、一定の処理手続きを「関数」として設定することができます。「function」の後に「関数名」とその「処理」を記述し、ページが読み込まれたタイミングや、イベントハンドラによってイベントが発生したタイミングで、「関数名」を呼ぶことにより、「処理」が実行されます。

通常関数の設定は、HTMLファイルの「<head></head>」タグ内で行います、これは関数が設定される前に、「<body></body>」内で設定する「関数名」が呼ばれるのを防ぐためです。

```
function 関数名([引数1], ..., [引数n]){ 処理 }
```

● 条件分岐「if」

「条件式」が真(true)の時「処理1」を行い、それ以外の時は「処理2」を行います。
「else」の処理がない時は省略可能です。

```
if(条件式){処理1}
else{処理2}
```

● 戻り値を返す「return」

命令文内で値を返す時に使用します。
返す値がない時は不要です。

```
return 値
```

JavaScriptの歴史

● JavaScriptとは

JavaScriptとは、Netscape社がWebページの処理能力を高めるために開発したLiveScriptを元に、Netscape社とSun社が共同で開発したスクリプト言語で、Netscape Navigator 2.0以降のブラウザとInternet Explorer 3.0以降のブラウザで対応されています。

JavaScriptを使うことにより、Webページを動的に変化させたり、今までCGIなどで行う必要があった処理の一部を、Webページ上で行うことが可能になります。

仕様にJavaと似た部分があり、JavaScriptが実行できる環境（ブラウザ）さえあればOSが違っていても同じように動く（ことを期待できる）プログラムを書くことができる、などの点がJavaと似ているといえます。けれども、基本的にJavaとは別物と考えたほうがよいでしょう。

Javaとの最大の違いは、コンパイルをする必要がなく、HTML文章内に直接JavaScriptを記述し、そのファイルをブラウザで読み込むことによって、手軽にスクリプトを実行できる点が挙げられます。

コラム **配列について**

HTMLのタグ要素は、JavaScriptのオブジェクトとして取り扱えるのと同時に、配列の要素としても取り扱えます。

HTMLファイルが読み込まれる時、HTMLファイルに記述されている、それぞれのタグ要素の上から、添番が[0].[1].[2]....となる配列の要素が自動的に作成されます。それらの要素は、次の用法でJavaScriptを使って、取り扱う事ができます。

```
オブジェクトの配列名［添番］；
```

この用法は「フォームのタイプを調べる」(p.458)などで、利用しています。

また、JavaScriptでは、HTMLのタグ要素を配列として操作できるだけでなく、配列を扱うArrayオブジェクトを使って、独自に配列を作成することができます。用法は、次の通りです。

```
Arrayオブジェクト名 = new Array(要素数)；
Arrayオブジェクト名［インデックス］ = 要素；
----
Arrayオブジェクト名 = new Array(0番目の要素,...,n番目の要素)
```

この用法は「画像をアニメーションする」(p.466)などで、利用しています。

● JavaScriptの種類

JavaScriptは、現在JavaScript1.8.5までのバージョンが公開されています。JavaScriptのより新しいバージョンは、一部の変更点を除いて、古いバージョンのJavaScriptのすべてに対応しています。

それぞれのバージョンの特徴と対応ブラウザは、次の通りです。

JavaScript1.0

ブラウザのウィンドウを操作するwindowオブジェクトや、日付を取り扱うDateオブジェクトなどの基本的なオブジェクトが追加されました。

Netscape Navigator 2.0、Internet Explorer 3.0以降のブラウザでサポートされています。

JavaScript1.1

画像を取り扱うImageオブジェクトがサポートされました。これによりページ表示後に画像が置き換えられるようになり、マウスポインタの動作によって画像を差し換えたり、定期的に画像を差し換えることによってアニメーションの効果を出したりできるようになりました。

Netscape Navigator 3.0、Internet Explorer 4.0以降のブラウザでサポートされています。

JavaScript1.2

ディスプレイサイズなどのディスプレイの情報を取得するscreenオブジェクトや、ウィンドウ上に絶対座標でコンテンツの位置を設定したり、重なりを指定することができるLayerオブジェクトなどが追加されました。これにより、ディスプレイ上のウィンドウの位置や、ウィンドウ内に表示するコンテンツの位置や重なりを細かく設定することができるようになり、さらにそれらを動的に変化させることができるようになりました。

Netscape Navigator 4.0、Internet Explorer 4.0以降のブラウザでサポートされています。

JavaScript1.3

文字コードがの扱いがUNICODEになったほか、日付を取り扱うDateオブジェクトで年号が4桁で表せるようになったり、ミリセコンド単位の時間を扱えるようになったり、といった細かな部分で追加・変更が行われています。これらの処置は、ECMAScript(ECMA-262)の1版と互換をとるためのものです。

Netscape Navigator 4.06、Internet Explorer 5.0以降のブラウザでサポートされています。

JavaScript1.4

ECMAScriptの1版と完全互換したスクリプト。

JavaScript1.4を搭載したブラウザは、結局は発表されませんでした。

JavaScript1.5

ECMAScriptの第3版と完全互換を持ったスクリプト。

標準規格に完全に準拠する姿勢に合わせてJavaScript1.5として規格化されているのは、ECMAScriptと同様にビルトインオブジェクトの部分のみです。しかし、DOM (Document Object Model)のコントロールを行う方法は規定されているので、DOMでサポートされているブラウザやHTML、スタイルシートなどのあらゆる要素を、JavaScriptを使って操作することができます。

Netscape 6.0以降、Mozilla及びそれを元につくられたFirefox1.0以降でサポートされています。また、Internet Explorerは、バージョン5.0以降で、さらにSafari、Opera、Google Chromeなど現在主要なブラウザは、JavaScript1.5レベルのスクリプトをサポートしています。

JavaScript1.6

Arrayオブジェクトのメソッド追加及びArrayオブジェクト及びStringオブジェクトの汎用化。E4Xのサポート。

Firefox 1.5以降でサポートされています。

JavaScript1.7

ジェネレータ(generators)イテレータ(iterators)、配列内包(array comprehensions)、let式(let expressions)、及び分割代入(destructuring assignment)を取り入れた言語アップデート。

Firefox 2以降でサポートされています。

JavaScript1.8

ECMA-262第4版に追随するための更新でしたが、その後ECMA-262第4版は、破棄されています。

Firefox 3以降でサポートされています。

JavaScript1.8.1

ECMA-262第5版を見据えたJavaScript1.8のマイナーアップデート。
Firefox 3.5以降でサポートされています。

JavaScript1.8.5

JavaScript1.8.1に加え、ECMA-262第5版に追随するためのアップデート。
Firefox 4以降でサポートされています。

JavaScript 1.8.6

ECMAScript for XML(E4X)のデフォルトでの無効化などのマイナーアップデート。
Firefox 17以降でサポートされていました。
その後、XML(E4X)の削除に伴い、このバージョンは、なくなっています。

この他のJavaScriptと共に覚えておきたいスクリプト言語に、ECMAScriptがあり

ます。言語の特徴は、次の通りです。

ECMAScript

　ヨーロッパの標準化機関であるECMA(European Computer Manufacturers Association)が、JavaScript1.1をベースに規定した、Internetで使用するスクリプト言語の仕様。ECMA-262として仕様が公開されています。

　ECMAScriptはあくまでも言語仕様を規定したものであり、その仕様に合わせてどのように実装されるかは、その言語やブラウザによって変わってきます。

　ECMAScriptでは、JavaScriptのビルトインオブジェクトの部分は規格化されていますが、ナビゲータオブジェクトの部分は、JavaScriptのように細かくオブジェクトを規格化するようなことはされていません。しかしオブジェクトの取り扱い方は規定されているので、これを利用してDOMをコントロールすることが可能です。

　ECMA-262の各バージョンのうち、JavaScript2になる予定であった第4版は、草案の提出まで行われましたが、仕様は確定せず、破棄されています。その後、ECMA-262は、2009年に第5版が公開され、さらに2015年に第6版が策定されました。この第6版は、策定された年に合わせて、ECMA-262 2015と呼ばれています。そしてそれ以降、ECMA-262は、年単位でリリースされ、2020年時点では、ECMA-262 2020が最新版となります。

　JavaScript1.3以降とMicrosoft社独自のJavaScript互換スクリプトであるJScriptのJScript3.1以降は、ECMAScriptと互換がとられています。また、Google Chrome、Safari、及びInternet Explorerから置き換わったMicrosoft Edgeは、正確にはこのECMAScriptをサポートしたブラウザとなります。そして、Safariは、ECMA-262の第3版以降のスクリプトをサポートしています。つまり、MozillaやFirefox、Internet Explorer、Safari,Microsoft Edgeなどのブラウザでは、JavaScript1.5レベルのスクリプトであれば、同様な動作が期待できるのです。さらにGoogle Chromeは、ECMA-262の第5版以降に準拠しています。

　JavaScriptとECMA-262の各版との関連は、次の通りです。

JavaScript1.1	これを元に、ECMA-262の1版が作成された
JavaScript1.2	ECMA-262では、Unicodeの採用による国際化が行なわれているほか、JavaScriptにおけるDateオブジェクトのtoGMTStringメソッドのように、実行結果がマシン環境に左右されることのないように規格が作られている。また、JavaScript1.2では、ECMA-262の1版では考慮されていなかった独自の仕様が追加されているため、完全な互換性を持っていない
JavaScript1.3	ECMA-262の1版と完全互換を持つように変更が行われた
JavaScript1.4	ECMA-262の1版と完全互換を持つ(JavaScript1.4を採用したブラウザは、存在しない)
JavaScript1.5	ECMA-262の3版と完全互換を持つ
JavaScript1.6 ～	ECMA-262第4版を視野に入れたアップデート。ECMA-262
JavaScript1.8.1	第4版は、その後廃棄され、第5版の基礎となった
JavaScript1.8.5 ～	JavaScript1.8.1及びECMA-262第5版

ナビゲーター
オブジェクト

　ナビゲータオブジェクトは、JavaScriptで取り扱えるように、ブラウザが持っている情報や機能、ブラウザに表示されるドキュメント、画像、フォームなどをオブジェクト化したものです。

　JavaScript1.5以降からは、ナビゲータオブジェクトが定義されていません。これは、JavaScript1.5がナビゲータオブジェクトをサポートしなくなったということではなく、JavaScript1.5をサポートしたNetscape 6.XがDOMを採用したことによります。それまでナビゲータオブジェクトで定義していたオブジェクトが、そのままDOMのオブジェクトで定義され、特にナビゲータオブジェクトで定義する必要がなくなったのです。DOMの採用によって、今までJavaScriptのナビゲータオブジェクトではサポートされていなかった多くのHTMLのタグや、スタイルシートのプロパティなど、ブラウザ上のあらゆる要素がオブジェクト化されました。もちろん、それまでのナビゲータオブジェクトで定義されていたオブジェクトも含めて、それらのすべてをJavaScriptを使って操作できるようになっています。

ブラウザ名を取得する

navigator.appName   プロパティ

```
□ ブラウザ名を取得する              —    □    ×
①
*ブラウザ名を取得する
ブラウザ名 : Netscape
```

「appName」は、ブラウザ名の値を持っています。

このプロパティは、読み出し専用です。

Microsoft Edgeは、「Netscape」を返します。

Internet Explorerは、ver.11は「Netscape」を返します。それより前は「Microsoft Internet Explorer」を返します。

Netscape NavigatorやMozilla、Firefox、Safariは「Netscape」を返します。

また、Operaは、ver. 9以降は「Opera」を、それより前は「Internet Explorer」を返します。

ブラウザ	値
Microsoft Edge	Netscape
Internet Explorer ver.11	Netscape
Internet Explorer ver.10以前	Microsoft Internet Explorer
Netscape Navigator、Mozilla、Firefox、Safari	Netscape
Opera ver.9以降	Opera
Opera ver.8以前	Internet Explorer

```
<script>
<!--
document.write("ブラウザ名 : ",navigator.appName);
//-->
</script>
```

ブラウザのコード名を取得する

`navigator.appCodeName`

ブラウザのコード名を取得する　　　　　　　　　－　□　×
①
*ブラウザのコード名を取得する
コード名：Mozilla

「appCodeName」プロパティは、ブラウザのコード名の値を持っています。

このプロパティは読み出し専用です。

Microsoft Edge や Internet Explorer は「Mozilla/3.0 (compatible; MSIE 3.01; Mac_PowerPC)」や「MSIE」、「Mozilla」などを返します。

Netscape Navigator や Mozilla、Firefox、Safari、Opera は「Mozilla」を返します。

```
<script>
<!--
document.write("コード名：",navigator.appCodeName);
//-->
</script>
```

ブラウザのバージョンを取得する

navigator.appVersion　　　　　　　　　　　プロパティ

ナビゲータ情報を利用する

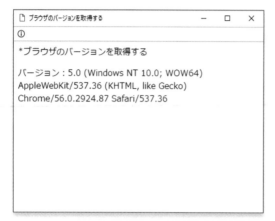

ブラウザのバージョンを取得します。

このプロパティは、読み出し専用です。

このバージョン番号は、多くの場合でブラウザのバージョン番号を正確に表していません。

例えば、バージョン6以降のNetscapeやMozilla、Firefox、Safari、バージョン9以降のInternet Explorer、およびMicrosoft Edgeは「5.0」を、Internet Explorer7.Xも含めたバージョン5以降8までのInternet Explorerや、バージョン8までのOperaは「4.0」を返します。また、Explorer3.Xの初期のリリースでは、「2.0」を返す場合がありました。

バージョン番号の後ろに、OS名、インターナショナル版・U.S版などの種別、CPUの種類などの情報が付加されます。

```
<script>
<!--
document.write("バージョン：",navigator.appVersion);
//-->
</script>
```

ブラウザのユーザーエージェントを取得する

navigator.userAgent　　　　　　　　　　　　　　　　プロパティ

```
[] ブラウザのユーザーエージェントを取得する　　　　－　　□　　×
ⓘ

*ブラウザのユーザーエージェントを取得する

ユーザーエージェント : Mozilla/5.0 (Windows NT 10.0;
WOW64) AppleWebKit/537.36 (KHTML, like Gecko)
Chrome/56.0.2924.87 Safari/537.36
```

このプロパティは、ブラウザのユーザーエージェントの値を持っています。
ユーザーエージェントとは、HTTPのヘッダー部分に付けられている文字列です。
このプロパティは読み出し専用です。

```
<script>
<!--
document.write("ユーザーエージェント : ",navigator.userAgent);
//-->
</script>
```

プラットフォームのタイプを取得する

navigator.platform

```
┌ プラットホームのタイプを取得する            ─   □   ×
ⓘ
*プラットホームのタイプを取得する

お使いのマシンのタイプ : Win32
```

　このプロパティは、プラットフォームのタイプの値を持っています。サンプルでは、ユーザーの環境に合わせて「Win32」や「MacPPC」といった値を表示します。

　JavaScript1.2で追加された、読み出し専用のプロパティです。

```
<script>
<!--
document.write("お使いのマシンのタイプ：",navigator.platform);
//-->
</script>
```

⚠ navigator.languageプロパティについて

「language」プロパティは、ブラウザの「ja」や「en」などのLANG属性の値を持っています。JavaScript1.2で追加された、読み出し専用のプロパティです。このプロパティは、次の用法で使用します。

```
<script>
<!--
document.write("使用言語:",navigator.language);
//-->
</script>
```

```
*ブラウザの使用言語を取得する

使用言語:ja
```

navigatorオブジェクト	userAgent

ブラウザの判別をする

navigator.userAgent

プロパティ

▷ ブラウザの判別をする	—	□	×
ⓘ			
*ブラウザの判別をする			
Google Chrome			

　サンプルでは、「userAgent」プロパティが持つブラウザのユーザエージェント情報の中から、ブラウザを特定できる文字列を検索することによって、ブラウザの判断をおこなっています。

　判断しているブラウザは、Firefox、Mozilla、Internet Explorer11.X、Microsoft Edge、Safari、Opera、Google Chromeとなります。

　FirefoxとMozillaは、まずはユーザエージェントに「Mozilla/5」の文字列が含まれていて、「Netscape」、「Safari」、「Chrome」、「Trident/7」、「Edg」の文字列が含まれていないことを判断し、その後「Firefox」の文字列が含まれていればFirefox、それ以外はMozillaとして判断しています。

　また、Google ChromeやMicrosoft Edgeのユーザエージェントには、「Safari」の文字列が含まれているので、Safariの判定処理では、ユーザエージェントに文字列「Safari」が含まれていて、かつ文字列「Chrome」、文字列「Edg」が含まれていないことで判断しています。

　さらに、Explorer11.Xは、ユーザエージェントに「Trident/7」の文字列が、Microsoft Edgeは、「Edg」の文字列が含まれていることで判断しています。

　Operaは、ユーザエージェントに「Opera」という文字列が含まれていてることで判断しています。この他、ユーザエージェントに「Chrome」という文字列が含まれていて、かつ「Edg」という文字列が含まれておらず、「OPR」の文字列が含まれている場合もOperaとなります。

　また、Google Chromeは、ユーザエージェントに「Chrome」という文字列が含まれていて、かつ「Edge」という文字列が含まれていないことを判断し、さらに「OPR」の文字列が含まれているブラウザ以外のブラウザとして判断しています。

　Internet Explorer11.X及びMicrosoft Edgeのユーザエージェントに関しては、コラム「Microsoftブラウザのユーザエージェント」(p.435)、Operaのユーザエージェントに関しては、コラム「Operaのユーザエージェント情報について」(p.374)も合わせて参照して下さい。

```
<script>
<!--
var UA=navigator.userAgent;
var Firefox_Moz=UA.indexOf("Mozilla/5") != -1 && UA.indexOf("Netscape")
== -1 && UA.indexOf("Safari") == -1 && UA.indexOf("Chrome") == -1 &&
UA.indexOf("Trident/7") == -1 && UA.indexOf("Edg") == -1;
var Safari=UA.indexOf("Safari") != -1 && UA.indexOf("Chrome") == -1  &&
UA.indexOf("Edg") == -1;
  if(Firefox_Moz){
    if(UA.indexOf("Firefox") != -1){document.write("Firefox")}
    else{document.write("Mozilla")}
  }
  if(Safari){document.write("Safari")}
  if(UA.indexOf("Trident/7") != -1){document.write("Internet Explorer11.
X")}
  if(UA.indexOf("Edg") != -1){document.write("Microsoft Edge")}
  if(UA.indexOf("Opera") != -1){document.write("Opera")}
  if(UA.indexOf("Chrome") != -1 && UA.indexOf("Edg") == -1){
    if(UA.indexOf("OPR") != -1){document.write("Opera")}
    else {document.write("Google Chrome")}
  }
//-->
</script>
```

コラム E4X(ECMAScript for XML)とは

　E4X(ECMAScript for XML)とは、ECMAが、JavaScriptを元に標準化が
行われたECMAScriptの他に、関連規格として、XMLをネイティブでサポー
トした規格として策定が行われていた規格です。E4Xでは、XML文章に対し、
ECMAScript(JavaScript)と同じような手法で、アクセスできるようにすること
によって、DOMを介するよりも簡潔にXML文書へアクセスするための新しい構
文を実現することを目標に、ECMA-357において作業が進められていましたが、
結局規格化はされませんでした。

　E4Xは、JavaScript1.6(Firefox 1.5以降)からサポートされました。しかし
E4Xが規格化されなかったことに伴い、FirefoxでのE4Xのサポートが廃止とな
り、JavaScript1.8.6を搭載した、Firefox 17からは、E4Xはデフォルトでは無
効となり、Firefox 21以降では完全に削除されています。

　　　　　　　　　　　　　　　mimeTypes

使用可能なMIMEのタイプを取得する

`navigator.mimeTypes`　　　　　　　　　オブジェクト(配列)
`navigator.mimeTypes[n].type`　　　　　　　　プロパティ
`navigator.mimeTypes[n].description`　　　　プロパティ
`navigator.mimeTypes[n].suffixes`　　　　　プロパティ
`mimeTypes`

```
*使用可能なMIMEのタイプを取得する

7個

タイプ / 説明 / 拡張子
application/x-ppapi-widevine-cdm / Widevine Content
Decryption Module /
application/x-shockwave-flash / Shockwave Flash / swf
application/futuresplash / Shockwave Flash / spl
application/pdf / / pdf
application/x-nacl / Native Client Executable /
application/x-pnacl / Portable Native Client Executable /
application/x-google-chrome-pdf / Portable Document
Format / pdf
```

　サンプルでは、「length」プロパティでMIMEタイプの数を出し、そのブラウザで利用可能なMIMEタイプの一覧を作成しています。

　「type」プロパティはMIMEのタイプを、「description」プロパティはその詳細を、「suffixes」プロパティは拡張子をそれぞれ返します。

　mimeTypesオブジェクトには、その他にも「enablePlugin」(プラグインを使うための名前を返す)というプロパティがあります。

　JavaScript1.1で追加された、読み出し専用のプロパティです。

```
<script>
<!--
var L = navigator.mimeTypes.length;
document.write( L );
document.write("個".bold());
document.write("<p>");
document.write("タイプ / 説明 / 拡張子".bold());
document.write("<br>");
for(i=0; i<L; i++){
document.write(navigator.mimeTypes[i].type);
document.write(" / ".bold());
document.write(navigator.mimeTypes[i].description);
document.write(" / ".bold());
document.write(navigator.mimeTypes[i].suffixes);
document.write("<br>");
}
//-->
</script>
```

☞ length：「オブジェクト（配列）の数を取得する」（p.507）

使用可能なプラグインを取得する

```
navigator.plugins
```
オブジェクト(配列)
```
navigator.plugins[n].name
```
プロパティ
```
navigator.plugins[n].filename
```
プロパティ
```
navigator.plugins[n].description
```
プロパティ

サンプルでは、「length」プロパティでプラグインの数を出し、そのブラウザで使用可能なプラグインの一覧を作成しています。

「name」プロパティはプラグインの名前を、「filename」プロパティはファイル名を、「description」プロパティはその詳細をそれぞれ返します。

JavaScript1.1で追加された、読み出し専用のプロパティです。

```
<script>
<!--
var L = navigator.plugins.length;
document.write("<p>");
document.write( L );
document.write("個".bold());
document.write("</p>");
document.write("名前 / ファイル名 / 説明".bold());
document.write("<br>");
for(i=0; i<L; i++){
document.write(navigator.plugins[i].name);
document.write(" / ".bold());
document.write(navigator.plugins[i].filename);
document.write(" / ".bold());
document.write(navigator.plugins[i].description);
document.write("<br>");
}
//-->
</script>
```

☞ length：「オブジェクト（配列）の数を取得する」(p.507)

screenオブジェクト	width	height	availWidth	availHeight

ディスプレイのサイズを取得する

screen.**width**	プロパティ
screen.**height**	プロパティ
screen.**availWidth**	プロパティ
screen.**availHeight**	プロパティ
availHeight	プロパティ

```
┌ ディスプレイのサイズを取得する        —  □  ×
ⓘ
*ディスプレイのサイズを取得する

スクリーンの幅(pixels) : 1920
スクリーンの高さ(pixels) : 1080
使用可能なスクリーンの幅(pixels) : 1920
使用可能なスクリーンの高さ(pixels) : 1050
```

　「width」プロパティと「height」プロパティは、スクリーン全体の幅と高さの値を返します。「availWidth」プロパティと「availHeight」プロパティは、スクリーン全体からWindowsのタスクバーのように表示できない部分を除いたスクリーンの幅と高さの値を、それぞれ返します。

　JavaScript1.2で追加された、読み出し専用のプロパティです。

```
<script>
<!--
document.write("スクリーンの幅(pixels) : ",screen.width);
document.write("<br>");
document.write("スクリーンの高さ(pixels) : ",screen.height);
document.write("<br>");
document.write("使用可能なスクリーンの幅(pixels) : ",screen.availWidth);
document.write("<br>");
document.write("使用可能なスクリーンの高さ(pixels) : ",screen.availHeight);
//-->
</script>
```

pixelDepth **colorDepth**

ディスプレイの表示情報を取得する

```
screen.pixelDepth
```
プロパティ
```
screen.colorDepth
```
プロパティ

🗋 ディスプレイの表示情報を取得する 　　　　　　　　— 　□ 　✕

ⓘ

*ディスプレイの表示情報を取得する

ディスプレイ深度(bits per pixel) : 24
使用可能カラー数(bitカラー) : 24

　「pixelDepth」プロパティは1ピクセルあたり何ビットの情報で表示するかの値を、「colorDepth」プロパティは表示可能色数の値を、それぞれビット数で返します。

　たとえば、256色の場合は8、65,000色の場合は16となります。

　JavaScript1.2で追加された、読み出し専用のプロパティです。

```
<script>
<!--
document.write("ディスプレイ深度(bits per pixel)：",screen.pixelDepth);
document.write("<br>");
document.write("使用可能\カラー数(bitカラー)：",screen.colorDepth);
//-->
</script>
```

eventオブジェクト **type**

イベントのタイプを取得する

```
event.type          プロパティ
onClick             イベント
onMouseOut          イベント
onMouseDown         イベント
onMouseUp           イベント
onMouseOver         イベント
```

　「type」プロパティは、発生したイベントのタイプの値を持っています。サンプルでは、フォームやリンクに色々なイベントハンドラを設定し、イベントが発生した時に警告用のダイアログボックスにそのイベントタイプを表示していま

す。「onClick」は、オブジェクトがクリックされた時にイベントを発生し、イベントタイプは「click」を持ちます。同様に、「onMouseOut」はオブジェクトからマウスカーソルが離れた時に発生し「mouseout」を、「onMouseDown」はマウスボタンが押し下げられた時に発生し「mousedown」を、「onMouseUp」はマウスボタンが離された時に発生し「onmouseup」を、「onMouseOver」はオブジェクト上にマウスポインタが来た時に発生し「onmouseover」を、それぞれ持っています。

　JavaScript1.2で追加されたプロパティです。

```
<!DOCTYPE html>
<html lang="ja">
<head>
<meta charset="UTF-8">
<title>イベントのタイプを取得する</title>
<style>
<!--
body { background-color: #ffffff; }
-->
</style>
</head>
<body>
*イベントのタイプを取得する
<p>
<form>
 <input type="button" value=" onClick Event!! "
          onClick="alert('イベントタイプ：'+ event.type)">
</form>
</p>
<p>
<a href="#" onMouseOut="alert('イベントタイプ：'+ event.type)">
onMouseOut Event!!
</a>
</p>
<p>
<a href="#" onMouseDown="alert('イベントタイプ：'+ event.type)">
onMouseDown Event!!
</a>
</p>
<p>
<a href="#" onMouseUp="alert('イベントタイプ：'+ event.type)">
onMouseUp Event!!
</a>
</p>
<p>
<a href="#" onMouseOver="alert('イベントタイプ：'+ event.type)">
onMouseOver Event!!
</a>
</p>
</body></html>
```

☞「イベントハンドラ」(.342)

eventオブジェクト　**window**　**event**　**type**

どこでイベントが発生したかを取得する

window.event.type	イベントの種類	プロパティ
window.event.**screenX**	ディスプレイ上のX軸の値	プロパティ
window.event.**screenY**	ディスプレイ上のY軸の値	プロパティ
window.event.**clientX**	クライアント上のX軸の値	プロパティ
window.event.**clientY**	クライアントのY軸の値	プロパティ
window.event.**offsetX**	ページ上のX軸の値	プロパティ
window.event.**offsetY**	ページ上のY軸の値	プロパティ
onmousedown		イベント

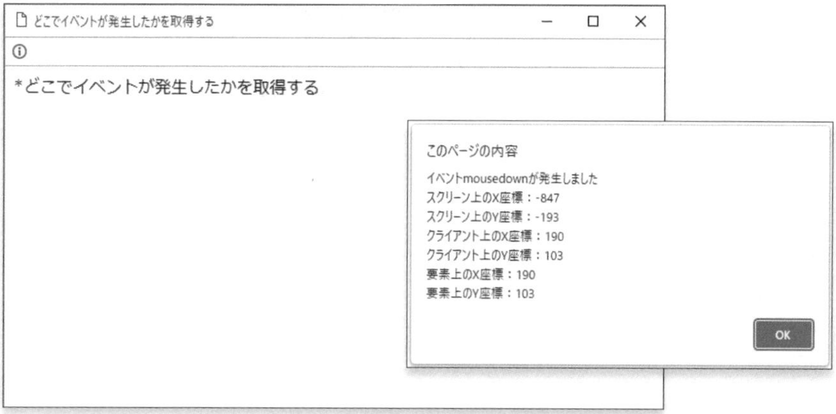
どこでイベントが発生したかを取得する
*どこでイベントが発生したかを取得する
このページの内容
イベントmousedownが発生しました
スクリーン上のX座標：-847
スクリーン上のY座標：-193
クライアント上のX座標：190
クライアント上のY座標：103
要素上のX座標：190
要素上のY座標：103
OK

「screenX」と「screenY」プロパティはイベントが起こったディスプレイ上のX軸とY軸の値を、「clientX」、「clientY」プロパティはイベントが起こったクライアント上のX軸とY軸の値を、「offsetX」と「offsetY」プロパティはイベントが起こった要素上のX軸とY軸の値をそれぞれ持っています。

「offsetX」と「offsetX」は、Firefoxではサポートされていません。サンプルでは、マウスボタンが押されたとき、イベントタイプ「document.onmousedown」によってイベントが取得され関数「eve1()」を発生し、関数の処理で発生したイベントが持っているプロパティの値を取り出し、それをアラートダイア

ログボックスに表示しています。 サンプルでは、マウスボタンが押されたとき、イベントタイプ「document.onmousedown」によってイベントが取得され関数「eve1()」の処理を行っています。

eventオブジェクトのプロパティの値を取得する時の「window.event.プロパティ」の用法は、以前はNetscape NavigatorなどのMozilla系ブラウザでは、サポートされていませんでした。しかし今では、Mozilla系ブラウザであるFirefoxでもサポート

しています。また、Microsoft Edge、Safari、Chrome、Operaも、この用法をサポートしています。

Netscape Navigatorのeventオブジェクトの用法は、「どこでイベントが発生したかを取得する - Firefox -」を参照してください。

```html
<!DOCTYPE html>
<html lang="ja">
<head>
<meta charset="UTF-8">
<title>どこでイベントが発生したかを取得する</title>
<script>
<!--
function eve1() {
    alert (      "イベント"+window.event.type +"が発生しました"    + "¥n" +
                "スクリーン上のX座標:"   + window.event.screenX + "¥n" +
                "スクリーン上のY座標:"    + window.event.screenY + "¥n" +
                "クライアント上のX座標:" + window.event.clientX + "¥n" +
                "クライアント上のY座標:" + window.event.clientY + "¥n" +
                "要素上のX座標:" + window.event.offsetX + "¥n" +
                "要素上のY座標:" + window.event.offsetY );
    return true;
}
document.onmousedown = eve1;
//-->
</script>
<style>
<!--
body { background-color: #ffffff; }
-->
</style>
</head>
<body>
*どこでイベントが発生したかを取得する
</body></html>
```

「どこでイベントが発生したかを取得する - Firefox -」(p.373)
「イベントハンドラ」(.342)

type

どこでイベントが発生したかを取得する
-Firefox-

イベント.**type**	イベントの種類	プロパティ
イベント.**screenX**	ディスプレイ上のX軸の値	プロパティ
イベント.**screenY**	ディスプレイ上のY軸の値	プロパティ
イベント.**clientX**	クライアント上のX軸の値	プロパティ
イベント.**clientY**	クライアントのY軸の値	プロパティ
イベント.**pageX**	ページ上のX軸の値	プロパティ
イベント.**pageY**	ページ上のY軸の値	プロパティ
onmousedown		イベント

　「screenX」と「screenY」プロパティはイベントが起こったディスプレイ上のX軸とY軸の値を、「clientX」、「clientY」プロパティはイベントが起こったクライアント上のX軸とY軸の値を、「pageX」と「pageY」プロパティはイベントが起こったページ上のX軸とY軸の値をそれぞれ持っています。

　「clientX」プロパティと「pageX」プロパティ、「clientY」プロパティと「pageY」プロパティは、同じ値となります。

　「pageX」と「pageY」は、バージョン9以前のInternet Explorerではサポートされていません。

　サンプルでは、マウスボタンが押されたとき、イベントタイプ「document.onmousedown」によってイベントが取得され関数「eve1()」の処理を行っています。関数の処理では、「function eve1(e)」として、eventオブジェクトが持つ値を、一旦変数「e」に代入した後、関数の処理で「変数.プロパティ」の用法で、変数「e」から各プロパティの値を取り出し、それをアラートダイアログボックスに表示しています。

　この「変数.プロパティ」の用法は、バージョン9以前のInternet Explorerではサポー

トされていませんでした。また、バージョン10以降のInternet Explorer、Microsoft Edge、Safari、Chrome、Operaは、この用法をサポートしています。

```
<script>
<!--
function eve1(e) {
  alert ("イベント"+ e.type +"が発生しました" + "¥n" +
    "スクリーン上のX座標:"    + e.screenX + "¥n" +
    "スクリーン上のY座標:"    + e.screenY + "¥n" +
    "クライアント上のX座標:" + e.clientX + "¥n" +
    "クライアント上のY座標:" + e.clientY + "¥n" +
    "ページ上のX座標:"        + e.pageX + "¥n" +
    "ページ上のY座標:"        + e.pageY );
    return true;
}
document.onmousedown = eve1;
//-->
</script>
```

☞「どこでイベントが発生したかを取得する」(p.371)
「イベントハンドラ」(.342)

> **コラム Operaのユーザエージェント情報について**
>
> 　バージョン9以降のOperaのユーザエージェントは、「Opera/9.10(Windows NT 5.1; U; ja)」といったように、実際のブラウザ名とバージョンからなるユーザエージェントをつけるようになっています。しかし、バージョン8以前のOperaのユーザエージェントは、例えば「Mozilla/4.0(compatible;MSIE6.0;WindowsNT5.1;en)Opera8.52」といったように、Internet Explorerに合わせたユーザエージェントの後ろに、Operaであることを示す文字列と、実際のバージョンを表す文字列を付加した形式をとっていました。このため、ブラウザの種類でInternet Explorerを特定する場合、ユーザエージェントに文字列「Opera」が含まれていないことを調べる必要があります。
>
> 　そしてさらにバージョン16では、「Mozilla/5.0(Macintosh;IntelMacOSX 10_8_5)AppleWebKit/537.36(KHTML,likeGecko)Chrome/29.0.1547.76 Safari/537.36 OPR/16.0.1196.80」といったように、オペラを表す文字列が、「OPR」に変わっています。また、ユーザエージェント内には、「Chrome」や「Safari」といった文字列も含まれたいるので、ブラウザを判断する場合、注意が必要です。

	keyCode	onkeydown

どのキーが押されたかを取得する

- Firefox
  イベント.keyCode　　　　　　　　　　　　プロパティ

- Internet Explorer
  window.event.keyCode　　　　　　　　　プロパティ
  onkeydown　　　　　　　　　　　　　　　イベント

　「keyCode」プロパティは、イベント発生時に押されたキーのASCIIの値を持っています。サンプルでは、キーが押されたことを「document.onkeydown」によってイベントとしてとらえ関数「eve1」の処理を発生しています。関数「eve1」の処理では、「window.event」の用法が使用できるかどうか調べた後、「window.event」、「イベント.keyCode」の両方の用法を使って、「keyCode」の値を警告用のダイアログボックスに表示しています。

　そのとき、ASCIIの値そのままでは「a」のキーは「65」、「b」のキーは「66」といったコード番号なので、それをstringオブジェクトの「fromCharCode」メソッドを使用して英数字に変換しています。

```
<!DOCTYPE html>
<html lang="ja">
<head>
<meta charset="UTF-8">
<title>どのキーが押されたかを取得する</title>
<script>
<!--
function eve1(e) {
    if(window.event){
        alert (String.fromCharCode(window.event.keyCode) + ":key が押されまし
た");
        return true;
    }
    else{
        alert (String.fromCharCode(e.keyCode) + ":key が押されました");
        return true;
    }
}
document.onkeydown = eve1;
//-->
</script>
<style>
<!--
body { background-color: #ffffff; }
-->
</style>
</head>
<body>
*どのキーが押されたかを取得する
</body></html>
```

☞「イベントハンドラ」(.342)

コラム iPhone、iPad、iPod、Androidの判別

　iPhone、iPad、iPod、AndroidなどのJavaScript対応ブラウザが用意されて
いる携帯端末では、navigatorオブジェクトのuserAgentプロパティを使って、
ブラウザのユーザエージェントを調べることによって、端末の種類を判断するこ
とができます。

　これらの端末のうち、iPhoneのユーザエージェントには「iPhone」、iPadには
「iPad」、iPodには「iPod」、Androidには「Android」の文字列が、それぞれ含まれ
ています。このため、例えば「navigator.userAgent.indexOf("iPhone")」が真と
なる場合、その端末は「iPhone」である、と判断することが可能です。

ウィンドウのサイズの変更を取得する

onresize

```
ウィンドウのサイズの変更を取得する        ─    □    ×
ⓘ
*ウィンドウのサイズの変更を取得する
高さ：144
横幅：523
```

　イベント「onresize」はウィンドウのサイズが変更されたときのイベントを取得します。

　サンプルでは、ウィンドウサイズが変更されたことを「window.onresize」によってイベントとしてとらえ、イベントが発生するたびに、ウィンドウのサイズをフォーム内のテキストエリアに表示しています。

　フォーム内のテキストエリアに値を表示する方法に関しては、「フォームに文字を流す」を、ウインドウサイズに関しては、「ウィンドウの外周・内周を取得する」を参照してください。

```
<!DOCTYPE html>
<html lang="ja">
<head>
<meta charset="UTF-8">
<title>ウィンドウのサイズの変更を取得する</title>
<script>
<!--
function eve1() {
    document.Fmess.fin1.value = window.innerHeight
    document.Fmess.fin2.value = window.innerWidth
}
window.onresize = eve1;
//-->
</script>
<style>
<!--
body { background-color: #ffffff; }
-->
</style>
</head>
<body>
*ウィンドウのサイズの変更を取得する
```

```
<form name="Fmess">
    高さ：<input type="text" name="fin1" value="" size=10>
    <br>
    横幅：<input type="text" name="fin2" value="" size=10>
</form>
</body></html>
```

「イベントハンドラ」(.342)

innerHeight：ウィンドウの外周・内周を取得する(p.389)

innerWidth：ウィンドウの外周・内周を取得する(p.389)

⚠ リンクでイベントハンドラを使用する時の注意

JavaScriptの処理の最後に、「return false」を設定すれば、リンクがクリックされてもリンク先へ移動する動作は、発生しません。しかしながら、リンク上で「onClick」などのイベントハンドラを使う時には、必ずリンク先を指定するようにしましょう。もし、リンクをボタンのように使い、クリックしても他のページへ飛びたくないような時には、<a href="#"> といったように、リンクに「#」を設定するとよいでしょう。

警告用のダイアログボックスを開く

alert（文字列）　　　　　　　　　　　　　　　　　　　　　　メソッド
onClick="スクリプト　|　関数"　　　　　　　　　　　　イベントハンドラ

「alert()」メソッドは、警告用のダイアログボックスを開きます。サンプルでは、ボタンをクリックした時にイベントハンドラ「onClick」が関数「EVENT2()」を発生し、ダイアログボックスを開いています。利用者に注意をうながす時などに使用します。

```
<script>
<!--
    function EVENT1(){ window.alert("アラートウィンドウが開きます!!") }
//-->
</script>
<style>
<!--
body { background-color: #ffffff; }
-->
</style>
</head>
<body>
*警告用のダイアログボックスを開く
<p>
<form>
<input type="button" value="
    注意!! ここをクリックすると " onClick="EVENT1()">
</form>
</p>
</body></html>
```

確認ボタン付きのダイアログボックスを開く

confirm(文字列)

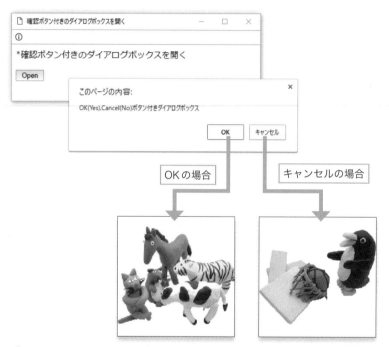

「confirm()」メソッドは、確認ボタン付きのダイアログボックスを開きます。確認ボタンの名称は、[OK]と[キャンセル]、[Yes]と[No]など、OSによって違いますがあります。[OK]または[Yes]のボタンが押された時は真(true)の値を、[キャンセル]または[No]のボタンが押された時は偽(false)の値を返します。サンプルでは、押されたボタンによって違うページがロードされるようになっています。実際に試す場合には、この他にも「wp1.html」と「wp2.html」を用意してください。

```
<!DOCTYPE html>
<html lang="ja">
<head>
<meta charset="UTF-8">
<title>確認ボタン付きのダイアログボックスを開く</title>
<script>
<!--
function EVENT3(){
  if ( confirm ("OK(Yes).Cancel(No)ボタン付きダイアログボックス") ) {
     location.href="wp1.html" }
     else { location.href="wp2.html" }
}
//-->
</script>
<style>
<!--
body { background-color: #ffffff; }
-->
</style>
</head>
<body>
*確認ボタン付きのダイアログボックスを開く
<p>
<form>
    <input type="button" value=" Open " onClick="EVENT3()">
</form>
</p>
</body></html>
```

☞ location.href：「自ページのURLを取得する」(p.412)

コラム Firefoxの次期レンダリングエンジン

　Firefoxでは、レンダリングエンジンとして、Geckoが使われています。このような状況な中、Firefoxの開発を行っているMozillaは、2016年の10月に、Geckoに変わる次期レンダリングエンジンの開発を行うプロジェクト「Project Quantum」を発表しました。このプロジェクトでは、Mozillaが主催し、独立したコミュニティにより開発が進められているレンダリングエンジン「Servo」を、順次Firefoxに取り込んでいく予定になっています。

　現在、Firefoxのユーザエージェントには、現行のレンダリングエンジンである「Gecko」の文字列が含まれています。これが、今後次期レンダリングエンジンの開発、実装が進み、Firefoxに搭載された時、「Servo」なりの文字列に変更される可能性があります。ユーザエージェント内のレンダリングエンジン名を調べて処理を変えている場合、影響を受ける可能性がありますので、次期レンダリングエンジンの状況に関しても、注意を払う必要があるでしょう。

入力欄付きのダイアログボックスを開く

prompt（文字列，値）

ウィンドウを操作する

　prompt()」メソッドは、入力欄付きのダイアログボックスを開きます。

　「prompt(ウィンドウ内に表示する文字列,入力ボックス内の初期値)」と指定します。[OK]ボタンが押されると入力欄付きダイアログボックス内の値が代入され、[キャンセル]ボタンが押されるとnullの値を返します。

サンプルでは、入力欄に何も入力されていなかったり、初期値のままだったり、[キャンセル]ボタンが押された時には、「alert()」メソッドで警告用のダイアログボックスを開きます。それ以外の場合は入力されたURLをロードし、もしその時に入力されたURLが不正な場合はブラウザ自身が警告をします。

```html
<!DOCTYPE html>
<html lang="ja">
<head>
<meta charset="UTF-8">
<title>入力欄付きのダイアログボックスを開く</title>
<script>
<!--
function EVENT4(){
  PRO=
    prompt("お好きなURLを入力した後[OK]ボタンを押してください","http://");
    if (!(PRO=="" || PRO==null || PRO=="http://")) { location.href=PRO }
    else { alert("なにも入力されていないか、[Cancel]ボタンが押されました")}
}
//-->
</script>
<style>
<!--
body { background-color: #ffffff; }
-->
</style>
</head>
<body>
*入力欄付きのダイアログボックスを開く
<p>
<form>
  <input type="button" value=" 入力欄付きのダイアログボックス "
    onClick="EVENT4()">
</form>
</p>
</body></html>
```

☞ location.href：「自ページのURLを取得する」(p.412)

新しいウィンドウを開く

`window.open("URL", "ウィンドウ名", "属性")`　メソッド

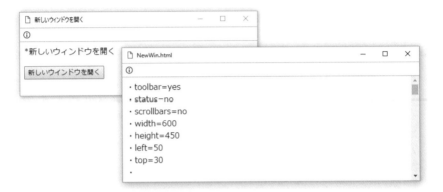

　新しいウィンドウを開くには、「window.open("URL","ウィンドウ名","属性")」メソッドを使用します。

　メソッドに設定する値のうち、「URL」はウィンドウ内に表示するページのURLの値を設定します。また、「ウィンドウ名」には任意のウィンドウ名を設定し、ここで設定したウィンドウ名は、以降の処理で、JavaScriptを使って参照できるようになります。例えば、「open」メソッドを使って、同じウィンドウ名を設定した新たなウィンドウを開くと、その都度、新規にウィンドウが開くのではなく、すでに開いている同じウィンドウ名のウィンドウに、ページが読み込まれます。

　「属性」では、ウィンドウのツールバーやスクロールバーなどの有無、ウィンドウのサイズなど、新たに開くウィンドウの属性の設定を行います。「属性」の各項目は「,」で区切って設定します。「属性」のうち、ツールバーやスクロールバーなどウィンドウの機能に関する項目の設定では、その項目が必要であれば「=yes」または「=1」、不要であれば「=no」または「=0」と指定して設定し、各項目は、省略すると「yes」として判断されます。また、ウィンドウのサイズや表示位置など、サイズや位置に関する設定の、設定単位は「ピクセル」となります。ウィンドウサイズは、セキュリティ対策のため、横幅や高を100ピクセル以下といった小さな数値を設定すると、反映されない場合があります。「open」メソッドの「属性」は、次の通りです。

⬇ openメソッドの属性オプション（windowFeatures）

・JavaScript 1.0 ～	
`toolbar[=yes|no]|[=1|0]`	ツールバー
`location[=yes|no]|[=1|0]`	ロケーションバー
`directories[=yes|no]||[=1|0]`	ディレクトリーバー
`status[=yes|no]|[=1|0]`	ステータスバー
`menubar[=yes|no]|[=1|0]`	メニューバー
`scrollbars[=yes|no]|[=1|0]`	スクロールバー
`resizable[=yes|no]|[=1|0]`	リサイズボックス
`width=pixels`	ウィンドウの横幅(コンテンツ表示領域)
`height=pixels`	ウィンドウの縦幅(コンテンツ表示領域)
・JavaScript 1.2 ～	
`left=pixels`	デスクトップの左端からの位置
`top=pixels`	デスクトップの上端からの位置
`innerWidth=pixels`	ウィンドウのコンテンツ表示領域の横幅(widthから変更)
`innerHeight=pixels`	ウィンドウのコンテンツ表示領域の高さ(heightから変更)
`outerWidth=pixels`	ウィンドウの外周の幅
`outerHeight=pixels`	ウィンドウの外周の高さ
`screenX=pixels`	ディスプレイ左上からのX座標
`screenY=pixels`	ディスプレイ左上からのY座標

　サンプルでは、ボタンフォームをクリックした時、新たなウィンドウを開いています。この時、新しいウィンドウには、HTMLファイル「NewWin.html」が読み込まれ、ウィンドウ名は、「WindowOpen」となります。「属性」では、ツールバーあり、ステータス行あり、スクロールバーなしで、コンテンツ表示領域の横幅600ピクセル、高さ450ピクセルのウィンドウが、ディスプレイ左端から50ピクセル、上端から30ピクセルの位置に、ウィンドウを表示するよう設定しています。

```
<!DOCTYPE html>
<html lang="ja">
<head>
<meta charset="UTF-8">
<title>新しいウィンドウを開く</title>
<script>
<!--
function wopen(){
  window.open("NewWin.html","WindowOpen",
    "toolbar=yes,status=no,scrollbars=no,width=600,height=450,left=50,
top=30") }
//-->
```

```
</script>
<style>
<!--
body { background-color: #ffffff; }
-->
</style>
</head>
<body>
*新しいウィンドウを開く
<p>
<form>
  <input type="button" value="新しいウインドウを開く" onclick="wopen()">
</form>
</p>
</body></html>
```

コラム <script>要素内でのJavaScriptの指定

HTML4.0以降、<script>要素内でのスクリプトの設定方法にも変化があり、それまで使用していた「language」属性は不適切となり、「type」属性を使うようになりました。「type」属性を使ったJavaScriptの指定方法は、次の通りとなります。

```
<script type="text/javascript">
<!--
JavaScriptのソース
//-->
</script>
```

また、<head> ～ </head>での<meta>要素を使った、スクリプト言語の指定は、次の通りとなります。

```
<meta http-equiv="Content-Script-Type" content="text/javascript">
```

ウィンドウを閉じる

```
window.close()                            メソッド
setTimeout(処理, 時間設定)                 メソッド
onLoad="スクリプト | 関数"            イベントハンドラ
```

　「close()」メソッドは、ウィンドウを閉じます。サンプルでは、ページがロードされた時に<body>内のイベントハンドラ「onLoad」が「setTimeout()」メソッドを呼び出し、10秒後に「window.close()」が発生してウィンドウが閉じます。また、フォームのボタンを押しても、イベントハンドラ「onClick」が「window.close()」を発生させ、ウィンドウが閉じます。

　setTimeoutはミリ秒(1000分の1秒)単位で時間を設定できますが、あまり小さい数字を設定しても効果は出ません。

　Netscape Navigator 3.0からは、セキュリティ上の対策のため、「close()」メソッドが発生した時にウィンドウが来歴情報を持っていれば、閉じる時に確認のダイアログボックスが開くようになりました。

【サブウィンドウ(win1.html)】

```html
<!DOCTYPE html>
<html lang="ja">
<head>
<meta charset="UTF-8">
<title>win1</title>
<style>
<!--
body { background-color: #ffffff; }
-->
</style>
</head>
<body onLoad="setTimeout('window.close()',10000)">
このウィンドウは約10秒後に<br>
自動的にクローズします。
<p>
また、下の[Close]ボタンを押しても<br>
ウィンドウがクローズします。
</p>
<hr>
<form>
    <input type="button" value=" Close " onclick="window.close()">
</form>
</body></html>
```

ウィンドウの外周・内周を取得する

```
window.innerHeight                          プロパティ
window.innerWidth                           プロパティ
window.outerHeight                          プロパティ
window.outerWidth                           プロパティ
```

「innerHeight」プロパティと「innerWidth」プロパティはウィンドウ内の表示領域の高さと幅の値を、「outerHeight」プロパティと「outerWidth」プロパティはツールバーやステータスバーなども含めたウィンドウの外側の高さと幅の値を、それぞれ持っています。

```
<script>
<!--
    document.write("ウィンドウの高さ（内側）：",window.innerHeight);
    document.write("<br>");
    document.write("ウィンドウの幅（内側）：",window.innerWidth);
    document.write("<br>");
    document.write("ウィンドウの高さ（外側）：",window.outerHeight);
    document.write("<br>");
    document.write("ウィンドウの幅（外側）：",window.outerWidth);
//-->
</script>
```

ウィンドウ内の文字を検索する

```
window.find(文字列, [true | false] )
```
メソッド

　「find()」メソッドは、ウィンドウ内の文字列を検索し指定された文字列が発見された時にtrue(真)を返します。

　サンプルでは、フォームに入力された文字列がウィンドウ上に含まれているかどうかを検索しています。もし該当する文字列があれば、その部分が選択状態になります。

　JavaScript1.2で追加されたメソッドです。

```
<!DOCTYPE html>
<html lang="ja">
<head>
<meta charset="UTF-8">
<title>ウィンドウ内の文字を検索する</title>
<script>
<!--
function FIN(i) {
  if ( window.find(i,true) ) {
    document.Fmess.fmess.value = "文字列「" + i + "」を検索しました" }
}
//-->
</script>
<style>
<!--
body { background-color: #ffffff; }
-->
</style>
</head>
<body>
*ウィンドウ内の文字を検索する
<hr>
<blockquote>
<b>"JavaScript"</b>とは、Netscape社がWebページの処理能力を高めるために開発した
<b>"LiveScript"</b>を元に、Netscape社とSunが共同で開発した<b>スクリプト言語</b>で、
Netscape Navigator 2.0以降のブラウザやInternet Explorer 3.0以降のブラウザなどで対応さ
れています。
</blockquote>
<hr>
<form name="Fmess">
    <input type="text" name="fin1" value="" size=30>
    <input type="button" name= "fin2" value=" 検索!! "
      onClick="FIN(fin1.value)">
    <br>
    <input type="text" name="fmess" SIZE=40>
</form>
</body></html>
```

⚠ 書き出された文字が文字化けする時は

以前は使われている日本語の文字コードの関係で「document.write()」で文字を
書き出したり、「alert()」メソッドなどのダイアログボックスに文字を表示した時
に、「表示」といった漢字が「侮ヲ」と文字化けしてしまう場合がありました。この
他にも、「可能¥」や「予¥定」や「申¥し訳」などのよく使いそうな漢字にも同様の問
題があり、その結果エラーを起こす場合がありました。
この問題が発生した場合は、「表¥示」と、文字化けしている文字の後ろに「¥」(ま
たはバックスラッシュ)を入れることによって回避できます。

frameオブジェクト   **parent**

入力されたURLを別フレームに表示する

parent.フレーム名.プロパティ

　JavaScriptを記述しているフレーム以外のフレームにJavaScriptの値を引き渡す時は、「parent.値を渡すフレーム名.値」と指定します。サンプルでは、フォーム内に入力されたURLの値を「parent.f1.location」として、フレームネーム「f1」の「ロケーションの値」に引き渡しています。

　「location」プロパティの使い方に関しては、「locationオブジェクト」の「入力されたURLへ進むフォームを作る」を参照してください。また、フレームを抜けてページを表示するには、「parent.top.location.href=URL」と「top」プロパティを指定します。具体的な使い方は、「Formオブジェクト」の「ラジオボタンをリンクに使う」を参考にしてください。

　実際に試す場合には、この他にも「f1.html」を用意してください。

　なお、指定したサイトが、フレーム内への表示を許可していない場合。サイトは表示されません。

【フレームウィンドウ(index.html)】

```
<!DOCTYPE html>
<html lang="ja">
<head>
<meta charset="UTF-8">
<title>入力されたURLを別フレームに表示する</title>
</head>
<frameset rows="*,100">
    <frame src="f1.html" name="f1">
```

```
    <frame src="f2.html" name="f2">
</frameset>
<noframes>
フレーム機能を使用しています。フレーム対応のブラウザで試してください(^_^)。
</noframes>
</html>
```

【サブウィンドウ(f2.html)】

```
<!DOCTYPE html>
<html lang="ja">
<head>
<meta charset="UTF-8">
<title>f2.html</title>
<script>
<!--
function LC2(go){
    if (go.url2.value != "") { parent.f1.location.href=go.url2.value }
    else { alert("URLを入力してください") }
}
//-->
</script>
<style type="text/css">
<!--
body { background-color: #ffffff; }
-->
</style>
</head>
<body>
<form name="URL2">
<input type="text" name="url2" value="http://" size=40 >
<input type="button" name= "CF2" value=" Go!! " onClick="LC2(this.form)">
</form>
</body></html>
```

☞ location：「入力されたURLへ進むフォームを作る」(p.413)
　　　　top：「ラジオボタンをリンクに使う」(p.427)

⚠ JavaScriptで操作できるフレームの範囲

JavaScriptでは、セキュリティー上の配慮から、親フレームと子フレーム、あるいは複数のフレームに表示したHTMLファイルが別ドメインの場合は、子フレーム間で値を取得したり、操作することはできません。

複数のフレームを同時に変更する -ボタンを使う-

parent.フレーム名.**location**.**href**=URL

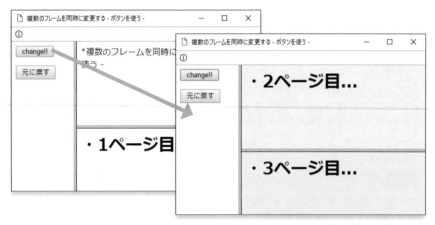

　サンプルでは、ボタンがクリックされた時に、ふたつのURLの値を持った関数を発生し、その値を1度に関数の処理へ引き渡すことにより、複数のフレームに新しいページを読み込んでいます。このように、「parent.フレーム名.location.href=URL」の処理を複数設定するだけで、1回の処理で複数のフォームを変更することが可能です。

　実際に試す場合には、この他にも「page1.html」~「page3.html」の3つのHTMLファイルを用意してください。

【フレームウィンドウ(index.html)】
```html
<!DOCTYPE html>
<html lang="ja">
<head>
<meta charset="UTF-8">
<title>複数のフレームを同時に変更する - ボタンを使う -</title>
</head>
<frameset cols="120,*">
    <frame src="f1.html" name="f1">
  <frameset rows="50%,50%">
    <frame src="f2.html" name="f2">
    <frame src="page1.html" name="f3">
    </frameset>
</frameset>
<noframes>
フレーム機能を使用しています。フレーム対応のブラウザで試してください(^_^)。
</noframes>
</html>
```

[f1.html]
```
<!DOCTYPE html>
<html lang="ja">
<head>
<meta charset="UTF-8">
<title>複数のフレームを同時に変更する － ボタンを使う －</title>
<script type="text/javascript">
<!--
function CH1(P1,P2){
    parent.f2.location.href=P1;
    parent.f3.location.href=P2;
}
//-->
</script>
<style type="text/css">
<!--
body { background-color: #ffffff; }
-->
</style>
</head>
<body>
<p>
<form>
<input type="button" value=" change!! "
  onClick="CH1('page2.html','page3.html')">
</form>
</p>
<p>
<form>
<input type="button" value=" 元に戻す "
  onClick="CH1('f2.html','page1.html')">
</form>
</p>
</body></html>
```

[f2.html]
```
<!DOCTYPE html>
<html lang="ja">
<head>
<meta charset="UTF-8">
<title>複数のフレームを同時に変更する － ボタンを使う －</title>
<style type="text/css">
<!--
body { background-color: #ffffff; }
-->
</style>
</head>
<body>
*複数のフレームを同時に変更する － ボタンを使う －
</body></html>
```

☞ <input type="button">：「ボタンをリンクに使う」(p.430)

複数のフレームを同時に変更する -リンクを使う-

```
window.open(URL, フレーム名)
href="JavaScript:関数"
```

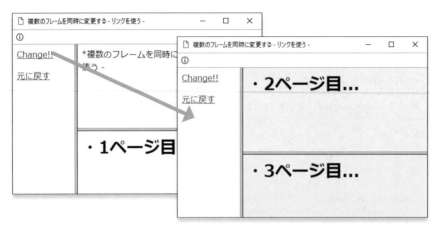

　サンプルの「window.open(URL,フレーム名)」の部分は、frameオブジェクトというよりは、windowオブジェクト的な用法です。

　サンプルでは、リンクがクリックされた時にふたつのURLの値を持った関数を発生して、その値を1度に関数の処理へ引き渡すことにより、それぞれのフレームに新しいウィンドウを開いています。この時に、本来ウィンドウ名に当る部分は、フレーム名として取り扱われます。

　実際に試す場合には、この他にも「f2.html」「page1.html」～「page3.html」の4つのHTMLファイルを用意してください。

　なお、フレームを抜けてページを表示するには、「window.open(URL,"_top")」と、ウィンドウ名に「_top」を指定します。具体的な使い方は、「Formオブジェクト」の「ラジオボタンをリンクに使う」を参考にしてください。また、「href="JavaScript:関数"」の使い方は、「Link・Anchorオブジェクト」の「リンクをボタンのように使う - 1 -」を参考にしてください。

【フレームウィンドウ(index.html)】
```
<!DOCTYPE html>
<html lang="ja">
<head>
<meta charset="UTF-8">
<title>複数のフレームを同時に変更する - リンクを使う -</title>
```

```
<style>
<!--
body { background-color: #ffffff; }
-->
</style>
</head>
<frameset cols="120,*">
    <frame src="f1.html" name="f1">
  <frameset rows="50%,50%">
    <frame src="f2.html" name="f2">
    <frame src="page1.html" name="f3">
  </frameset>
</frameset>
<noframes>
フレーム機能を使用しています。フレーム対応のブラウザで試してください(^_^)。
</noframes>
</html>
```

[f1.html]

```
<!DOCTYPE html>
<html lang="ja">
<head>
<meta charset="UTF-8">
<title>複数のフレームを同時に変更する － リンクを使う -</title>
<script>
<!--
function CH1(P1,P2){
    window.open(P1,"f2");
    window.open(P2,"f3");
}
//-->
</script>
<style>
<!--
body { background-color: #ffffff; }
-->
</style>
</head>
<body>
<p>
<a href="JavaScript:CH1('page2.html','page3.html')">Change!!</a>
</p>
<p>
<a href="JavaScript:CH1('f2.html','page1.html')">元に戻す</a>
</p>
</body></html>
```

☞ window.open()：「新しいウィンドウを開く(p.384)

　href="JavaScript:関数"：「リンクをボタンのように使う-1-」(p.423)

フレームを操作する

文字を書き出す

document.write(文字列) メソッド

JavaScriptでブラウザに文字を書き出す時には、「write()」メソッドを使用します。その時、JavaScript内にHTMLのタグを書けば、普通にHTMLで記述した時と同じようにタグが評価され、書き出させた文字は普通のテキスト文と同様に前後に挟まれたタグに従って表示されます。また、JavaScript自体も、HTMLのタグと同じように文字を修飾するコマンドを多数持っています。JavaScriptで文字を修飾する場合は、Stringオブジェクトを使います。

```
<p>
<script>
<!--
document.write("<b>例1)こうしても</b>");
//-->
</script>
<br>
<b>
<script>
<!--
document.write("例2)こうしても");
//-->
</script>
</b>
<br>
<script>
<!--
document.write("例3)こうしても".bold());
//-->
</script>
<br>
結果は同じ。
</p>
```

改行付きで文字を書き出す

document.writeln(文字列)　　　　　　　　　メソッド

□ 改行付きで文字を書き出す　　　　　　　　　　　　　　　　　─　□　×
ⓘ

*改行付きで文字を書き出す

このScriptはこのように<pre></pre>タグ
内で文章を改行する時に使います。

「writeln()」メソッドは、コマンドの終了位置に改行コードを付けて文字を書き出します。

<pre>内でのみで意味を持ちます。

```
<pre>
<script>
<!--
document.writeln("このScriptはこのように&lt;pre&gt;&lt;/pre&gt;タグ");
document.writeln("内で文章を改行する時に使います。");
//-->
</script>
</pre>
```

⚠ 長い文章を書き出したい時は

「document.write()」などを使って長い文章を書き出した時に、ブラウザのバージョンによっては、エラーが発生する時があります。

この問題を回避するために、「document.write("文字列A"+"文字列B")」といった具合に、JavaScriptで書き出す文章は短く分けることをお勧めします。

ドキュメントの情報を取得する

```
document.title                               プロパティ
document.URL                                 プロパティ
document.referrer                            プロパティ
```

```
ドキュメントの情報を取得する        －  □  ×
ⓘ
*ドキュメントの情報を取得する

タイトル：ドキュメントの情報を取得する
URL：
file:///D:/Javascript/01_js/01navigator/06document/03/ind
リンク元のURL：
```

　documentオブジェクトが記述してあるHTMLファイルの情報を取得するプロパティです。

　「title」プロパティはHTMLの<title>部分の値を、「URL」プロパティはそのHTMLファイル自身のURLの値を、「referrer」プロパティはHTMLファイルがリンクされていたURLの値を、それぞれ持っています。

　実際に試す場合には、「link.html」と一緒にサーバーにアップロードしてください。これらのプロパティは読み出し専用です。

```
<script>
<!--
document.write("タイトル：",document.title);
document.write("<br>");
document.write("URL：",document.URL);
document.write("<br>");
document.write("リンク元のURL：",document.referrer);
//-->
</script>
```

ファイルの更新日時を取得する

document.lastModified

`プロパティ`

「lastModified」プロパティは、documentオブジェクトが記述してあるHTMLファイルの、最終更新日時を持っています。

この日時は、HTMLファイルが置かれているHTTPサーバーのタイムスタンプが参照されます。HTTPサーバーは国際標準時で運用されていることが多く、ファイルの最終更新日時が日本時間とずれる場合があります。

このプロパティは読み出し専用です。

```
<script>
<!--
document.write("Last update：",document.lastModified);
//-->
</script>
```

開いたウィンドウに文字を記述する

```
document.write(文字列)
document.open()
document.close()
```
メソッド
メソッド
メソッド

ドキュメントを操作する

　サンプルでは、URLの指定なしに「window.open」を実行することにより、何も記述していないウィンドウを開き、その中にJavaScriptでドキュメントを記述しています。

　ウィンドウへの記述方法は、まず「document.open()」でドキュメントストリームを開き、そこへ「document.write()」でドキュメントを書き出します。そして、ドキュメントの記述を終わらせる時は、「document.close()」でドキュメントストリームを閉じます。

　「document.open()」は省略可能ですが、「document.close()」は必ず記述して、明示的にドキュメントストリームを閉じるようにすることをお勧めします。

```html
<!DOCTYPE html>
<html lang="ja">
<head>
<meta charset="UTF-8">
<title>開いたウィンドウに文字を記述する</title>
<script>
<!--
function DWO1(){
    var DW1;
    DW1=window.open("","DocWin1");
    DW1.document.open();
    DW1.document.write("<html><head><title>DOCUMENT_SAMPLE</title>");
```

```
    DW1.document.write("<"+"script>");
    DW1.document.write("function WClose2() {window.close()}");
    DW1.document.write("<"+"/script>");
    DW1.document.write("</head>");
    DW1.document.write("<body>");
    DW1.document.write("<img src='image.gif' alt='image.gif' width='100'
height='100'>");
    DW1.document.write("<br>");
    DW1.document.write("イメージも表¥示¥できます。");
    DW1.document.write("<p>");
    DW1.document.write("<hr>");
    DW1.document.write("<form>");
    DW1.document.write("<input type='button' name= 'Wcl2' value=' Window
Close ' onClick='WClose2()'>");
    DW1.document.write("</form>");
    DW1.document.write("<br>");
    DW1.document.write("JavaScriptも記述できます。");
    DW1.document.write("</body>");
    DW1.document.write("</html>");
    DW1.document.close();
}
//-->
</script>
<style>
<!--
body { background-color: #ffffff; }
-->
</style>
</head>
<body>
*開いたウィンドウに文字を記述する
<p>
<form>
<input type="button" value=" Open!! " onClick="DWO1()">
</form>
</p>
</body></html>
```

☞ window.open()：「新しいウィンドウを開く」(p.384)
　window.close()：「ウィンドウを閉じる」(p.387)

ドキュメントや画像を後から開く

```
document.write("<img src='ファイル名' alt='名前'
            width='横幅' height='縦幅'>")    メソッド
```

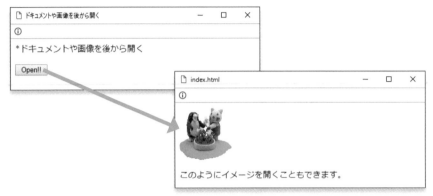

　新しいウィンドウに文字を記述するのと同じ要領で、ブラウザに表示されている文字を書き換えることができます。

　上の例では、[Open!!]ボタンがクリックされると、「document.open()」でドキュメントストリームが開きます。同時に、現在表示されている文字やフォームなどが消され、その後に「document.write()」で文字が書き出されます。

　ウィンドウに文字を記述した時と同様に、「document.close()」は必ず入れるようにしてください。

```
<!DOCTYPE html>
<html lang="ja">
<head>
<meta charset="UTF-8">
<title>ドキュメントや画像を後から開く</title>
<script>
<!--
function Doc4(){
    document.open();
    document.write("<p> ");
    document.write("<img src='image.jpg' alt='image.jpg' width='100'
height='100'>");
    document.write("</p> ");
    document.write("このようにイメージを開くこともできます。<br>");
    document.close();
}
//-->
</script>
<style>
<!--
body { background-color: #ffffff; }
-->
</style>
</head>
<body>
*ドキュメントや画像を後から開く
<p>
<form>
<input type="button" value=" Open!! " onClick="Doc4()">
</form>
</p>
</body></html>
```

背景色を変えるボタンを作る

document.bgColor="色指定"　　　　　プロパティ

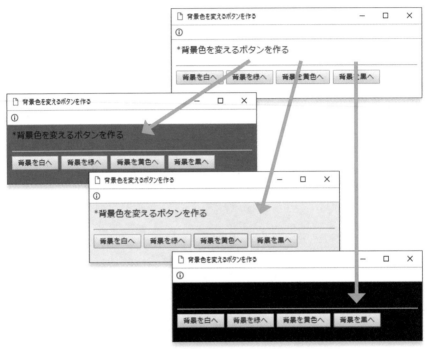

「bgColor」プロパティは、バックグラウンドの色の値を持っています。

サンプルでは、ボタンをクリックした時に、「document.bgColor」プロパティで設定している色の値が評価され、背景色がその場で変わります。

```
<form>
 <input type="button" value=" 背景を白へ "
   onClick="document.bgColor='white'">
 <input type="button" value=" 背景を緑へ "
   onClick="document.bgColor='green'">
 <input type="button" value=" 背景を黄色へ "
   onClick="document.bgColor='#ffff00'">
 <input type="button" value=" 背景を黒へ "
   onClick="document.bgColor='#000000'">
</form>
```

選択した文字を返す

document.getSelection()　　　　　　　　　　　メソッド

　「getSelection()」メソッドは、マウスなどで選択された文字を返します。フォームに値を渡すことが可能なので、サンプルのように選択した文字をテキストエリアに書き出すこともできます。

　JavaScript1.2で追加されたメソッドです。

```
<!DOCTYPE html>
<html lang="ja">
<head>
<meta charset="UTF-8">
<title>選択した文字を返す</title>
<script>
<!--
function selct() {
    document.OUTP.outp.value = document.getSelection();
}
//-->
</script>
<style>
<!--
body { background-color: #ffffff; }
-->
</style>
</head>
<body>
*選択した文字を返す
<blockquote>
<b>"JavaScript"</b>とは、Netscape社がWebページの処理能力を高めるために開発した
<b>"LiveScript"</b>を元に、Netscape社とSunが共同で開発した<b>スクリプト言語</b>で、現在
Netscape Navigator 2.0以降のブラウザとInternet Explorer 3.0以降のブラウザで対応されて
います。
</blockquote>
<hr>
<form name="OUTP">
<textarea name="outp" rows=5 cols=30>
</textarea>
<p>
<input type="button" value=" 選択!! " onClick="selct()">
<input type="reset" value=" Clear ">
</p>
</form>
</body></html>
```

戻るボタンを作る

history.back()   メソッド

ブラウザの[戻る(Back)]ボタンと同じ働きをするスクリプトです。

フォームのボタンが押された時に、「onClick」で指定している「history.back()」が評価され、ひとつ前のページへ戻ります。戻るページが来歴にない場合は何も起きません。

```
<form>
<input type="button" value=" Back " onClick="history.back()">
</form>
```

☞ onClick：「イベントのタイプを取得する」(p.369)

進むボタンを作る

`history.forward()`   メソッド

来歴情報を利用する

ブラウザの[進む(Forward)]ボタンと同じ働きをするスクリプトです。

フォームのボタンが押された時に、イベントハンドラ「onClick」で指定している「history.forward()」が評価され、ひとつ先のページへ進みます。進むページが来歴にない場合は何も起きません。

```
<form>
<input type="button" value=" Forward " onClick="history.forward()">
</form>
</p>
```

☞ onClick :「イベントのタイプを取得する」(p.369)

複数ページを戻ったり進んだりするボタンを作る

onClick="history.go(n)"　　　　　　　　　　　　メソッド

複数のページを戻ったり進んだりするボタンのスクリプトです。

フォームのボタンが押された時に、イベントハンドラ「onClick」で指定している「history.go(n)」が評価され、「n」の数値分ページを移動します。

また、「go(URL)」と指定すると、来歴内の指定されたページを表示します。移動するページが来歴にない場合は何も起きません。

```
<form>
<input type="button" value=" 3ページ戻る " onClick="history.go(-3)">
<input type="button" value=" 2ページ戻る " onClick="history.go(-2)">
<input type="button" value=" 2ページ進む " onClick="history.go(2)">
<input type="button" value=" 3ページ進む " onClick="history.go(3)">
</form>
```

☞ onClick：「イベントのタイプを取得する」(p.369)

自ページのURLを取得する

```
location.href                                          プロパティ
location.protocol                                      プロパティ
location.hostname                                      プロパティ
location.pathname                                      プロパティ
location.port                                          プロパティ
location.host                                          プロパティ
```

```
┌─ 自ページのURLを取得する ──────────────── ─  □  ✕ ─┐
  ⓘ

  *自ページのURLを取得する

  URL：file:///D:/Javascript/01_js/01navigator/08location/01/index.html
  プロトコル：file:
  ホストコンピュータ名：
  パス名：/D:/Javascript/01_js/01navigator/08location/01/index.html
  コミュニケーションポート番号：
  ホスト名・ポート番号：
```

　locationオブジェクトには、URLに関する情報が格納されています。「href」プロパティはURL全体の値を、「protocol」プロパティはURL内のhttpやftpなどのプロトコル部分の値を、「hostname」プロパティはURL内のホスト名部分の値を、「pathname」プロパティはURL内のパス名部分の値を、「port」はURL内の:8080などのポート番号の値を、「host」はホスト名とポート番号部分の値を、それぞれ持っています。locationオブジェクトには、これ以外にも「hash」プロパティ(アンカー)や「search」プロパティ(?で始まる問い合わせ文字列)があります。

```
<script>
<!--
document.write("URL：",location.href);
document.write("<br>");
document.write("プロトコル：",location.protocol);
document.write("<br>");
document.write("ホストコンピュータ名：",location.hostname);
document.write("<br>");
document.write("パス名：",location.pathname);
document.write("<br>");
document.write("コミュニケーションポート番号：",location.port);
document.write("<br>");
document.write("ホスト名・ポート番号：",location.host);
//-->
</script>
```

入力されたURLへ進むフォームを作る

`location.href`

　サンプルでは、locationオブジェクトが動的にURLを変更できることを利用して、ボタンがクリックされたタイミングでフォームの内容を参照し、フォームに入力されたURLの値を「href」プロパティに設定することによって、フォームに入力されたURLがブラウザにロードされます。

　また、もしフォームに何も入力されていない時には、警告用のダイアログボックスが開きます。入力されたURLが不正な場合は、ブラウザ自身が警告用のダイアログボックスを出し、利用者に注意をうながします。

```
<!DOCTYPE html>
<html lang="ja">
<head>
<meta charset="UTF-8">
<title>入力されたURLへ進むフォームを作る</title>
<script>
<!--
function LC(go){
        if (go.url.value != "") { location.href=go.url.value }
            else { alert("URLを入力してください") }
                }
//-->
</script>
<style>
<!--
body { background-color: #ffffff; }
-->
</style>
</head>
<body>
*入力されたURLへ進むフォームを作る
<p>
<form name="URL">
<input type="text" name="url" value="http://" size=40 >
<input type="button" name= "CF" value=" Go!! " onClick="LC(this.form)">
</form>
</p>
</body></html>
```

☞ <inputtype="button">：「ボタンをリンクに使う」(p.430)

locationオブジェクト onLoad setTimeout()

ページのロードが完了してから次のページを ロードする

```
onLoad="setTimeout(関数, ミリ秒)"
```
イベントハンドラ
```
location.href
```
プロパティ

　ページのロードが終ってから10秒後に関数「NEXT1()」が発生し、「location.href」で設定しているURLをブラウザにロードします。

　次のページをロードするタイミングは、「setTimeout('NEXT1()',10000)」内の「10000」を変更することで変えられます。

　HTMLの<meta>でも自動的にページをロードすることが可能ですが、その場合には回線状態によって表示が遅くなり、ページが完全にロードされる前に次のページがロードされてしまうことがあります。このサンプルの場合は、ページが完全に読み込まれるまでイベントが発生しませんので、そのような問題は回避できます。

```
<!DOCTYPE html>
<html lang="ja">
<head>
<meta charset="UTF-8">
<title>ページのロードが完了してから次のページをロードする</title>
<script>
<!--
function NEXT1(){ location.href = "http://www.shuwasystem.co.jp/" }
//-->
</script>
<style>
<!--
body { background-color: #ffffff; }
-->
</style>
</head>
<body onLoad="setTimeout('NEXT1()',10000)">
＊ページのロードが完了してから次のページをロードする
<p>
ページのロードが終ってから10秒後に別のページへ移ります...。
</p>
<img src="robot.jpg" alt="robot.jpg" widht="474" height="198">
</body></html>
```

アンカーを設定する

```
onMouseOver="スクリプト | 関数"
```
イベントハンドラ
```
location.hash
```
プロパティ

　サンプルでは、リンクの上にマウスポインタが乗った時、関数「LinkMo4('#Go')」が発生して「location.hash」に「#Go」の値が渡され、アンカーで指定された場所にジャンプします。

　Windows版のブラウザなどでは、スクロールバーが出ている範囲でしかページが動かない場合があります。サンプルでは、移動する範囲を広げるため、ダミーとして
タグを入れています。

```
<!DOCTYPE html>
<html lang="ja">
<head>
<meta charset="UTF-8">
<title>アンカーを設定する</title>
<script>
<!--
function LinkMo4(go) { location.hash = go }
//-->
</script>
<style>
<!--
body { background-color: #ffffff; }
-->
</style>
</head>
<body>
*アンカーを設定する
<P>
<a href="#Go" onMouseOver="LinkMo4('#Go')">この文字の上にマウスポインタを乗せると...
</a>
</p>
<hr>
<br><br><br><br><br><br><br><br><br><br><br><br><br><br><br><br><br>
<br><br><br><br><br><br><br><br><br><br><br><br><br><br><br><br><br>
<br><br><br><br><br><br><br><br><br><br><br><br><br><br><br><br><br>
<br><br><br><br><br><br><br><br><br><br><br><br><br><br>
<hr>
<a name="Go">ここに来ます!!</a>
<br><br><br><br><br><br><br><br><br><br><br><br><br><br><br><br><br>
<br><br><br><br><br><br><br><br><br><br><br><br><br><br><br><br><br>
<br><br><br><br><br><br><br><br><br><br><br><br><br><br><br><br><br>
<br><br><br><br><br><br><br><br><br><br><br><br><br><br><br><br><br>
<br><br><br><br><br><br><br><br><br><br><br><br><br><br><br><br><br>
<br><br>
</body></html>
```

リロードボタンを作る

location.reload()

```
┌ リロードボタンを作る                    ─    □    ×
├─────────────────────────────────────
│ ⓘ
├─────────────────────────────────────
│ *リロードボタンを作る
│
│ ┌ Reload ┐
│ └────────┘
│
└─────────────────────────────────────
```

　ブラウザの[更新(Reload)]ボタンと同じ働きをするスクリプトです。

　ボタンがクリックされたタイミングで「reload()」メソッドが呼ばれ、ページをリロードします。

　JavaScript1.1で追加されたメソッドです。

```
<form>
<input type="button" value=" Reload " onClick="location.reload()">
</form>
```

元のページへ戻れないようにする

`location.replace()`

「replace()」メソッドは、現在表示されているURLを「()」内で指定したURLに置き換えます。

したがって、元のページのURLが来歴上に残りませんので、[戻る(Back)]ボタンを使って元のページへ戻って来ることができなくなります。

JavaScript1.1で追加されたメソッドです。

```
<form>
<input type="button" value=" Bye!! "
  onClick="window.location.replace('http://www.shuwasystem.co.jp/')">
</form>
```

リンクのURLの情報を表示する

`document.links[n].href`	プロパティ
`document.links[n].protocol`	プロパティ
`document.links[n].hostname`	プロパティ
`document.links[n].pathname`	プロパティ
`document.links[n].port`	プロパティ
`document.links[n].host`	プロパティ
`document.links[n].search`	プロパティ
`document.links[n].target`	プロパティ

```
□ リンクのURLの情報を表示する        —    □    ×
①
*リンクのURLの情報を表示する

秀和システムのホームページ...

URL : http://www.shuwasystem.co.jp/index.html
プロトコル : http:
ホスト名 : www.shuwasystem.co.jp
パス名 : /index.html
コミュニケーションポート番号 :
ホスト名・ポート番号 : www.shuwasystem.co.jp
?以降の文字 :
ターゲットウィンドウ : _Open
```

　Linkオブジェクトは、ページ上のリンクの0から始まる配列を作成し、その中には各リンクの情報が格納されています。

　サンプルでは、リンクがひとつしかないので、そのリンクは「document.links[0]」で参照できます。もしも複数のリンクが存在する場合は、インデックスの部分が上から[0]・[1]・[2]...となります。

　「href」プロパティはURL全体の値を、「protocol」プロパティはURL内のhttpやftpなどのプロトコル部分の値を、「hostname」プロパティはURL内のホスト名部分の値を、「pathname」プロパティはURL内のパス名部分の値を、「port」プロパティはURL内の:8080などのポート番号の値を、「host」プロパティはホスト名とポート番号部分の値を、「search」プロパティは?で始まる問い合わせ文字列を、「target」プロパティはtarget属性を、それぞれ持っています。

　Linkオブジェクトには、これ以外にも「hash」プロパティ(アンカー)があります。これらのプロパティは読み出し専用です。

```
<!DOCTYPE html>
<html lang="ja">
<head>
<meta charset="UTF-8">
<title>リンクのURLの情報を表示する</title>
<style>
<!--
body { background-color: #ffffff; }
-->
</style>
</head>
<body>
*リンクのURLの情報を表示する
<p>
<a href="https://www.shuwasystem.co.jp/index.html"
   target="_Open">秀和システムのホームページ...</a>
</p>
<p>
<script>
<!--
document.write("URL：",document.links[0].href);
document.write("<br>");
document.write("プロトコル：",document.links[0].protocol);
document.write("<br>");
document.write("ホスト名：",document.links[0].hostname);
document.write("<br>");
document.write("パス名：",document.links[0].pathname);
document.write("<br>");
document.write("コミュニケーションポート番号：",document.links[0].port);
document.write("<br>");
document.write("ホスト名・ポート番号：",document.links[0].host);
document.write("<br>");
document.write("?以降の文字：",document.links[0].search);
document.write("<br>");
document.write("ターゲットウィンドウ：",document.links[0].target);
//-->
</script>
</p>
</body></html>
```

リンクをボタンのように使う - 1 -

`href="javascript:関数"`

🗋 リンクをボタンのように使う - 1 -	— □ ✕
ⓘ	
*リンクをボタンのように使う - 1 -	
この文字をクリックすると... ➡	

🗋 LINK_SAMPLE	— □ ✕
ⓘ about:blank	
ウィンドウが開きます(^_^)。	
元ページもロードしません。	
Close	

　リンクのURLを指定する部分で「javascript:関数」と指定すると、リンクをクリックしたタイミングで関数を発生させることができます。

　サンプルでは、リンクをクリックすると関数「LinkMo2()」が発生して、元のページはそのままで新しいウィンドウが開きます。

```
<!DOCTYPE html>
<html lang="ja">
<head>
<meta charset="UTF-8">
<title>リンクをボタンのように使う - 1 -</title>
<script>
<!--
function LinkMo2(){
    var LM1;
    LM1=window.open("","DocWin2",
      "toolbar=no,location=no,directories=no,width=300,height=250");
    LM1.document.write("<html><head><title>LINK_SAMPLE</title>");
    LM1.document.write("</head>");
    LM1.document.write("<body>");
    LM1.document.write("<br>");
    LM1.document.write("ウィンドウが開きます(^_^)。");
    LM1.document.write("<br>");
    LM1.document.write("元ページもロードしません。");
    LM1.document.write("<hr>");
    LM1.document.write("<form>");
    LM1.document.write("<input type='button' name= 'Wcl2' value=' Close '
onClick='window.close()'>");
    LM1.document.write("</form>");
    LM1.document.write("</body>");
    LM1.document.write("</html>");
    LM1.document.close();
```

```
}
//-->
</script>
<style>
<!--
body { background-color: #ffffff; }
-->
</style>
</head>
<body>
*リンクをボタンのように使う - 1 -
<p>
<a href="javascript:LinkMo2()">この文字をクリックすると...</a>
</p>
</body></html>
```

リンクをボタンのように使う - 2 -

onClick="スクリプト | 関数"
return false

リンクをボタンのように使う - 2 -	— □ ×
ⓘ	
*リンクをボタンのように使う - 2 -	
この文字をクリックすると... ➡	

LINK_SAMPLE	— □ ×
ⓘ about:blank	
ウィンドウが開きます(^_^)。	
元ページもロードしません。	
Close	

リンク上「onClick」を使用した場合、リンクをクリックした時に関数が発生するのと同時に、リンクの動作も発生してしまいます。しかし、JavaScript1.1からは、「return false」を返すと、その時点で関数の処理とリンクの動作を中止できるようになりました。

サンプルでは、リンクがクリックされると関数「LinkMo3()」が評価されて、ウィンドウを開く処理を行います。その後、「return false」でイベントの処理を中止するのと同時に、リンクの動作も中止するようにしているので、他のリンクへ飛ぶ動作は発生しません。

```
<!DOCTYPE html>
<html lang="ja">
<head>
<meta charset="UTF-8">
<title>リンクをボタンのように使う - 2 -</title>
<script>
<!--
function LinkMo3(){
    var LM1;
    LM1=window.open("","DocWin3",
      "toolbar=no,location=no,directories=no,width=300,height=250");
    LM1.document.write("</head><title>LINK_SAMPLE</title>");
    LM1.document.write("</head>");
    LM1.document.write("<body>");
    LM1.document.write("<br>");
    LM1.document.write("ウィンドウが開きます(^_^)。");
    LM1.document.write("<br>");
    LM1.document.write("元ページもロードしません。");
    LM1.document.write("<hr>");
    LM1.document.write("<form>");
```

```
      LM1.document.write("<input type='button' name= 'Wcl3' value=' Close '
onClick='window.close()'>");
      LM1.document.write("</form>");
      LM1.document.write("</body>");
      LM1.document.write("</html>");
      LM1.document.close();
      return false;
}
//-->
</script>
<style>
<!--
body { background-color: #ffffff; }
-->
</style>
</head>
<body>
*リンクをボタンのように使う － 2 －
<p>
<a href="#" onClick="return LinkMo3()">この文字をクリックすると...</a>
</p>
</body></html>
```

ラジオボタンをリンクに使う

```
<input type="radio" name= "radioオブジェクト名"
    value="値" イベントハンドラ>
```

サンプルでは、ラジオボタンにイベントハンドラ「onClick」を設定することにより、ラジオボタンがクリックされると関数が発生し、URLが引き渡されて、フレーム名「f2」にページがロードされます。locationオブジェクトの「href」プロパティを使ってフレームにページを読み込む場合、フレームを抜けてページを表示するには、サンプルのように「parent.top.location.href=URL」と、「top」プロパティを指定します。

実際に試す場合には、この他にも「f2.html」、「page1.html」~「page3.html」、「top.html」の5つのHTMLファイルを用意してください。

【フレームウィンドウ(index.html)】

```html
<!DOCTYPE html>
<html lang="ja">
<head>
<meta charset="UTF-8">
<title>ラジオボタンをリンクに使う</title>
</head>
<frameset cols="180,*">
    <frame src="f1.html" name="f1">
    <frame src="f2.html" name="f2">
</frameset>
<noframes>
フレーム機能を使用しています。フレーム対応のブラウザで試してください(^_^)。
</noframes>
</html>
```

[f1.html]

```html
<!DOCTYPE html>
<html lang="ja">
<head>
<meta charset="UTF-8">
<title>ラジオボタンをリンクに使う</title>
<script>
<!--
function P1(w1) { parent.f2.location.href=w1 }
function TP(w2) { parent.top.location.href=w2 }
//-->
</script>
<style>
<!--
body { background-color: #ffffff; }
-->
</style>
</head>
<body>
<form>
<p>
  <input type="radio" name= "FRGo" value="FR"
    onClick="P1('f2.html')" checked>Topへ
</p>
<p>
```

```
  <input type="radio" name= "FRGo" value="FR"
    onClick="P1('page1.html')">1ページ目
</p>
<p>
  <input type="radio" name= "FRGo" value="FR"
    onClick="P1('page2.html')">2ページ目
</p>
<p>
  <input type="radio" name= "FRGo" value="FR"
    onClick="P1('page3.html')">3ページ目
</p>
<p>
  <input type="radio" name= "FRGo" value="FR"
    onClick="TP('top.html')">フレームを抜ける
</p>
</form>
</body></html>
```

parent：「入力されたURLを別フレームに表示する」(p.392)

parent.フレーム名.location.href=URL：「複数のフレームを同時に変更する-ボタンを使う-」(p.394)

ボタンをリンクに使う

```
<input type="button" name= "buttonオブジェクト名"
       value="値" イベントハンドラ >
```

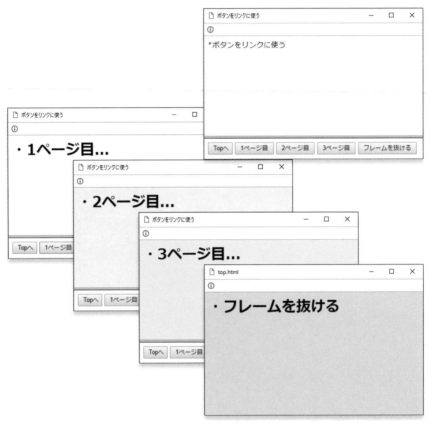

　サンプルでは、サンプルでは、ボタンにイベントハンドラ「onClick」を設定することにより、ボタンがクリックされると関数が発生し、URLが引き渡されて、フレーム名「f1」にページがロードされます。

　windowオブジェクトの「open()」メソッドを使ってフレームにページを読み込む場合、フレームを抜けてページを表示するには、サンプルのように「window.open(URL,"_top")」と、ウィンドウ名に「_top」を指定します。

　実際に試す場合には、この他にも「f1.html」、「page1.html」〜「page3.html」、「top.html」の5つのHTMLファイルを用意してください。

【フレームウィンドウ(index.html)】

```
<!DOCTYPE html>
<html lang="ja">
<head>
<meta charset="UTF-8">
<title>ボタンをリンクに使う</title>
</head>
<frameset rows="*,100">
    <frame src="f1.html" name="f1">
    <frame src="f2.html" name="f2">
</frameset>
<noframes>
フレーム機能を使用しています。フレーム対応のブラウザで試してください(^_^)。
</noframes>
</html>
```

【f2.html】

```
<!DOCTYPE html>
<html lang="ja">
<head>
<meta charset="UTF-8">
<title>ボタンをリンクに使う</title>
<script>
<!--
function P1(w1) { window.open(w1,"f1") }
function TP(w2) { window.open(w2,"_top") }
//-->
</script>
<style>
<!--
body { background-color: #ffffff; }
-->
</style>
</head>
<body>
<form>
  <input type="button" name= "FBGo1"
    value=" Topへ" onClick="P1('f1.html')">
  <input type="button" name= "FBGo2"
    value=" 1ページ目 " onClick="P1('page1.html')">
  <input type="button" name= "FBGo3"
    value=" 2ページ目 " onClick="P1('page2.html')">
  <input type="button" name= "FBGo4"
    value=" 3ページ目 " onClick="P1('page3.html')">
  <input type="button" name= "FBGo4"
 value=" フレームを抜ける " onClick="TP('top.html')">
</form>
</body></html>
```

☞ parent : 「入力されたURLを別フレームに表示する」(p.392)

　window.open("URL","フレーム名") : 「複数のフレームを同時に変更する-リンクを使う-」(p.396)

メニューをリンクに使う

```
<select name="selectオブジェクト名" イベントハンドラ>
<option>文字列
フォームオブジェクト名.セレクトオブジェクト名.selectedIndex
onChange="スクリプト ｜ 関数"
```
イベントハンドラ

　サンプルでは、フォームの内容に変化があった時のイベントを取得して処理を発生するイベントハンドラ「onChange」によって、メニューのオプションが変更された時に、関数「FC()」の処理が発生します。

　JavaScriptは、自動的に0から始まるオプションの配列を作成しているので、どのオプションが選ばれたかは、それで参照することができます。具体的には、「WO.FSGo.selectedIndex == 0」は、セレクト名「FSGo」のインデックス1番目、つまり「<option> Topへ」を指します。この値が真(True)の時は、そこで指定しているURL「f1.html」がフレーム「f1」に読み込まれます。

　実際に試す場合には、この他にも「f1.html」、「page1.html」~「page3.html」、「top.html」の5つのHTMLファイルを用意してください。

【フレームウィンドウ(index.html)】

```
<!DOCTYPE html>
<html lang="ja">
<head>
<meta charset="UTF-8">
<title>メニューをリンクに使う</title>
</head>
<frameset rows="*,80">
    <frame src="f1.html" name="f1">
    <frame src="f2.html" name="f2">
</frameset>
<noframes>
フレーム機能を使用しています。フレーム対応のブラウザで試してください(^_^)。
</noframes>
</html>
```

【f2.html】

```
<!DOCTYPE html>
<html lang="ja">
<head>
<meta charset="UTF-8">
<title>メニューをリンクに使う</title>
<script>
<!--
function FC(WO) {
  if (WO.FSGo.selectedIndex == 0) { parent.f1.location.href = "f1.html" }
  if (WO.FSGo.selectedIndex == 1) { parent.f1.location.href = "page1.html"
}
  if (WO.FSGo.selectedIndex == 2) { parent.f1.location.href = "page2.html"
}
  if (WO.FSGo.selectedIndex == 3) { parent.f1.location.href = "page3.html"
}
  if (WO.FSGo.selectedIndex == 4) { parent.top.location.href = "top.html"
}
}
//-->
</script>
```

```
<style>
<!--
body { background-color: #ffffff; }
-->
</style>
</head>
<body>
<form>
  <select name="FSGo" onChange="FC(this.form)">
    <option> topへ
    <option>1ページ目
    <option>2ページ目
    <option>3ページ目
    <option> フレームを抜ける
  </select>
</form>
</body></html>
```

☞ parent：「入力されたURLを別フレームに表示する」(p.392)

　parent.フレーム名.location.href=URL：「複数のフレームを同時に変更する-ボタンを使う-」(p.394)

コラム Microsoftブラウザのユーザエージェント

Internet Explorer（IE）では、IE 4.0より、IE 11.Xまでレンダリングエンジンとして「Trident」が使われていました。また、Microsoft Edgeでは、当初は「Trident」を元に分岐、再開発したレンダリングエンジン「EdgeHTML」が採用されていました。この「EdgeHTML」は、レガシーな機能の削除、Web標準の重視の元開発されています。また、アップル社が中心となり開発され、オープンソースとして公開されている「WebKit」を搭載したブラウザとも完全互換を目指していました。

しかし2018年末以降、Microsoft Edgeのレンダリングエンジンが、従来の「EdgeHTML」からGoogle Chromeで使用されている「Chromium」に変更され、現在でも「Chromium」が使われています。

このうちIE 11.Xのユーザエージェントは次のようになります。

```
Mozilla/5.0 (Windows NT 6.3; WOW64; Trident/7.0; Touch; rv:11.0) like
Gecko
```

このように、IE 11.Xでは、以前のIEにはあった文字列「MSIE」がなくなりました。そこで「ブラウザの判別をする」（p.361）では、ユーザエージェント内に、「Trident/7」の文字列が含まれていることで、IE 11.Xを判断しています。

また、Microsoft Edgeのユーザエージェントの書式は、次のようになりました。

```
Mozilla/5.0 (Windows NT 10.0; <64-bit tags>) AppleWebKit/<WebKit Rev> (
KHTML, like Gecko) Chrome/<Chrome Rev> Safari/<WebKit Rev> Edge/<EdgeHT
ML Rev>
```

※「Edge」を表す文字列が「Edge」ではなく次のように「Edg」となる場合もあります。

```
Mozilla/5.0 (Windows NT 10.0; <64-bit tags>) AppleWebKit/<WebKit Rev> (
KHTML, like Gecko) Chrome/<Chrome Rev> Safari/<WebKit Rev> Edg/<EdgeHT
ML Rev>
```

このように、Microsoft Edgeのユーザエージェント内には、「WebKit」、「Gecko」といった、他のレンダリングエンジンを示す文字列が含まれているとともに、「Chrome」、「Safari」などのブラウザを示す文字列が含まれています。ユーザエージェントを見てブラウザを判断し、それぞれのブラウザ用に処理を変える場合、この点にには注意が必要です。「ブラウザの判別をする」（p.361）では、ユーザエージェント内に「Edg」の文字列が含まれていることで、Microsoft Edgeを判断しています。

input text value

フォームに文字を流す

```
<form name="フォームオブジェクト名">
<input type="text" name="textオブジェクト名" size=ピクセル>
document.フォーム名.テキストフォーム名.value
```
プロパティ

サンプルは、まずフォームに表示する文字列を値に持った、変数「Fm」を設定しています。

そして、ページが読み込まれた時には、イベントハンドラ「onLoad」が関数「FMess()」を発生します。関数「FMess()」の処理である「FMess(){...}」内では、TCの値に1加え、「document.Fmess.fmess.value = Fm」の処理でステータス行に文字列を書き出した後、stringオブジェクトの「substring()」メソッドで文字列を2字ずらし、「setTimeout()」メソッドの処理で再び関数「FMess()」を呼び出しています。そしてこの処理を「(TC<1000)」が真になるまで繰り返す事によって、フォーム内に文字が流れるような効果を出しています。そして「(TC<1000)」が真となり、「FMess()」の処理が終った時は、ステータス行にスペースを表示する事によって、ステータス行の文字をクリアーしています。サンプルでは、文字列の最後と先頭がくっついたり、いきなり文字が現われないように、文字列の始めにスペースを入れています。スクロールされている時間の長さ調整は「(TC < 1000)」内の数値を変更する事によって行います。スクロールの速度は「setTimeout("Mess()",300)」内の数値を変えることによってミリ秒単位で調整します。

文字をスクロールさせる場所は、フォーム内のテキストエリアになるため、「document.Fmess.fmess.value」となります。これはdocumentオブジェクト内の、「Fmess」という名前のフォームオブジェクト内の、「fmess」という名前のtextオブジェクトの値(value)であることを表わし、そこに文字列を代入しています。オブジェクトの階層が深くて少々ややこしく感じるかもしれませんが、常にオブジェクトの階層関係を念頭に置いてスクリプトを書くようにすればよいでしょう。

```
<!DOCTYPE html>
<html lang="ja">
<head>
<meta charset="UTF-8">
<title>フォームに文字を流す</title>
<script>
<!--
var TC = 0;
var Fm1 = "                                                      ";
var Fm2 = "ここにメッセージを入れます......。";
var Fm = Fm1+Fm2;
function FMess() {
    if (TC < 1000) { //ここの数値を変える事によって
                     //スクロールする時間が変わります
        TC++;
                    document.Fmess.fmess.value = Fm;
                    Fm = Fm.substring(2,Fm.length) + Fm.substring(0,2);
                    setTimeout("FMess()",300);
                    }
    else { document.Fmess.fmess.value = "" }
}
//-->
</script>
<style>
<!--
body { background-color: #ffffff; }
-->
</style>
</head>
<body onLoad="FMess()">
*フォームに文字を流す
<p>
<form name="Fmess">
<input type="text" name="fmess" size=50>
</form>
</p>
</body></html>
```

フォームの内容変更をチェックする

onChange="スクリプト ｜ 関数"

イベントハンドラ

　サンプルでは、イベントハンドラ「onChange」を使って、フォームの内容に変化があったかどうかをチェックしています。

　もしもテキストエリア内の値が変えられた場合は、フォームを抜ける時に「onChange」が関数を発生し、テキストエリアの値を元に戻すかどうかを確認するダイアログボックスを出す処理を実行します。

```
<!DOCTYPE html>
<html lang="ja">
<head>
<meta charset="UTF-8">
<title>フォームの内容変更をチェックする</title>
<script>
<!--
function OC() {
    if ( confirm （"フォームの内容が変更されました。元に戻しますか?"） ) {
        document.OnC.onc.value = "****@******.ne.jp";
    }
}
//-->
</script>
<style>
<!--
body { background-color: #ffffff; }
-->
</style>
</head>
<body>
*フォームの内容変更をチェックする
<p>
<form name="OnC">
<input type="text" name="onc" value = ****@******.ne.jp
  size=30 onChange="OC()">
</form>
</p>
</body></html>
```

☞ confirm() : 「確認ボタン付きのダイアログボックスを開く」(p.380)

フォームの内容をチェックする

```
<form name="フォームオブジェクト名" action="送信先"
    method="post" イベントハンドラ>
<input type="checkbox" name="checkboxオブジェクト名"
    value="値" イベントハンドラ>
<input type="reset" value="値" イベントハンドラ>
```

　サンプルでは、「メールを送る」ボタンが押されたとき、イベントハンドラ「onSubmit」が関数を呼び出し、フォーム内のチェックを行っています。

　もしその時、名前を書く欄に何も記入されていなかったり、チェックボックスがひとつもチェックされていない場合は、警告用のダイアログボックスを開きます。

　チェックボックスは、1番始めにすべてのチェックボックスに「false」(偽)の値を代入し、チェックボックスがクリックされるたびに反対の値、「false」(偽)だったら「true」(真)を、「true」(真)だったら「false」(偽)を代入することにより判定しています。また、「リセットする」ボタンが押された時は、すべてのチェックボックスに「false」(偽)の値を代入する関数Frestが呼び出されます。

```
<script>
<!--
var f1=false;
var f2=false;
var f3=false;
var f4=false;
var f5=false;
var f6=false;
function Mcheck(){
```

```
    if (document.MAIL4.Namae.value=="") {
        window.alert("名前を入力してください");
      return false }
    if (f1==false&&f2==false&&f3==false&&f4==false&&f5==false&&f6==false) {
    window.alert("チェックボックスを、どれかひとつ以上チェックしてください");
      return false }
        return true;
}
function Frest() { f1=false;f2=false;f3=false;f4=false;f5=false;f6=false }
//-->
</script>
<style>
<!--
body { background-color: #ffffff; }
-->
</style>
</head>
<body>
*フォームの内容をチェックする
<form name="MAIL4" action="mailto:****@*******.ne.jp" method="post"
  onSubmit="return Mcheck()">
<p>
<b>お名前:</b><input type="text" name="Namae" size=20><br>(必ず入力してください)
</p>
<p>
<b>ブラウザは何をお使いですか</b><br>(必ずひとつ以上チェックしてください)<br>
<input type="checkbox" name="NorE2" value="Firefox"
  onClick="f1=!f1">Firefox(Mozilla)<br>
<input type="checkbox" name="NorE4" value="Internet Explorer"
  onClick="f2=!f2">Internet Explorer<br>
<input type="checkbox" name="NorE5" value="Microsoft Edge"
  onClick="f3=!f3">Microsoft Edge<br>
<input type="checkbox" name="NorE6" value="Safari"
  onClick="f4=!f4">Safari<br>
<input type="checkbox" name="NorE7" value="Google Chrome"
  onClick="f5=!f5">Google Chrome<br>
<input type="checkbox" name="NorE9" value="other"
  onClick="f6=!f6">その他
</p>
<p>
<input type="submit" name="BOOK1" value=" メールを送る ">
<input type="reset" value=" リセットする " onClick="Frest()">
</p>
</form>
</body></html>
```

☞ window.alert():「警告用のダイアログボックスを開く」(p.379)

リセットしてもいいか確認する

onReset="スクリプト ｜ 関数"

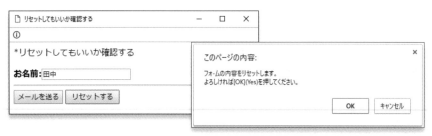

イベントハンドラ「onReset」は、リセットボタンが押された時のイベントを取得します。

サンプルでは、[リセットする]のボタンが押された時に確認のダイアログボックスを開き、[OK(Yes)]が押された時はフォームをリセットし、そうでない時はリセットの処理を中止しています。

JavaScript1.1で追加されたイベントハンドラです。

実際に試す場合には、サンプルの「****@******.ne.jp」の部分を、メールを受け取りたいメールアドレスに変更するか、データを受け取るCGIサーバーを設定してください。

```
<!DOCTYPE html>
<html lang="ja">
<head>
<meta charset="UTF-8">
<title>リセットしてもいいか確認する</title>
<script>
<!--
function Mcheck() {
    if ( confirm ('フォ−ムの内容をリセットします。¥nよろしければ[OK](Yes)を押してください。
')) { return true }
return false }
//-->
</script>
<style>
<!--
body { background-color: #ffffff; }
-->
</style>
</head>
<body>
*リセットしてもいいか確認する
<p>
<form name="MAIL4" action="mailto:****@******.ne.jp" method="post"
  onReset="return Mcheck()">
<b>お名前:</b><input name="Namae" size=20>
<hr>
<input type="submit" name="BOOK1" value="メールを送る">
<input type="reset" value=" リセットする ">
</form>
</p>
</body></html>
```

☞ confirm()：「確認ボタン付きのダイアログボックスを開く」(p.380)

チェックボックスの値を変更する

```
<form name="フォームオブジェクト名">
<input type="checkbox" name="checkboxオブジェクト名"
       value="値">
document.フォーム名.checkboxオブジェクト名.value = "値"
```

プロパティ

　「value」プロパティに値を設定することによって、チェックボックスの値を後から変更することが可能です。

　サンプルでは、[値を変える]ボタンをクリックした時に、「変わりました。」の値をチェックボックスの「value」プロパティに設定することによって、チェックボックスの値を「変わりました。」に変更します。同様に、[元に戻す]ボタンをクリックした時は、初期値である「CheckBox」に戻しています。なお、[フォームの値を見る]ボタンをクリックすると、チェックボックスの値を表示した警告用のダイアログボックスが開きますので、値が変わったことを確認することができます。

```
<!DOCTYPE html>
<html lang="ja">
<head>
<meta charset="UTF-8">
<title>チェックボックスの値を変更する</title>
<script>
<!--
function Change1(VALUE){ document.FORM.CHECBOX.value=VALUE }
function Change2(){ alert(document.FORM.CHECBOX.value) }
//-->
</script>
<style>
<!--
body { background-color: #ffffff; }
-->
</style>
</head>
<body>
*チェックボックスの値を変更する
<p>
<form>
    <input type="button" value=" 値を変える "
        onClick="Change1('変わりました。')">
    <br>
    <input type="button" value=" 元に戻す "
        onClick="Change1('CheckBox')">
</form>
</p>
<hr>
<form name="FORM">
    <input type="checkbox" name="CHECBOX"
        value="CheckBox" checked>CheckBox<br>
    <input type="button" value=" フォームの値を見る " onClick="Change2()">
</form>
</body></html>
```

チェックボックスのチェックを変更する

```
<form name="フォームオブジェクト名">
<input type="checkbox" name="checkboxオブジェクト名"
       value="値">
document.フォーム名.checkboxオブジェクト名.checked =
         true | false
```
プロパティ

「checked」プロパティは、チェックボックスがチェックされている状態の時には「true」の値を、チェックされていない状態の時には「false」の値を、それぞれ持っています。

　サンプルでは、[チェックする]ボタンをクリックした時は「true」の値を、[チェックを外す]ボタンをクリックした時は「false」の値を、checkboxオブジェクトに設定することによって、チェックボックスのチェックを変更しています。

```
<!DOCTYPE html>
<html lang="ja">
<head>
<meta charset="UTF-8">
<title>チェックボックスのチェックを変更する</title>
<script>
<!--
function Change(VALUE){ document.FORM.CHECBOX.checked=VALUE }
//-->
</script>
<style>
<!--
body { background-color: #ffffff; }
-->
</style>
</head>
<body>
*チェックボックスのチェックを変更する
<p>
<form name="FORM">
    <input type="button" value=" チェックする "
    onClick="Change(true)">
    <input type="button" value=" チェックを外す "
    onClick="Change(false)">
    <hr>
    <input type="checkbox" name="CHECBOX"
    value="CheckBox" checked>CheckBox
</form>
</p>
</body></html>
```

`input` `radio` `value`

ラジオボタンの値を変更する

```
<form name="フォームオブジェクト名">
<input type="radio" name="radioオブジェクト名" value="値">
document.フォーム名.radioオブジェクト名.value= "値"
```

プロパティ

| ラジオボタンの値を変更する | — | □ | × |

ⓘ

*ラジオボタンの値を変更する

値を変える
元に戻す

⦿ RadioButton
フォームの値を見る

このページの内容:

RadioButton

OK

| ラジオボタンの値を変更する | — | □ | × |

ⓘ

*ラジオボタンの値を変更する

値を変える
元に戻す

⦿ RadioButton
フォームの値を見る

| ラジオボタンの値を変更する | — | □ | × |

ⓘ

*ラジオボタンの値を変更する

値を変える
元に戻す

⦿ RadioButton
フォームの値を見る

このページの内容:

変わりました。

☐ このページでこれ以上ダイアログボックスを生成しない

OK

「value」プロパティに値を設定することによって、ラジオボタンの値を後から変更することが可能です。

サンプルでは、[値を変える]ボタンをクリックした時に、「変わりました。」の値をラジオボタンの「value」プロパティに設定することによって、ラジオボタンの値を「変わりました。」に変更します。同様に、[元に戻す]ボタンをクリックした時は、初期値である「RadioButton」に戻しています。なお、[フォームの値を見る]ボタンをクリックすると、ラジオボタンの値を表示した警告用のダイアログボックスが開きますので、値が変わったことを確認することができます。

```
<!DOCTYPE html>
<html lang="ja">
<head>
<meta charset="UTF-8">
<title>ラジオボタンの値を変更する</title>
<script>
<!--
function Change1(VALUE){ document.FORM.RADIO.value=VALUE }
function Change2(){ alert(document.FORM.RADIO.value) }
//-->
</script>
<style>
<!--
body { background-color: #ffffff; }
-->
</style>
</head>
<body>
*ラジオボタンの値を変更する
<p>
<form>
    <input type="button" value=" 値を変える "
        onClick="Change1('変わりました。')">
    <br>
    <input type="button" value=" 元に戻す "
        onClick="Change1('RadioButton')">
</form>
</p>
<hr>
<form name="FORM">
    <input type="radio" name="RADIO"
      value="RadioButton" checked>RadioButton<br>
    <input type="button" value=" フォームの値を見る "
        onClick="Change2()">
</form>
</body></html>
```

Formオブジェクト

`input` `radio` `checked`

ラジオボタンのチェックを変更する

```
<form name="フォームオブジェクト名">
<input type="radio" name="radioオブジェクト名" value="値">
document.フォーム名.radioオブジェクト名.checked = true | false
```

プロパティ

| ラジオボタンのチェックを変更する | — □ × |

ⓘ

*ラジオボタンのチェックを変更する

| チェックする | チェックを外す |

⦿ RadioButton

| ラジオボタンのチェックを変更する | — □ × |

ⓘ

*ラジオボタンのチェックを変更する

| チェックする | チェックを外す |

◯ RadioButton

　「checked」プロパティは、ラジオボタンが選択されている状態の時には「true」の値を、選択されていない状態の時には「false」の値を、それぞれ持っています。

　サンプルでは、[チェックする]ボタンをクリックした時は「true」の値を、[チェックを外す]ボタンをクリックした時は「false」の値を、radioオブジェクトに設定することによって、ラジオボタンのチェックを変更しています。

```
<!DOCTYPE html>
<html lang="ja">
<head>
<meta charset="UTF-8">
<title>ラジオボタンのチェックを変更する</title>
<script>
<!--
function Change(VALUE){ document.FORM.RADIO.checked=VALUE }
//-->
</script>
<style>
<!--
body { background-color: #ffffff; }
-->
</style>
</head>
<body>
*ラジオボタンのチェックを変更する
<p>
<form name="FORM">
  <input type="button" value=" チェックする " onClick="Change(true)">
  <input type="button" value=" チェックを外す " onClick="Change(false)">
  <hr>
  <input type="radio" name="RADIO" value="RadioButton" checked>RadioButton
</form>
</p>
</body></html>
```

Formオブジェクト **input** **hidden**

隠しテキストフォームの値を変更する

```
<form name="フォームオブジェクト名">
<input type="hidden" name="hiddenオブジェクト名" value="値">
document.フォーム名.hiddenオブジェクト名.value= "値"   プロパティ
```

　「value」プロパティに値を設定することによって、隠しテキストフォームの値を後から変更することが可能です。

　サンプルでは、[値を変える]ボタンをクリックした時に、「変わりました。」の値を隠しテキストフォームの「value」プロパティに設定することによって、隠しテキストフォームの値を「変わりました。」に変更します。同様に、[元に戻す]ボタンをクリックした時は、初期値である「Hidden」に戻しています。なお、[フォームの値を見る]ボタンをクリックすると、隠しテキストフォームの値を表示した警告用のダイアログボックスが開きますので、値が変わったことを確認することができます。

```html
<!DOCTYPE html>
<html lang="ja">
<head>
<meta charset="UTF-8">
<title>隠しテキストフォームの値を変更する</title>
<script>
<!--
function Change1(VALUE){ document.FORM.HIDDEN.value=VALUE }
function Change2(){ alert(document.FORM.HIDDEN.value) }
//-->
</script>
<style>
<!--
body { background-color: #ffffff; }
-->
</style>
</head>
<body>
*隠しテキストフォームの値を変更する
<p>
<form>
    <input type="button" value=" 値を変える "
        onClick="Change1('変わりました。')">
    <br>
    <input type="button" value=" 元に戻す "
        onClick="Change1('Hidden')">
</form>
</p>
<hr>
<form name="FORM">
    <input type="hidden" name="HIDDEN"
        value="Hidden">ここに隠しテキストフォームがあります。<br>
    <input type="button" value=" フォームの値を見る "
        onClick="Change2()">
</form>
</body></html>
```

パスワードフォームの値を変更する

```
<form name="フォームオブジェクト名">
<input type="password" name="passwordオブジェクト名" value="値">
document.フォーム名.passwordオブジェクト名.value= "値"
```
プロパティ

「value」プロパティに値を設定することによって、パスワードフォームの値を後から変更することが可能です。

サンプルでは、[値を変える]ボタンをクリックした時に、「Change」の値をパスワードフォームの「value」プロパティに設定することによって、パスワードフォームの値を「Change」に変更します。同様に、[元に戻す]ボタンをクリックした時は、初期値である「Password」に戻しています。なお、「フォームの値を見る」ボタンをクリックすると、パスワードフォームの値を表示した警告用のダイアログボックスが開きますので、値が変わったことを確認することができます。

```html
<!DOCTYPE html>
<html lang="ja">
<head>
<meta charset="UTF-8">
<title>パスワードフォームの値を変更する</title>
<script>
<!--
function Change1(VALUE){ document.FORM.PASSWORD.value=VALUE }
function Change2(){ alert(document.FORM.PASSWORD.value) }
//-->
</script>
<style>
<!--
body { background-color: #ffffff; }
-->
</style>
</head>
<body>
*パスワードフォームの値を変更する
<p>
<form>
    <input type="button" value=" 値を変える "
      onClick="Change1('Change')">
    <br>
    <input type="button" value=" 元に戻す "
      onClick="Change1('Password')">
</form>
</p>
<hr>
<form name="FORM">
    <input type="password" name="PASSWORD"
      value="Password" size=15><br>
    <input type="button" value=" フォームの値を見る "
      onClick="Change2()">
</form>
</body></html>
```

セレクトフォームの内容を後から変える

```
<input type="radio" name="radioオブジェクト名"
       value="値" イベントハンドラ>
<select name="selectオブジェクト">
<option>
options[n]
```

　JavaScript1.1からは、セレクトフォームの内容を後から変更できるようになりました。

　サンプルでは、「options[n]」で[国内旅行]と[海外旅行]の2種類のoptionオブジェクトの配列を作り、それをラジオボタンのクリックで切り替えています。

　JavaScript1.1で追加されたプロパティです。

```
<!DOCTYPE html>
<html lang="ja">
<head>
<meta charset="UTF-8">
<title>フォームの内容を後から変える</title>
<script>
<!--
function BY(PR) {
    PR.pr.options[0].text = "熱海";
    PR.pr.options[1].text = "京都";
    PR.pr.options[2].text = "北海道";
    PR.pr.options[3].text = "沖縄";
}
function GR(PR) {
    PR.pr.options[0].text = "アジア";
    PR.pr.options[1].text = "アメリカ";
    PR.pr.options[2].text = "ヨーロッパ";
    PR.pr.options[3].text = "アフリカ";
}
//-->
</script>
<style>
<!--
body { background-color: #ffffff; }
-->
</style>
</head>
<body>
*フォームの内容を後から変える
<p>
<hr>
国内旅行と海外旅行、どちらかのラジオボタンをクリックしてから選んでください。
</p>
<form name="BORG">
    <input type="radio" name="borg" value="BOY"
        onClick="BY(this.form)">国内旅行
<br>
    <input type="radio" name="borg" value="GIR"
        onClick="GR(this.form)">海外旅行
<p>
<select name="pr">
<option>国内旅行と海外旅行のどちらかを選んでください。
<option>------------------------------------
<option>------------------------------------
<option>------------------------------------
</select>
</form>
</p>
</body></html>
```

フォームのタイプを調べる

document.フォームオブジェクト名.**elements[n]**.**type**　　プロパティ

「type」プロパティは、「button」や「checkbox」などのフォームのタイプを返すプロパティです。

サンプルでは、フォームオブジェクト「FTYPE」内の各フォーム関連のオブジェクトを配列として捉え、上から順番にタイプを書き出しています。

JavaScript1.1で追加されたプロパティです。

```
<!DOCTYPE html>
<html lang="ja">
<head>
<meta charset="UTF-8">
<title>フォームのタイプを調べる</title>
```

```
<style>
<!--
body { background-color: #ffffff; }
-->
</style>
</head>
<body>
*フォームのタイプを調べる
<p>
<form name="FTYPE">
    <input type="button" name="BUTTON" value="Button"><br>
    <input type="checkbox" name="CHECKBOX"
        value="CheckBox" checked>CheckBox<br>
    <input type="radio" name="RADIO"
        value="RadioButton" checked>RadioButton<br>
    <select name="SELECT">
        <option>Select
        <option>Select1
    </select><br>
    <input type="submit" name="SUBMIT" value=" SubmitButton "><br>
    <input type="text" name="TEXT" value="TextBox" size=10 ><br>
    <textarea name="TEXTAREA" rows=3 cols=20 >TextArea</textarea><br>
    <input type="password" name="PASSWORD" value="Password" size=15><br>
    <input type="reset" name="RESET" value=" ResetButton "><br>
    <input type="hidden" name="HIDDEN"
        value="Hidden">隠しテキストボックス<br>
    <input type="file" name="UploadFile">
</form>
</p>
<hr>
<script>
<!--
var L = document.FTYPE.elements.length;
for(i=0; i<L; i++){
document.write( i+1 + "番目のフォームのタイプ：".bold());
document.write(document.FTYPE.elements[i].type);
document.write("<br>");
}
//-->
</script>
</body></html>
```

イメージマップ内のリンクのURL情報を表示する

document.links[n].href	プロパティ
document.links[n].protocol	プロパティ
document.links[n].hostname	プロパティ
document.links[n].pathname	プロパティ
document.links[n].port	プロパティ
document.links[n].host	プロパティ
document.links[n].search	プロパティ
document.links[n].target	プロパティ

🗋 エリアマップ内のリンクのURL情報を表示する   —   ☐   ✕

ⓘ

*エリアマップ内のリンクのURL情報を表示する

URL:http://www.shuwasystem.co.jp/
プロトコル:http:
ホスト名:www.shuwasystem.co.jp
パス名:/search
コミュニケーションポート番号:
ホスト名・ポート番号:www.google.co.jp
?以降の文字:?hl=ja&q=JavaScript&btnG=Google+%8C%9F%8D%F5&lr=
ターゲットウィンドウ:_Open

　Areaオブジェクトは、イメージマップ内のリンクの[0]から始まる配列を作成し、その中には各リンクの情報が格納されています。

　サンプルの場合、リンクが3つあるので、インデックスの部分が上から[0]、[1]、[2]で参照できます。

　「href」プロパティはURL全体の値を、「protocol」プロパティはURLの内httpやftpなどのプロトコル部分の値を、「hostname」プロパティはURLの内のホスト名部分の値を、「pathname」プロパティはURLの内パス名部分の値を、「port」プロパティはURL内の:8080などのポート番号の値を、「host」プロパティはホスト名とポート番号部分の値を、「search」プロパティは?で始まる問い合わせ文字列を、「target」はターゲット属性を、それぞれ返します。

　これらのプロパティは読み出し専用です。

```
<!DOCTYPE html>
<html lang="ja">
<head>
<meta charset="UTF-8">
<title>エリアマップ内のリンクのURL情報を表示する</title>
<style>
<!--
body { background-color: #ffffff; }
-->
</style>
</head>
<body>
*エリアマップ内のリンクのURL情報を表示する
<p>
<map name="ARIA_1">
    <area shape=rect coords=13,9,73,69
        href="http://www.shuwasystem.co.jp/" target="_Open">
    <area shape=circle coords=119,38,29 href="http://www.google.co.jp/
search?hl=ja&q=JavaScript&btnG=Google+検索&lr=" target="_Open">
    <area shape=poly coords=160,69,188,7,222,69
href="http://www.google.co.jp/" target="_Open">
</map>
<img src="MAP.jpg" usemap="#ARIA_1" border=0 width="234" height="81"
    alt="ARIATEST">
</p>
<p>
<script>
<!--
document.write("URL:",document.links[0].href);
document.write("<br>");
document.write("プロトコル:",document.links[0].protocol);
document.write("<br>");
document.write("ホスト名:",document.links[0].hostname);
document.write("<br>");
document.write("パス名:",document.links[1].pathname);
document.write("<br>");
document.write("コミュニケーションポート番号:",document.links[1].port);
document.write("<br>");
document.write("ホスト名・ポート番号:",document.links[1].host);
document.write("<br>");
document.write("?以降の文字:",document.links[1].search);
document.write("<br>");
document.write("ターゲットウィンドウ:",document.links[2].target);
//-->
</script>
</p>
</body></html>
```

イメージマップをリンク以外の機能で使う

```
href="javascript:関数"
onMouseOver="関数"                          イベントハンドラ
onMouseOut="関数"                           イベントハンドラ
```

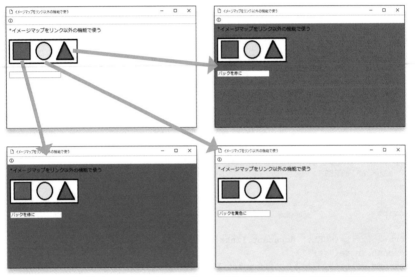

　JavaScriptを利用すると、イメージマップをリンク以外の用途で使用することができます。

　サンプルでは、指定したエリア内にマウスカーソルが来た時、「onMouseOver」がフォーム内に表示する文字列を引数に持った関数「BdColor()」を発生させ、フォーム内に文字を書き出しています。そして、エリア内からマウスカーソルが離れた時は、「onMouseOut」が関数「MessCr()」を発生させ、フォームに「""」の値を引き渡し、フォーム内の文字を消去しています。

　また、指定したエリアをクリックすると、「JavaScript:」が関数「BdColor()」を発生し、中で指定している色の値を「document.bgColor」に引き渡し、背景色を変更します。また、指定した範囲外がクリックされた時は、関数「MessCr()」の処理により、警告用のウィンドウを開くようにしています。

```
<!DOCTYPE html>
<html lang="ja">
<head>
<meta charset="UTF-8">
<title>イメージマップをリンク以外の機能で使う</title>
<script>
<!--
function BdColor(BC) { document.bgColor=BC }
function Mis() { alert("イメージマップのエリア外です!!") }
function MessCr() { document.Fmess.fmess.value = "" }
//-->
</script>
</head>
<body>
*イメージマップをリンク以外の機能で使う
<p>
<map name="ARIA1">
    <area name="aria1" shape=rect coords=13,9,73,69
    href="JavaScript:BdColor('green')"
    onMouseOver="document.Fmess.fmess.value = 'バックを緑に'"
    onMouseOut="MessCr()">
    <area name="aria2" shape=circle coords=119,38,29
    href="JavaScript:BdColor('yellow')"
    onMouseOver="document.Fmess.fmess.value = 'バックを黄色に'"
    onMouseOut="MessCr()">
    <area name="aria3" shape=poly coords=160,69,188,7,222,69
    href="JavaScript:BdColor('red')"
    onMouseOver="document.Fmess.fmess.value = 'バックを赤に'"
    onMouseOut="MessCr()">
    <area name="aria4" shape=rect coords=0,0,234,81
    href="JavaScript:Mis()"
    onMouseOver="MessCr()">
</map>
<img src="MAP.jpg" usemap="#ARIA1" border=0 width="234" height="81"
    alt="ARIATEST">
</p>
<p>
<form name="Fmess">
<input type="text" name="fmess" size=20>
</form>
</p>
</body></html>
```

bgColor：「documentオブジェクト」(p.406)
alert()：「windowオブジェクト」(p.379)

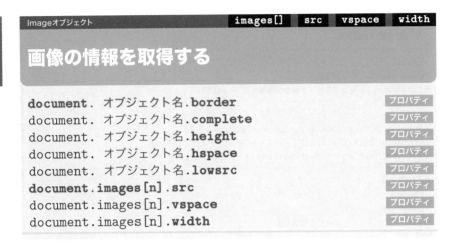

画像の情報を取得する

```
document. オブジェクト名.border          プロパティ
document. オブジェクト名.complete        プロパティ
document. オブジェクト名.height          プロパティ
document. オブジェクト名.hspace          プロパティ
document. オブジェクト名.lowsrc          プロパティ
document.images[n].src                   プロパティ
document.images[n].vspace                プロパティ
document.images[n].width                 プロパティ
```

イ
メ
ー
ジ
を
操
作
す
る

　Imageオブジェクトは、ページ上の画像の0から始まる配列を作成します。Image オブジェクトの情報は、<img>内で設定した「name」で参照する以外に、配列でも参照できます。

　「border」プロパティはボーダーの値を、「complete」プロパティは画像のロードが終っていれば「true」の値を、終っていなければ「false」の値を、「height」プロパティは画像の高さの値を、「hspace」プロパティはドキュメントとの横方向の間隔の値を、

　「lowsrc」プロパティは正式な画像を表示する前に代わりに表示する低解像度の画像のURLを、「src」プロパティは画像ファイルのURLを、「vspace」プロパティはドキュメントとの縦方向の間隔の値を、「width」プロパティは画像の幅の値を、それぞれ持っています。

　以前は、「src」プロパティ以外は読み込み専用で、後から値を変更することはできませんでした。しかし、DOM対応後のブラウザでは、「src」プロパティ以外のプロパティも値を変更することが可能になりました。

　JavaScript1.1で追加されたオブジェクトです。

```
<p>
<img src="image2.jpg" name="IMG" alt="image.jpg" width="100" height="100"
    lowsrc="image1.jpg" border="2" hspace="2" vspace="2">
</p>
<p>
<script>
<!--
document.write("ボーダー：");
document.write(document.IMG.border);
document.write("<br>");
document.write("ロードが終わったか：");
document.write(document.IMG.complete);
document.write("<br>");
document.write("イメージの高さ：");
document.write(document.IMG.height);
document.write("<br>");
document.write("イメージのhspace：");
document.write(document.IMG.hspace);
document.write("<br>");
document.write("lowsrcのURL：");
document.write(document.IMG.lowsrc);
document.write("<br>");
document.write("イメージのURL：");
document.write(document.images[0].src);
document.write("<br>");
document.write("イメージのvspace：");
document.write(document.images[0].vspace);
document.write("<br>");
document.write("イメージの幅：");
document.write(document.images[0].width);
//-->
</script>
</p>
```

画像をアニメーションする

```
オブジェクト名 = new Image()
document.オブジェクト名.src
```

プロパティ

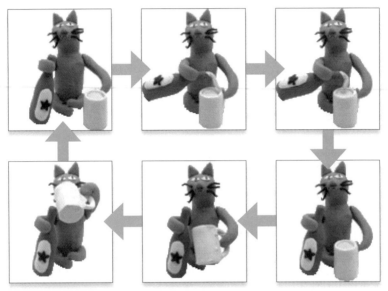

　「src」プロパティの値を後から変更できることを利用して、複数の画像をリアルタイムに切り替えて、アニメーションのような効果を出すことができます。

　サンプルでは、まず配列で画像を指定する値である「ImageSetB」に「var ImageSetB = 1」として「1」を設定しています。

　次にimage0.jpgからimage5.jpgまでの6枚の画像を用意し、Arrayオブジェクトを使ってImageオブジェクトの配列を作成しています。配列内の要素には、「ANIMA[0]」から「ANIMA[5]」の6つのImageオブジェクトがあり、それぞれ「ANIMA[0].src」に「image0.jpg」の値、「ANIMA[1].src」に「image1.jpg」の値、といった具合に画像ファイルのURLの値を設定しています。また、ページにあらかじめ表示されているのは、「image0.jpg」の画像となります。

　そしてページが読み込まれた時、<body>内に設定したイベントハンドラ「onLoad」が、アニメーションの処理を設定した関数「anime_1()」を発生します。

　関数の処理では、「document.animation.src」に「ANIMA[0].src」から「ANIMA[5].src」の値を設定し、最後の「setTimeout("anime_1()",500)」の処理により関数「anime_1()」を再度発生するようにしています。「document.animation.src」に設定される値の一番初めは、「var ImageSetB = 1」で設定した配列「ANIMA[1].src」

で、表示されるのは「image1.jpg」の画像となります。そして「ImageSetB++」で「ImageSetB」の値を「1」増やしていき、「ANIMA[5].src」までくると、「ImageSetB = 0」の処理が発生し、再び「ANIMA[0].src」の画像である「image0.jpg」となります。こうして、アニメーションの処理は、引き続き終ることなく繰り返されることになります。

JavaScript1.1で追加されたオブジェクトです。

```html
<!DOCTYPE html>
<html lang="ja">
<head>
<meta charset="UTF-8">
<title>画像をアニメーションする</title>
<script>
<!--
var ImageSetB = 1;
ANIMA = new Array();
for(i = 0; i < 6; i++) {
ANIMA[i] = new Image() ;
ANIMA[i].src = "image" + i + ".jpg" ;
}
function anime_1() {
document.animation.src = ANIMA[ImageSetB].src;
ImageSetB++;
if(ImageSetB > 5) {
ImageSetB = 0;
}
setTimeout("anime_1()",500);
}
//-->
</script>
<style>
<!--
body { background-color: #ffffff; }
-->
</style>
</head>
<body onLoad="anime_1()">
*画像をアニメーションする
<p>
<img src="image0.jpg" name="animation" alt="Animation" border="0"
    width="100" height="114">
</p>
</body></html>
```

☞ オブジェクト=new Array()：「Arrayオブジェクト」(p.342)

アニメーションにスタートボタンとストップボタンを付ける

```
オブジェクト名 = new Image()
document.オブジェクト名.src
```

プロパティ

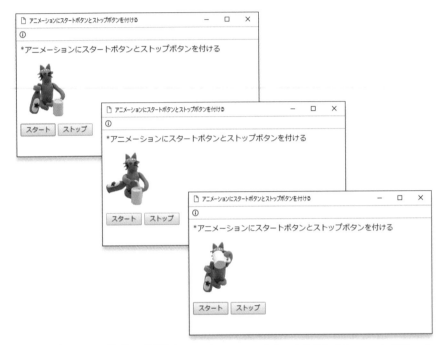

　サンプルでは、前項の「画像をアニメーションする」で作成したImageオブジェクトの配列を利用しています。

　[スタート]ボタンが押された時は、関数「anime_2()」が発生してImageオブジェクトの配列の要素が呼び出され、アニメーションがスタートします。[ストップ]ボタンが押された時には、関数「stop()」が発生して、「clearTimeout()」メソッドによってアニメーションが停止します。

　「clearTimeout()」メソッドの設定は、「ID名=setTimeout()」と「setTimeout()」メソッドにIDを設定し、そのIDを「clearTimeout(ID名)」と「clearTimeout()」メソッド内で指定することにより行います。

　JavaScript1.1で追加されたオブジェクトです。

```
<!DOCTYPE html>
<html lang="ja">
<head>
<meta charset="UTF-8">
<title>アニメーションにスタートボタンとストップボタンを付ける</title>
<script>
<!--
var TimeSet1 = 500;
var ImageSetA = 1;
ANIMA = new Array();
for(i = 0; i < 6; i++) {
    ANIMA[i] = new Image();
    ANIMA[i].src = "image" + i + ".jpg";
}
function anime_2() {
    document.animation.src = ANIMA[ImageSetA].src;
    ImageSetA++;
        if( ImageSetA > 5) {
        ImageSetA = 0;
        }
    timerID=setTimeout("anime_2()", TimeSet1);
}
function stop(){
    clearTimeout(timerID);
}
//-->
</script>
<style>
<!--
body { background-color: #ffffff; }
-->
</style>
</head>
<body>
*アニメーションにスタートボタンとストップボタンを付ける
<p>
<img src="image0.jpg" name="animation" alt="Animation" border="0"
    width="100" height="114">
</p>
<form>
    <input type="button" value=" スタート " onClick="anime_2()">
    <input type="button" value=" ストップ " onClick="stop()">
</form>
</body></html>
```

☞ オブジェクト=new Array() : 「Arrayオブジェクト」(p.342)

画像に触ったりクリックした時に画像を変化させる

```
オブジェクト名 = new Image()
document.オブジェクト名.src
document.images[n]
```

プロパティ

配列

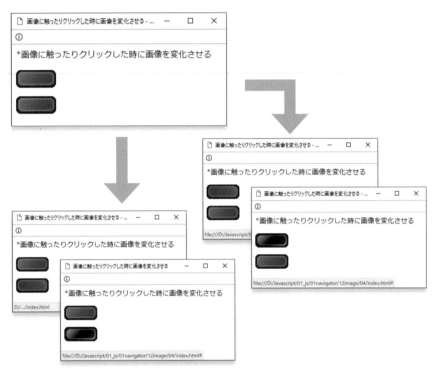

　サンプルではまず、普通の時のボタンの画像「button1.jpg」、マウスが画像の上に乗った時の画像「button2.jpg」、ボタンがクリックされた時の画像「button3.jpg」、の3枚の画像を用意します。そして、「画像をアニメーションする」と同じ要領で、それぞれのURLの値を持った3つの配列の要素を作っています。

　実際に画像を変化させるのは、リンクの中に設定したイベントハンドラで行います。どの画像を変化させるのかは、HTMLファイルが読み込まれるのと同時に「document.images[0]」から始まるイメージ配列ができているので、それで指定するようにしています。上の画像上にマウスが乗った時は、イベントハンドラ「onMouseOver」が関数

　「SetImage1(2,0)」を発生して、「document.images[0]」の位置の画像を「button2.

jpg」に置き換えます。マウスをクリックした時は、「onClick="SetImage1(3,0)"」によって、「document.images[0]」の位置のイメージを「button3.jpg」に置き換えます。マウスが画像から離れた時は、「onMouseOut="SetImage1(1,0)"」によって、「document.images[0]」の位置のイメージを「button1.jpg」に置き換えています。また、下の画像上にマウスが乗ったり、クリックされたり、マウスが離れた時は、「document.images[1]」の位置の画像が置き換わるように設定しています。

JavaScript1.1で追加されたオブジェクトです。

```html
<!DOCTYPE html>
<html lang="ja">
<head>
<meta charset="UTF-8">
<title>画像に触ったりクリックした時に画像を変化させる</title>
<script>
<!--
var ButtonImage = new Array();
    for(i = 1; i < 4; i++) {
        ButtonImage[i] = new Image();
        ButtonImage[i].src="button" + i + ".jpg";
    }
function SetImage1(flag, position) {
        document.images[position].src=ButtonImage[flag].src;
}
//-->
</script>
<style>
<!--
body { background-color: #ffffff; }
-->
</style>
</head>
<body>
*画像に触ったりクリックした時に画像を変化させる
<p>
<img src="button1.jpg" alt="button1" border=0 width="78" height="33"
    onMouseOver="SetImage1(2,0)" onMouseOut="SetImage1(1,0)"
    onClick="SetImage1(3,0)">
</p>
<p>
<img src="button1.jpg" alt="button2" border=0 width="78" height="33"
    onMouseOver="SetImage1(2,1)" onMouseOut="SetImage1(1,1)"
    onClick="SetImage1(3,1)">
</p>
</body></html>
```

オブジェクト=new Array()：「Arrayオブジェクト」(p.342)
「画像をアニメーションする」(p.466)

画像に触ったりクリックした時に画像を変化させる - オブジェクト名を使う -

document.オブジェクト名.src = srcの値　　　　　プロパティ

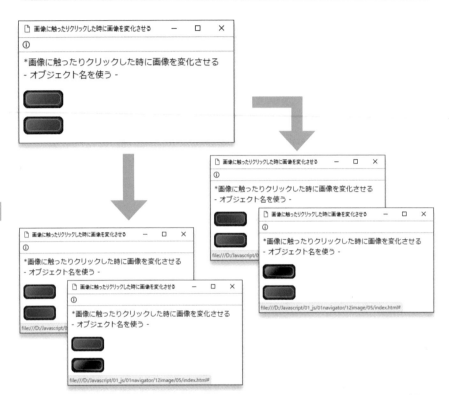

　「画像に触ったりクリックした時に画像を変化させる」では配列を使用して画像の変更を行っていたのに対し、ここではオブジェクト名を設定して、そのオブジェクト名を使って画像の変更を行っています。

　サンプルでは、「name」を使って、始めの画像には「button1」、次の画像には「button2」というオブジェクト名を、それぞれ設定しています。これにより、それぞれのオブジェクトの「src」の値は、始めの画像は「document.button1.src」、次の画像は「document.button2.src」となります。そして、画像の上にマウスが乗ったり、クリックされたり、マウスが離れたりした時などに、変更する画像の「src」の値を持った、イベントハンドラがイベントを発生させます。そして、関数の処理で、それぞれのオブジェクトに「src」の値を設定することによって、画像を変更しています。

　JavaScript1.1で追加されたオブジェクトです。

```
<!DOCTYPE html>
<html lang="ja">
<head>
<meta charset="UTF-8">
<title>画像に触ったりクリックした時に画像を変化させる</title>
<script>
<!--
function SetImage1(IMG) { document.button1.src= IMG }
function SetImage2(IMG) { document.button2.src= IMG }
//-->
</script>
<style>
<!--
body { background-color: #ffffff; }
-->
</style>
</head>
<body>
*画像に触ったりクリックした時に画像を変化させる
<br> - オブジェクト名を使う -
<p>
<img src="button1.jpg" name="button1" alt="button1" border=0
 width="78" height="33" onMouseOver="SetImage1('button2.jpg')"
 onMouseOut="SetImage1('button1.jpg')" onClick="SetImage1('button3.jpg')">
</p>
<p>
<img src="button1.jpg" name="button2" alt="button2" border=0
 width="78" height="33" onMouseOver="SetImage2('button2.jpg')"
 onMouseOut="SetImage2('button1.jpg')" onClick="SetImage2('button3.jpg')">
</p>
</body></html>
```

☞ name：「オブジェクトに名前を付ける」(p.509)
　「画像に触ったりクリックした時に画像を変化させる」(p.470)

画像に触った時に別の画像を変化させる

```
オブジェクト名 = new Image()
document.オブジェクト名.src
document.images[n]
```

プロパティ

配列

「画像に触ったりクリックした時に画像を変化させる」と同じ要領で、画像に触ったタイミングで別の画像を置き換えることができます。

サンプルでは、イメージ配列「document.images[0]」の画像の上にマウスが乗ったり、クリックされたり、マウスが離れた時に、「document.images[1]」の画像が置き換わるようにしています。

JavaScript1.1で追加されたオブジェクトです。

```
<!DOCTYPE html>
<html lang="ja">
<head>
<meta charset="UTF-8">
<title>画像に触った時に別の画像を変化させる</title>
<script>
<!--
OnMouse = new Array();
    for(i = 1; i < 5; i++) {
```

```
        OnMouse[i] = new Image();
        OnMouse[i].src = "image" + i + ".jpg";
    }
function OnMoSet1(flag, position) {
    document.images[position].src=OnMouse[flag].src;
    return false;
}
//-->
</script>
<style>
<!--
body { background-color: #ffffff; }
-->
</style>
</head>
<body>
*画像に触った時に別の画像を変化させる
<p>
<img src="image1.jpg" alt="onmousea-1" border=0 width="100" height="100"
    onMouseOver="OnMoSet1(2,1)" onMouseOut="OnMoSet1(1,1)"
    onClick="return OnMoSet1(4,1)">
<img src="image1.jpg" alt="onmousea-2" border=0 width="100" height="100"
    onMouseOver="OnMoSet1(3,0)" onMouseOut="OnMoSet1(1,0)"
    onClick="return OnMoSet1(4,0)">
</p>
</body></html>
```

☞ オブジェクト=new Array()：「Arrayオブジェクト」(p.470)
　　「画像に触ったりクリックした時に画像を変化させる」(p.470)

Imageオブジェクト　　　　　　　　　　　　　　　　　　　**document**　**src**

画像に触った時に別の画像を変化させる
- オブジェクト名を使う -

`document.オブジェクト名.src = srcの値`　　　　　　　プロパティ

イメージを操作する

　前項の「画像に触った時に別の画像を変化させる」では配列を使用して画像の変更を行っていたのに対し、ここではオブジェクト名を設定して、そのオブジェクト名を使って画像の変更を行っています。

　サンプルでは、「name」を使って、始めの画像には「image1」、次の画像には「image2」というオブジェクト名を、それぞれ設定しています。そして画像の上に、マウスが乗ったり、クリックされたり、マウスが離れたりなどした時にイベントを発生させます。そして、関数の処理で、オブジェクト名「image1」の画像上でイベントが発生した時はオブジェクト名「image2」の、オブジェクト名「image2」の画像上でイベントが発生した時はオブジェクト名「image1」の、「src」の値を変更することによって、イベントが発生したのとは別の画像を変更しています。

　JavaScript1.1で追加されたオブジェクトです。

```
<!DOCTYPE html>
<html lang="ja">
<head>
<meta charset="UTF-8">
<title>画像に触った時に別の画像を変化させる</title>
<script>
<!--
function OnMoSet1(IMG) { document.image2.src= IMG }
function OnMoSet2(IMG) { document.image1.src= IMG }
//-->
</script>
<style>
<!--
body { background-color: #ffffff; }
-->
</style>
</head>
<body>
*画像に触った時に別の画像を変化させる
<br> - オブジェクト名を使う -
<p>
<img src="image1.jpg" name="image1" alt="onmousea-1" border=0
    width="100" height="100"  onMouseOver="OnMoSet1('image2.jpg')"
    onMouseOut="OnMoSet1('image1.jpg')"
    onClick="return OnMoSet1('image4.jpg')">
<img src="image1.jpg" name="image2" alt="onmousea-2" border=0
    width="100" height="100"  onMouseOver="OnMoSet2('image3.jpg')"
    onMouseOut="OnMoSet2('image1.jpg')"
    onClick="return OnMoSet2('image4.jpg')">
</p>
</body></html>
```

☞ name：「オブジェクトに名前を付ける」(p.509)

画像のロード状態を表示する

onAbort="スクリプト ｜ 関数"		イベントハンドラ
onError="スクリプト ｜ 関数"		イベントハンドラ
onLoad ="スクリプト ｜ 関数"		イベントハンドラ

イメージを操作する

　イベントハンドラ「onAbort」は、画像読み込み中に[中止(Stop)]ボタンが押される
などで画像の読み込みが中止された時に、イベントハンドラ「onError」は画像読み込
みエラー時に、イベントハンドラ「onLoad」は画像読み込み終了時に、それぞれイベ
ントを発生します。

　サンプルでは、画像ファイルのそれぞれの状態を取得し、それに合わせたメッセー
ジをフォーム内に書き出しています。

　JavaScript1.1で追加されたオブジェクトです。

```
<!DOCTYPE html>
<html lang="ja">
<head>
<meta charset="UTF-8">
<title>画像のロード状態を表示する</title>
<script>
<!--
function STOP(){
    document.ZYOUTAI.zyo.value = "イメージのロードが中止されました" }
function ERR(){
    document.ZYOUTAI.zyo.value = "イメージのロードに失敗しました" }
function OK(){
    document.ZYOUTAI.zyo.value = "イメージのロードが終了しました" }
//-->
</script>
<style>
<!--
body { background-color: #ffffff; }
-->
</style>
</head>
<body>
*画像のロード状態を表示する
<p>
<form name="ZYOUTAI">
<input type="text" name="zyo" value="イメージをロードしています..."
    size="60">
</form>
</p>
<p>
<img src="image.jpg" alt="image.jpg" width="400" height="278"
  onAbort="STOP()" onError="ERR()" onLoad="OK()">
</p>
</body></html>
```

☞ onAbort：「イベントのタイプを取得する」(p.369)

コラム JavaScriptで「"」を書き出す方法

　JavaScriptでは、文字列をダブルクォーテーションマーク「"」で囲んで指定する必要があり、その中では「"」を使うことはできません。

　では、JavaScriptでダブルクォーテーションマーク「"」を書き出したい時には、どうすればよいのでしょうか？

　まずひとつの方法として、特殊キャラクター文字の「¥」を使う方法があります。そして、もうひとつは、「"」と「'」のネスト（入れ子）の関係を逆にして、文字列をシングルクォーテーションマーク「'」で囲み、その中で「"」を使うという方法があります。

コラム 「language」属性について

HTML4.0以降、「script」要素の「language」属性が不適切となりました。HTML4.0より前の「language」属性が使われていた時のJavaScript指定方法は、次の通りとなります。

```
<script language="JavaScript">
<!--
JavaScript1.0のソース
//-->
</script>
```

また、以前はJavaScriptのバージョン指定を行うことにより、そのバージョン独自の仕様に準じたスクリプトを、実行することができました。

例えば、次のように文字列型と数値型を評価するスクリプトを実行した場合、JavaScriptの文字列型と数値型が曖昧な仕様から「true」の値が返りました。

```
<script language="JavaScript">
<!--
document.write("2" == 2);
//-->
</script>
```

しかしながら、文字列型と数値型を明確に判断するように仕様が変更されたJavaScript1.2のバージョンを次のように設定した場合「false」の値が返りました。

```
<script language="JavaScript1.2">
<!--
document.write("2" == 2);
//-->
</script>
```

このようなJavaScriptのバージョン表記は、JavaScriptの仕様がぶれていたりブラウザの種類やバージョンにより実装の違いが大きかった当時としては、エラーを回避するための重要な手段の一つでした。

しかし今日では、JavaScriptは、ECMAScriptと仕様を合わせ、JavaScriptの実行環境であるブラウザも、その他の標準仕様に準拠した作りになっているため、仕様が変更になったり、ブラウザによって動作が違う、といった事態は起こらなくなってきています。

ビルトイン
オブジェクト・他

　ブラウザが本来持っている情報や機能をオブジェクト化したナビゲーションオブジェクトに
対し、JavaScriptが独自に組み込んだオブジェクトをビルトインオブジェクトといいます。

　ビルトインオブジェクトは、ヨーロッパの標準化機関であるECMAがJavaScriptを元に規格
化を行っている、ECMAScriptが公開されて以降、ECMAScriptと互換をとるように規格化が
進められています。　この章では、ビルトインオブジェクトの中でも、利用頻度が高いものを紹
介しています。また、複数のオブジェクトで利用できるプロパティ・メソッドとビルトイン関
数ついても併せて解説しています。

年・月・日・時・分・秒を表示する

```
オブジェクト名 = new Date()                    メソッド
  オブジェクト名.getFullYear()                 メソッド
  オブジェクト名.getDate()                     メソッド
  オブジェクト名.getMonth()                    メソッド
  オブジェクト名.getHours()                    メソッド
  オブジェクト名.getMinutes()                  メソッド
  オブジェクト名.getSeconds()                  メソッド
```

　サンプルでは「now = new Date()」でマシンのシステム時計から現在時刻の要素を取り出したオブジェクト「now」を作成し、そこからメソッドを使って各時間の要素を取得しています。

　「getFullYear()」メソッドは4桁の西暦の数値を、「getMonth()」メソッドは1月を0とした月に応じた0から11までの数値を、「getDate()」メソッドは日に応じた1から31までの数値を、「getHours()」メソッドは時間に対応した0から23までの数値を、

　「getMinutes()」メソッドは分に対応した0から59までの数値を、「getSeconds()」メソッドは秒に対応した0から59までの数値を、それぞれ取得します。

　「getFullYear()」メソッドは、ECMAScriptと仕様を合わせるため、JavaScript1.3で追加されました。

```
<script>
<!--
now = new Date();
    document.write(now.getFullYear(),"年");
    document.write(now.getMonth()+1,"月",now.getDate(),"日");
    document.write(now.getHours(),"時",now.getMinutes(),"分");
    document.write(now.getSeconds(),"秒");
//-->
</script>
```

コラム getYearメソッドに関して

　当初JavaScriptで西暦の値を取得するには、西暦の下2桁の値を取得する「getYear()」を使用していました。

　このメソッドでは、たとえば西暦1999年だった場合「99」の値を返します。そして、西暦2000年になると、「00」に戻るのではなく、「100」の値が返ります。それ以降は、例えば2001年は「101」、2022年は「122」となっていきます。このため、「getYear()」を「getYear()」メソッドを使って正確な4桁の西暦を表示できるようにするには、例えば次のようにする必要があります。

```
<script>
<!--
now= new Date();
if(now.getYear() >= 2000){
  document.write(now.getYear(),"年")
}else{
  document.write(now.getYear() + 1900,"年")
}
//-->
</script>
```

　今では、JavaScript1.3でECMAScriptに仕様を合わせるために追加された、4桁の西暦の数値を返す「getFullYear()」メソッドがありますので、西暦の値を取得する時には、この「getFullYear()」メソッドを使用するべきでしょう。

午前午後を表示する

オブジェクト名= **new Date()**
オブジェクト名.**getHours()**　　　　　　　　　メソッド

```
📄 午前午後を表示する                    ―  □  ×
ⓘ
*午前午後を表示する

午後
```

```
📄 午前午後を表示する                    ―  □  ×
ⓘ
*午前午後を表示する

午前
```

　サンプルでは、「getHours()」メソッドで現在時間を取得し、その数値が12より小さければ「午前」、大きければ「午後」と表示します。

　「条件式？x:y」は、条件式が真の場合は「x」の値を、偽の場合は「y」の値を返します。

```
<script>
<!--
var now = new Date();
var AMPM = now.getHours();
    document.write( AMPM<12 ? "午前":"午後");
//-->
</script>
```

⚠ **月の値を表示する時の注意**

　月の値を返す「getMonth()」メソッドは、実際の月より1小さい数値を返します。正確に月を表示させたい時には、「getMonth()+1」と1を加えることを忘れないようにしてください。

Dateオブジェクト **getDay()**

曜日を表示する

```
オブジェクト名 = new Date()
オブジェクト名.getDay()
```
メソッド

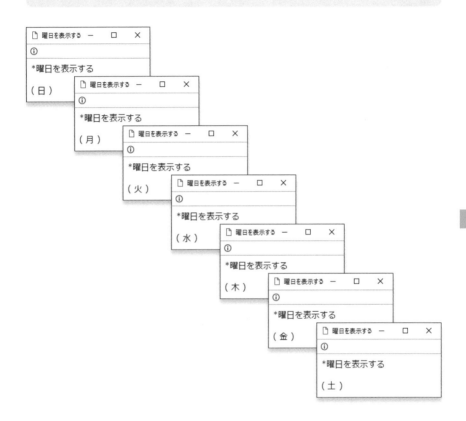

　曜日を取得する「getDay()」メソッドは、日曜日の場合は0、月曜日の場合は1、という順番で、曜日の値を0から6までの数値で取得します。

　サンプルでは、取得した数値をif文で参照し、日曜日は赤い文字で、土曜日は青い文字で、その他の曜日はフォントの色指定なしで書き出しています。

```
<!DOCTYPE html>
<html lang="ja">
<head>
<meta charset="UTF-8">
<title>曜日を表示する</title>
<script>
<!--
var y0 = "日";
var y1 = "月";
var y2 = "火";
var y3 = "水";
var y4 = "木";
var y5 = "金";
var y6 = "土";
function gety(y){
    if (y==0) { document.write( y0.fontcolor("red") ) }
    if (y==1) { document.write( y1 ) }
    if (y==2) { document.write( y2 ) }
    if (y==3) { document.write( y3 ) }
    if (y==4) { document.write( y4 ) }
    if (y==5) { document.write( y5 ) }
    if (y==6) { document.write( y6.fontcolor("blue") ) }
}
//-->
</script>
<style>
<!--
body { background-color: #ffffff; }
-->
</style>
</head>
<body>
*曜日を表示する
<p>
(
<script>
<!--
    day = new Date();
    gety(day.getDay());
//-->
</script>
)
</p>
</body></html>
```

国際標準時やローカルタイムを表示する

```
オブジェクト名 = new Date()
オブジェクト名.toGMTString()                    メソッド
オブジェクト名.toLocaleString()                 メソッド
オブジェクト名.getTimezoneOffset()              メソッド
```

```
┌─────────────────────────────────────────────────┐
│ 🗋 国際標準時やローカルタイムを表示する        ─    □    ×  │
├─────────────────────────────────────────────────┤
│ ⓘ                                               │
├─────────────────────────────────────────────────┤
│ *国際標準時やローカルタイムを表示する            │
│                                                 │
│ グリニッジ標準時(GMT)：Fri, 10 Feb 2017 03:32:50 GMT │
│ ローカルタイム：2017/2/10 12:32:50              │
│ グリニッジ標準時(GMT)とローカルタイムの差：-540分  │
│                                                 │
└─────────────────────────────────────────────────┘
```

　「toGMTString()」メソッドは日付と時間をGMT形式の文字列に変換し、「toLocale String()」メソッドは日付と時間をローカルタイムの文字列に変換します。

　「toGMTString()」メソッドは実行されたマシンの環境によって、「toLocaleString()」メソッドは実行された地域とマシンの環境よって結果が違います。

　「getTimezoneOffset()」メソッドは、グリニッジ標準時とローカルタイムの差を分で返します。

```
<script>
<!--
    gmt = new Date();
    document.write("グリニッジ標準時(GMT)：",gmt.toGMTString());
    document.write("<br>");
    document.write("ローカルタイム：",gmt.toLocaleString());
    document.write("<br>");
    document.write("グリニッジ標準時(GMT)とローカルタイムの差：",
        gmt.getTimezoneOffset(),"分");
//-->
</script>
```

日時を後から変更する

```
オブジェクト名 = new Date("月 日, 年 時:分:秒")
オブジェクト名.getTime()                          メソッド
オブジェクト名.setTime()                          メソッド
```

```
日時を後から変更する              —   □   ×

ⓘ

*日時を後から変更する

Tue May 02 1967 23:45:00 GMT+0900 (東京 (標準時))
の31日後は
Fri Jun 02 1967 23:45:00 GMT+0900 (東京 (標準時))
```

　「setTime()」メソッドは、ミリ秒単位で日付と時間の設定を行います。サンプルで
は、「ChangeDay = new Date("may 2, 1967 23:45:00")」で1967年5月2日23時45分
の要素を持った「ChangeDay」というオブジェクトを作ります。その後、「setTime()」
メソッドを使用して、「ChangeDay」オブジェクトを31日後の日時を持つオブジェク
トにセットし直しています。

日付・時間情報を利用する

```
<script>
<!--
ChangeDay = new Date("may 2, 1967 23:45:00");
Day = 24*60*60*1000;
document.write(ChangeDay);
document.write("<br>の31日後は<br>");
ChangeDay.setTime(ChangeDay.getTime() + Day * 31);
document.write(ChangeDay);
//-->
</script>
```

年・月・日・時・分・秒を設定する

```
オブジェクト名 = new Date("月 日, 年 時:分:秒")
オブジェクト名.setFullYear()          メソッド
オブジェクト名.setMonth()             メソッド
オブジェクト名.setDate()              メソッド
オブジェクト名.setHours()             メソッド
オブジェクト名.setMinutes()           メソッド
オブジェクト名.setSeconds()           メソッド
```

```
年・月・日・時・分・秒を設定する                    −  □  ×
ⓘ
*年・月・日・時・分・秒を設定する

設定前 : Fri May 02 1997 23:00:00 GMT+0900 (東京 (標準時))
年の設定変更 : Sat May 02 1970 23:00:00 GMT+0900 (東京 (標準時))

設定前 : Fri May 02 1997 23:00:00 GMT+0900 (東京 (標準時))
月の設定変更 : Tue Sep 02 1997 23:00:00 GMT+0900 (東京 (標準時))

設定前 : Fri May 02 1997 23:00:00 GMT+0900 (東京 (標準時))
日の設定変更 : Tue Jun 03 1997 23:00:00 GMT+0900 (東京 (標準時))

設定前 : Fri May 02 1997 23:00:00 GMT+0900 (東京 (標準時))
時間の設定変更 : Fri May 02 1997 14:00:00 GMT+0900 (東京 (標準時))

設定前 : Fri May 02 1997 23:00:00 GMT+0900 (東京 (標準時))
分の設定変更 : Sat May 03 1997 02:06:00 GMT+0900 (東京 (標準時))

設定前 : Fri May 02 1997 23:00:00 GMT+0900 (東京 (標準時))
秒の設定変更 : Fri May 02 1997 23:04:06 GMT+0900 (東京 (標準時))
```

「setFullYear」メソッドは4桁の西暦を設定し、「setMonth()」メソッドは0を1月とした数値で月を設定し、「setDate()」メソッドは日を設定し、「setHours()」メソッドは時間を設定し、「setMinutes()」メソッドは分を設定し、「setSeconds()」メソッドは秒を設定します。

サンプルでは、各メソッドを使って1度設定された年・月・日・時・分・秒の設定を変更しています。設定変更が、その部分以外の時間の要素にも影響を与えている(たとえば、秒に60以上の数値を設定した場合、分などもそれに合わせて変更されている)点に注目してください。

```
<script>
<!--
NewDay1 = new Date("may 2, 1997 23:00:00");
document.write("設定前：",NewDay1);
document.write("<br>");
NewDay1.setFullYear(1970);
document.write("年の設定変更：",NewDay1);
//-->
</script>
</p>
<p>
<script>
<!--
NewDay2 = new Date("may 2, 1997 23:00:00");
document.write("設定前：",NewDay2);
document.write("<br>");
NewDay2.setMonth(8);
document.write("月の設定変更：",NewDay2);
//-->
</script>
</p>
<p>
<script>
<!--
NewDay3 = new Date("may 2, 1997 23:00:00");
document.write("設定前：",NewDay3);
document.write("<br>");
NewDay3.setDate(34);
document.write("日の設定変更：",NewDay3);
//-->
</script>
</p>
<p>
<script>
<!--
NewDay4 = new Date("may 2, 1997 23:00:00");
document.write("設定前：",NewDay4);
document.write("<br>");
NewDay4.setHours(14);
document.write("時間の設定変更：",NewDay4);
//-->
</script>
</p>
<p>
<script>
<!--
NewDay5 = new Date("may 2, 1997 23:00:00");
document.write("設定前：",NewDay5);
document.write("<br>");
NewDay5.setMinutes(186);
document.write("分の設定変更：",NewDay5);
```

```
//-->
</script>
</p>
<p>
<script>
<!--
NewDay6 = new Date("may 2, 1997 23:00:00");
document.write("設定前：",NewDay6);
document.write("<br>");
NewDay6.setSeconds(246);
document.write("秒の設定変更：",NewDay6);
//-->
</script>
```

　　　　　　　　　　　　　　　　　　getMilliseconds()

ミリセコンドを表示する

オブジェクト名 = new Date()
オブジェクト名.getMilliseconds()　　　　　　　　　　　メソッド

```
┌ ミリセコンドを表示する　　　　　　　　　　　　　−　□　✕
① 
*ミリセコンドを表示する

1000分の753秒
```

　「getMilliseconds()」メソッドは、1000分の1秒の値を0から999の数値で取得します。

　ECMAScriptと仕様を合わせるためにJavaScript1.3で追加されたメソッドです。

```
<script>
<!--
now = new Date();
document.write("1000分の",now.getMilliseconds(),"秒");
//-->
</script>
```

ミリセコンドを設定する

```
オブジェクト名 = new Date()
オブジェクト名.setMilliseconds()
```

メソッド

🗋 ミリセコンドを設定する	—	□	×

ⓘ

*ミリセコンドを設定する

ミリセコンド設定前：1000分の611秒
ミリセコンド設定後：1000分の500秒

「setMilliseconds()」メソッドは、1000分の1秒の値を0から999の数値で設定します。ECMAScriptと仕様を合わせるためにJavaScript1.3で追加されたメソッドです。

Netscape Navigator 4.0やInternet Explorer 4.Xでも使用することができます。

```
<script>
<!--
now = new Date();
document.write("ミリセコンド設定前：",
    "1000分の",now.getMilliseconds(),"秒");
document.write("<br>");
now.setMilliseconds(500);
document.write("ミリセコンド設定後：",
    "1000分の",now.getMilliseconds(),"秒");
//-->
</script>
```

UTCを表示する

```
オブジェクト名 = new Date()                      メソッド
オブジェクト名.getUTCFullYear()                メソッド
オブジェクト名.getUTCMonth()                    メソッド
オブジェクト名.getUTCDate()                     メソッド
オブジェクト名.getUTCHours()                    メソッド
オブジェクト名.getUTCMinutes()                  メソッド
オブジェクト名.getUTCSeconds()                  メソッド
オブジェクト名.getUTCMilliseconds()             メソッド
オブジェクト名.getUTCDay()                       メソッド
```

JavaScript1.3では、UTC(Coordinated Universal Time:協定世界時)を取得する多くのメソッドが追加されています。

サンプルでは、「now = new Date()」でマシンのシステム時計から現在時刻の要素を取り出したオブジェクト「now」を作成し、そこから各UTCの時間の要素を、メソッドを使って取得しています。

「getUTCFullYear()」メソッドは4桁の西暦の数値を、「getUTCMonth()」メソッドは1月を0とした月に応じた0から11までの数値を、「getUTCDate()」メソッドは日に応じた1から31までの数値を、「getUTCHours()」メソッドは時間に対応した0から23までの数値を、「getUTCMinutes()」メソッドは分に対応した0から59までの数値を、「getUTCSeconds()」メソッドは秒に対応した0から59までの数値を、「getUTC Milliseconds()」メソッドは1000分の1秒に対応した0から999までの数値を、「getDay()」メソッドは日曜日を0、月曜日を1、という順番で0から6までの数値を、UTCで取得します。

これらのメソッドは、ECMAScriptと仕様を合わせるためにJavaScript1.3で追加されたメソッドです。

```
<!DOCTYPE html>
<html lang="ja">
<head>
<meta charset="UTF-8">
<title>UTCを表示する</title>
<script>
<!--
var y0 = "日";
var y1 = "月";
var y2 = "火";
var y3 = "水";
var y4 = "木";
var y5 = "金";
var y6 = "土";
function getUTC(y){
    if (y==0) { document.write( y0.fontcolor("red") ) }
    if (y==1) { document.write( y1 ) }
    if (y==2) { document.write( y2 ) }
    if (y==3) { document.write( y3 ) }
    if (y==4) { document.write( y4 ) }
    if (y==5) { document.write( y5 ) }
    if (y==6) { document.write( y6.fontcolor("blue") ) }
}
//-->
</script>
<style>
<!--
body { background-color: #ffffff; }
-->
</style>
</head>
<body>
*UTCを表示する
<p>
<script>
<!--
now = new Date();
    document.write(now.getUTCFullYear(),"年");
    document.write(now.getUTCMonth()+1,"月",now.getUTCDate(),"日");
    document.write(now.getUTCHours(),"時",now.getUTCMinutes(),"分");
    document.write(now.getUTCSeconds(),"秒",now.getUTCMilliseconds(),
        "ミリ秒");
    document.write("(");
    getUTC(now.getUTCDay());
    document.write("曜日)");
//-->
</script>
</p>
</body></html>
```

Dateオブジェクト

UTCを設定する

オブジェクト名 = `new Date()`	メソッド
オブジェクト名.`toUTCString()`	メソッド
オブジェクト名.`setUTCFullYear()`	メソッド
オブジェクト名.`setUTCMonth()`	メソッド
オブジェクト名.`setUTCDate()`	メソッド
オブジェクト名.`setUTCHours()`	メソッド
オブジェクト名.`setUTCMinutes()`	メソッド
オブジェクト名.`setUTCSeconds()`	メソッド
オブジェクト名.`setUTCMilliseconds()`	メソッド

```
🗋 UTCを設定する                              —    □    ×

ⓘ

*UTCを設定する

設定前：Fri, 10 Feb 2017 03:38:36 GMT
UTCの年の設定変更：Wed, 10 Feb 1999 03:38:36 GMT

設定前：Fri, 10 Feb 2017 03:38:36 GMT
UTCの月の設定変更：Wed, 10 Jan 2018 03:38:36 GMT

設定前：Fri, 10 Feb 2017 03:38:36 GMT
UTCの日の設定変更：Fri, 10 Feb 2017 03:38:36 GMT

設定前：Fri, 10 Feb 2017 03:38:36 GMT
UTCの時間の設定変更：Fri, 10 Feb 2017 14:38:36 GMT

設定前：Fri, 10 Feb 2017 03:38:36 GMT
UTCの分の設定変更：Fri, 10 Feb 2017 06:06:36 GMT

設定前：Fri, 10 Feb 2017 03:38:36 GMT
UTCの秒の設定変更：Fri, 10 Feb 2017 03:41:00 GMT

設定前：Fri, 10 Feb 2017 03:38:36 GMT
UTCのミリセコンドの設定変更：Fri, 10 Feb 2017 03:38:38 GMT
```

日付・時間情報を利用する

　JavaScript1.3では、UTC(Coordinated Universal Time:協定世界時)を設定する多くのメソッドが追加されています。

　サンプルでは、ページが読み込まれた時の時間の値を、各メソッドを使って変更しています。「setUTCFullYear()」メソッドは4桁のUTCの年の値を設定し、「setUTCMonth()」メソッドは0を1月とした数値でUTCの月の値を設定し、「setUTCDate()」メソッドはUTCの日の値を設定し、「setUTCHours()」メソッドはUTCの時間の値を設定し、「setUTCMinutes()」メソッドはUTCの分の値を設定し、

「setUTCSeconds()」メソッドはUTCの秒の値を設定します。なお、「toUTCString()」メソッドは、UTCの日付と時間を文字列へ変換します。

　これらのメソッドは、ECMAScriptと仕様を合わせるためにJavaScript1.3で追加されたメソッドです。

```
<script>
<!--
NewDay1 = new Date();
document.write("設定前：",NewDay1.toUTCString());
document.write("<br>");
NewDay1.setUTCFullYear(1999);
document.write("UTCの年の設定変更：",NewDay1.toUTCString());
//-->
</script>
</p>
<p>
<script>
<!--
NewDay2 = new Date();
document.write("設定前：",NewDay2.toUTCString());
document.write("<br>");
NewDay2.setUTCMonth(12);
document.write("UTCの月の設定変更：",NewDay2.toUTCString());
//-->
</script>
</p>
<p>
<script>
<!--
NewDay3 = new Date();
document.write("設定前：",NewDay3.toUTCString());
document.write("<br>");
NewDay3.setUTCDate(10);
document.write("UTCの日の設定変更：",NewDay3.toUTCString());
//-->
</script>
</p>
<p>
<script>
<!--
NewDay4 = new Date();
document.write("設定前：",NewDay4.toUTCString());
document.write("<br>");
NewDay4.setUTCHours(14);
document.write("UTCの時間の設定変更：",NewDay4.toUTCString());
//-->
</script>
</p>
<p>
<script>
```

```
<!--
NewDay5 = new Date();
document.write("設定前：",NewDay5.toUTCString());
document.write("<br>");
NewDay5.setUTCMinutes(186);
document.write("UTCの分の設定変更：",NewDay5.toUTCString());
//-->
</script>
</p>
<p>
<script>
<!--
NewDay6 = new Date();
document.write("設定前：",NewDay6.toUTCString());
document.write("<br>");
NewDay6.setUTCSeconds(180);
document.write("UTCの秒の設定変更：",NewDay6.toUTCString());
//-->
</script>
</p>
<p>
<script>
<!--
NewDay7 = new Date();
document.write("設定前：",NewDay7.toUTCString());
document.write("<br>");
NewDay7.setUTCMilliseconds(2000);
document.write("UTCのミリセコンドの設定変更：",NewDay7.toUTCString());
//-->
</script>
</p>
```

日付をカウントダウンする

```
オブジェクト名 = new Date()
オブジェクト名 = new Date(年, 月, 日)
オブジェクト名.getTime()
```
メソッド

```
□ 日付をカウントダウンする              ―  □  ×
①
*日付をカウントダウンする

西暦2030年まであと2499日
```

　サンプルではまず、「today = new Date()」で現在の時間の要素を持った「today」というオブジェクトと、「XDay = new Date(2030,0,1)」で西暦2030年1月1日の要素を持った「XDay」というオブジェクトを作っています。そして、「getTime()」メソッドを使って、それぞれのオブジェクトの1970年1月1日0時0分0秒からのミリ秒単位の経過時間を取得し、その差の値を「/(24*60*60*1000)」とすることによって、日数に戻しています。

　「new Date(2030,0,1)」内の日付を変更することによって、希望の日付までのカウントダウンをすることができます。

```
<script>
<!--
today = new Date();
XDay = new Date(2030,0,1);
NC = (XDay.getTime()-today.getTime())/(24*60*60*1000);
document.write("西暦2030年まであと"+ Math.ceil(NC) +"日");
//-->
</script>
```

時間ごとに違ったメッセージを表示する

```
オブジェクト名 = new Date()
オブジェクト名.getHours()
```

メソッド

```
┌ 時間ごとに違ったメッセージを表示する        ─    □    ×
ⓘ
*時間ごとに違ったメッセージを表示する

12時のメッセージ
```

　サンプルでは、HTMLファイルがロードされた時に、関数「geth()」内の「h.getHours()」が時間の値を取得して、その値を「function geth(t){ ~ }」内のif文で参照し、時間に合わせたメッセージを表示しています。

　メッセージ部分に「<img src='URL' alt='xxx' width="xxx" height="xxx">」と画像を表示するタグを書けば、時間によって違った画像を表示することもできます。サンプルのように1時間ごとにひとつのメッセージを設定している場合は、本当はif文をネスト(入れ子)にする必要はありません。

```
<!DOCTYPE html>
<html lang="ja">
<head>
<meta charset="UTF-8">
<title>時間ごとに違ったメッセージを表示する</title>
<script>
<!--
var m0 = "0時のメッセージ";
var m1 = "1時のメッセージ";
var m2 = "2時のメッセージ";
var m3 = "3時のメッセージ";
var m4 = "4時のメッセージ";
var m5 = "5時のメッセージ";
var m6 = "6時のメッセージ";
var m7 = "7時のメッセージ";
var m8 = "8時のメッセージ";
var m9 = "9時のメッセージ";
var m10 = "10時のメッセージ";
var m11 = "11時のメッセージ";
var m12 = "12時のメッセージ";
var m13 = "13時のメッセージ";
var m14 = "14時のメッセージ";
var m15 = "15時のメッセージ";
var m16 = "16時のメッセージ";
```

```
var m17 = "17時のメッセージ";
var m18 = "18時のメッセージ";
var m19 = "19時のメッセージ";
var m20 = "20時のメッセージ";
var m21 = "21時のメッセージ";
var m22 = "22時のメッセージ";
var m23 = "23時のメッセージ";
function geth(t){
    if (t==0) document.write( m0 );
        else { if (t==1) document.write( m1 );
        else { if (t==2) document.write( m2 );
        else { if (t==3) document.write( m3 );
        else { if (t==4) document.write( m4 );
        else { if (t==5) document.write( m5 );
        else { if (t==6) document.write( m6 );
        else { if (t==7) document.write( m7 );
        else { if (t==8) document.write( m8 );
        else { if (t==9) document.write( m9 );
        else { if (t==10) document.write( m10 );
        else { if (t==11) document.write( m11 );
        else { if (t==12) document.write( m12 );
        else { if (t==13) document.write( m13 );
        else { if (t==14) document.write( m14 );
        else { if (t==15) document.write( m15 );
        else { if (t==16) document.write( m16 );
        else { if (t==17) document.write( m17 );
        else { if (t==18) document.write( m18 );
        else { if (t==19) document.write( m19 );
        else { if (t==20) document.write( m20 );
        else { if (t==21) document.write( m21 );
        else { if (t==22) document.write( m22 );
        else { if (t==23) document.write( m23 );
    }}}}}}}}}}}}}}}}}}}}}}}
}
//-->
</script>
<style>
<!--
body { background-color: #ffffff; }
-->
</style>
</head>
<body>
*時間ごとに違ったメッセージを表示する
<p>
<script>
<!--
   h = new Date();
   geth(h.getHours());
//-->
</script>
</p>
</body></html>
```

新しいオブジェクトを作る - 1 -

オブジェクト名 = new Object()

```
┌ 新しいオブジェクトを作る - 1 -              —    □    ×
├─────────────────────────────────────────
│ ①
├─────────────────────────────────────────
│ *新しいオブジェクトを作る - 1 -
│
│ 新しいオブジェクトです
│
└─────────────────────────────────────────
```

　JavaScriptでは、新たにユーザー独自のオブジェクトを作成することができます。
　サンプルでは、「new」演算子を使って、「新しいオブジェクトです」という文字列
の値を持った新たなオブジェクト、「myObj」を作成しています。

```
<script>
<!--
myObj = new Object("新しいオブジェクトです");
document.write(myObj.bold());
//-->
</script>
```

オブジェクト名= 【プロパティ:値】

新しいオブジェクトを作る - 2 -

オブジェクト名 = 【プロパティ1:値1,プロパティ2:値2,..., プロパティn:値n】

🗋 新しいオブジェクトを作る - 2 -	—	☐	✕

ⓘ

*新しいオブジェクトを作る - 2 -

新しいオブジェクトです

　JavaScript1.2からは、あらかじめ用意されているオブジェクトを使用するか、new演算子を使用して新しいオブジェクトを作成する以外にも、サンプルの用法でも独自のオブジェクトを作成できるようになりました。

　サンプルでは、文字の色やサイズの値をプロパティに持った「mystring」というオブジェクトを作成しています。

```
<script>
<!--
myObj = new Object("新しいオブジェクトです");
mystring = { color:"red",size:5 }
document.write(myObj.fontcolor(mystring.color).fontsize(mystring.size));
//-->
</script>
```

オブジェクトを作成・操作する

真(true)か偽(false)の値を設定する

オブジェクト名 = new Boolean()

Booleanオブジェクトを使うと、明示的に「true」と「false」の値を持ったオブジェクトを作成することができます。

サンプルでは、Booleanオブジェクトを使って「true」の値を持った「myTrue」オブジェクトと、「false」の値を持った「myFalse」オブジェクトを作成しています。

JavaScript1.1で追加されたオブジェクトです。

```
<script>
<!--
myTrue = new Boolean(true);
myFalse = new Boolean(false);
document.write( myTrue == true );
document.write("<br>");
document.write( myTrue == false );
document.write("<br>");
document.write( myFalse != true );
document.write("<br>");
document.write( myFalse != false );
//-->
</script>
```

数値を作成する

```
オブジェクト名 = new Number()
オブジェクト名.NaN
```

```
📄 数値を作成する                          —    □    ×
ⓘ
*数値を作成する

100
false
true
```

　Numberオブジェクトを使うと、数値の値を持ったオブジェクトを作成することができます。

　サンプルでは、Numberオブジェクトを使って、数値の値を持ったオブジェクト「myNumber」を作成しています。また、「NaN」プロパティを使うと、オブジェクトを数値でない状態に変更することができます。JavaScript1.1で追加されたオブジェクトです。

```
<script>
<!--
myNumber = new Number(100);
document.write(myNumber);
document.write("<br>");
document.write(isNaN(myNumber));
document.write("<br>");
document.write(isNaN(myNumber.NaN));
//-->
</script>
```

使用可能な数値の範囲を調べる

オブジェクト名.**MAX_VALUE** `プロパティ`
オブジェクト名.**MIN_VALUE** `プロパティ`
オブジェクト名.**NEGATIVE_INFINITY** `プロパティ`
オブジェクト名.**POSITIVE_INFINITY** `プロパティ`

```
□ 使用可能な数値の範囲を調べる        −   □   ×

ⓘ

*使用可能な数値の範囲を調べる

最大値：1.7976931348623157e+308
最小値：5e-324
負の無限大：-Infinity
無限大：Infinity
```

　Numberオブジェクトには、数値の有効範囲を取り扱う多くのプロパティがあり
ます。
　「MAX_VALUE」プロパティはJavaScriptで扱える値の最大値を、「MIN_VALUE」
プロパティはJavaScriptで扱える値の最小値を、「NEGATIVE_INFINITY」プロパ
ティは負の無限大の値を、「POSITIVE_INFINITY」プロパティは無限大の値を、そ
れぞれ持っています。

```
<script>
<!--
document.write("最大値：" + Number.MAX_VALUE);
document.write("<br>");
document.write("最小値：" + Number.MIN_VALUE);
document.write("<br>");
document.write("負の無限大：" + Number.NEGATIVE_INFINITY);
document.write("<br>");
document.write("無限大：" + Number.POSITIVE_INFINITY);
//-->
</script>
```

オブジェクト(配列)の数を取得する

オブジェクト名.length `プロパティ`

【サポートしているオブジェクト】

Button, Checkbox, FileUpload, Form, Frame, Hidden, Image, Password, Plugin, Radio, Reset, Select, Submit, Text, Textarea, window

【サポートしている配列】

anchors, applets, elements(フォーム内の値), embeds, forms, frames, history, images, links, mineTypes, options, plugins

---

```
□ オブジェクト(配列)の数を取得する        −  □  ×
ⓘ
*オブジェクト(配列)の数を取得する

[                    ]

1ページ目：2ページ目：3ページ目
─────────────────────────────
文字の数：14
ヒストリーの数：2
リンクの数：3
フォームの数：1
```

　プロパティやメソッドの中には、複数あるいはすべてのオブジェクトで使用できるものがあります。

　「length」プロパティは、HTMLファイル内のオブジェクトや配列の数を取得します。

　実際に試す場合には、この他にも「page1.html」~「page3.html」の3つのHTMLファイルを用意してください。

```
<!DOCTYPE html>
<html lang="ja">
<head>
<meta charset="UTF-8">
<title>オブジェクト（配列）の数を取得する</title>
<style>
<!--
body { background-color: #ffffff; }
-->
</style>
</head>
<body>
*オブジェクト（配列）の数を取得する
<p>
<form name="kasu1">
<input type="text" name="X" size="10">
</form>
<br>
<a  href="page1.html">1ページ目</a>：<a
    href="page2.html">2ページ目</a>：<a
    href="page3.html">3ページ目</a>
<hr>
<script>
<!--
var mozi = "この文字はなん文字でしょうか";
    document.write("文字の数：",mozi.length,"<br>");
    document.write("ヒストリーの数：",history.length,"<br>");
    document.write("リンクの数：",document.links.length,"<br>");
    document.write("フォームの数：",document.forms.length,"<br>");
//-->
</script>
</p>
</body></html>
```

オブジェクトに名前を付ける

オブジェクト名.name　　　　　　　　　　　　　　プロパティ

【サポートしているオブジェクト】

Button, Checkbox, FileUpload, Form, Frame, Hidden, Image, Password, Plugin, Radio, Reset, Select, Submit, Text, Textarea, window

```
オブジェクトに名前を付ける           ─  □  ×

ⓘ

*オブジェクトに名前を付ける




フォームエレメントの値

イメージのURL(NAME) :
file:///D:/Javascript/01_js/03other/01fukusu/02/image.jpg
イメージのURL(配列) :
file:///D:/Javascript/01_js/03other/01fukusu/02/image.jpg
フォームの内容(NAME) : フォームエレメントの値
フォームの内容(配列) : フォームエレメントの値
```

　Link関連のオブジェクト以外のHTMLタグを使用するオブジェクトでは、HTMLタグ内に「name」プロパティを設定することによって、オブジェクトに名前を付けて、明示的にオブジェクトを参照することができるようになります。

　サンプルでは、ImageオブジェクトとFormオブジェクトに「name」プロパティでオブジェクトに名前を設定することによって、その名前で配列と同じようにオブジェクトの色々な値を参照しています。

複数で利用する

```
<!DOCTYPE html>
<html lang="ja">
<head>
<meta charset="UTF-8">
<title>オブジェクトに名前を付ける</title>
<style>
<!--
body { background-color: #ffffff; }
-->
</style>
</head>
```

```
<body>
*オブジェクトに名前を付ける
<p>
<img src="image.jpg" name="gazo" alt="gazo" width="110" height="110">
</p>
<p>
<form name="NAIYOU">
<input type="text" name="naiyou" size="30" value="フォームエレメントの値">
</form>
</p>
<script>
<!--
document.write("イメージのURL(NAME)：");
document.write(document.gazo.src);
document.write("<br>");
document.write("イメージのURL(配列)：");
document.write(document.images[0].src);
document.write("<br>");
document.write("フォームの内容(NAME)：");
document.write(document.NAIYOU.naiyou.value);
document.write("<br>");
document.write("フォームの内容(配列)：");
document.write(document.forms[0].elements[0].value);
//-->
</script>
</body></html>
```

コラム iOS、Androidの画面の縦横変更時のイベント

iPhone、iPad、iPodのOSであるiOSやAndroidを使用した携帯端末では、ユーザの端末の持ち方によって、画面の縦横の向きが変わります。
iOSやAndroid2.1より上のバージョンでは、画面の縦横の向きが変更した時を、次のイベントタイプを使って、イベントとして取得できます。

orientationchange	ウインドウの縦横比が逆転した時のイベントを取得する。

用法は、次の通りです。

🔽 用法

```
window.addEventListener("orientationchange",関数orスクリプト,false);
```

複数のオブジェクトで利用できるプロパティ・メソッド **prototype** **constructor**

新たにプロパティを作成する

オブジェクト名.**prototype** プロパティ
オブジェクト名.**constructor** プロパティ
【サポートしているオブジェクト】
Array, Boolean, Date, Function, Image, Number, Select, option, String, ユーザー作成オブジェクト

📄 新たにプロパティを作成する ー □ ✕

ⓘ

*新たにプロパティを作成する

ただ今の日時は：2017/2/10 12:55:33
オブジェクトの作成元 : function Date() { [native code] }

「prototype」プロパティは、new演算子で作られたオブジェクトに、明示的にプロパティを追加します。

サンプルでは、new演算子で作られたtodayオブジェクトに対して、「prototype」プロパティを使って「newpro」というプロパティを新たに作成しています。

また、「constructor」プロパティは、関数名も含めたオブジェクトの作成元の値を持っています。

あくまでも作成元の情報だけなので、そのオブジェクトがどのような値を持っているかは、「toString()」メソッドを使う必要があります。

JavaScript1.1で追加されたプロパティです。

```
<script>
<!--
today = new Date();
Date.prototype.newpro="ただ今の日時は：".bold();
document.write(today.newpro + today.toLocaleString());
document.write("<br>");
document.write("オブジェクトの作成元：" + today.constructor);
//-->
</script>
```

☞ toString()：「オブジェクトを文字列に変える」(p.512)

オブジェクトを文字列に変える

オブジェクト名.toString()

【サポートしているオブジェクト】
すべてのオブジェクト

```
□ オブジェクトを文字列に変える                          ─    □    ×

ⓘ

*オブジェクトを文字列に変える

月,火,水,木,金,土
Fri Feb 10 2017 12:56:01 GMT+0900 (東京 (標準時))
file:///D:/Javascript/01_js/03other/01fukusu/04/index.html
文字列にすべき内容がない時：[object Window]
```

「toString()」メソッドは、オブジェクトを文字列に変換します。

```
<script>
<!--
var YOUBI = new Array("月","火","水","木","金","土");
document.write(YOUBI.toString() + "<br>");
var today = new Date();
document.write(today.toString() + "<br>");
document.write(location.toString() + "<br>");
document.write("文字列にすべき内容がない時："+window.toString() );
//-->
</script>
```

n進数に変換する

toString(n)　　　　　　　　　　　　　　　　　　　　　　メソッド

```
📄 n進数に変換する                          —    □    ×

ⓘ

*n進数に変換する

10進数：0    2進数：0     16進数：0
10進数：1    2進数：1     16進数：1
10進数：2    2進数：10    16進数：2
10進数：3    2進数：11    16進数：3
10進数：4    2進数：100   16進数：4
10進数：5    2進数：101   16進数：5
10進数：6    2進数：110   16進数：6
10進数：7    2進数：111   16進数：7
10進数：8    2進数：1000  16進数：8
10進数：9    2進数：1001  16進数：9
10進数：10   2進数：1010  16進数：a
10進数：11   2進数：1011  16進数：b
10進数：12   2進数：1100  16進数：c
10進数：13   2進数：1101  16進数：d
10進数：14   2進数：1110  16進数：e
10進数：15   2進数：1111  16進数：f
10進数：16   2進数：10000 16進数：10
```

　「toString()」メソッドで「toString(n)」のように数値を与えると、n進数の数値を返します。

```
<script>
<!--
for (x = 0; x < 17; x++) {
    document.write("10進数：", x.toString(10),
                   "  2進数：", x.toString(2),
                   "  16進数：", x.toString(16),"<br>");
}
//-->
</script>
```

Javascript

複数で利用する

513

オブジェクト内の値を返す

オブジェクト名.**valueOf()**　　　　　　　　　　　　　　メソッド

【サポートしているオブジェクト】
すべてのオブジェクト

```
□ オブジェクト内の値を返す                    ─  □  ×
ⓘ
*オブジェクト内の値を返す

月,火,水,木,金,土
1486699125256
file:///D:/Javascript/01_js/03other/01fukusu/06/index.html
返すべき数値がない時：[object Window]
```

「valueOf()」メソッドは、オブジェクト内の値を取得します。
JavaScript1.1で追加されたメソッドです。

```
<script>
<!--
var YOUBI = new Array("月","火","水","木","金","土");
document.write(YOUBI.valueOf() + "<br>");
var today = new Date();
document.write(today.valueOf() + "<br>");
document.write(location.valueOf() + "<br>");
document.write("返すべき数値がない時："+window.valueOf() + "<br>");
//-->
</script>
```

一定時間ごとに処理を繰り返す

オブジェクト名.**setInterval**(処理，時間設定) 　メソッド
オブジェクト名.**clearInterval**() 　メソッド

【サポートしているオブジェクト】
window, Frame

「setInterval()」メソッドは、指定した時間後に1度だけ処理を行う「setTimeout()」メソッドとは違い、指定された処理をミリ秒単位で繰り返し行います。

サンプルは、「Imageオブジェクト」の「アニメーションにスタートボタンとストップボタンを付ける」を、「setInterval()」メソッドを使って書き直したものです。「setInterval()」メソッドを停止する時は、「clearInterval()」メソッドを使用して、「setTimeout()」メソッドの用法と同じように「clearInterval(ID名)」とIDを設定して使用します。

JavaScript1.2で追加されたメソッドです。

☞「アニメーションにスタートボタンとストップボタンを付ける」(p.468)

```
<!DOCTYPE html>
<html lang="ja">
<head>
<meta charset="UTF-8">
<title>一定時間ごとに処理を繰り返す</title>
<script>
<!--
var ImageSetA = 1;
ANIMA = new Array();
for(i = 0; i < 6; i++) {
    ANIMA[i] = new Image();
    ANIMA[i].src = "image" + i + ".jpg";
}
function anime1() {
    document.animation.src = ANIMA[ImageSetA].src;
    ImageSetA++;
        if( ImageSetA > 5) {
        ImageSetA = 0;
        }
}
function stop1(){
    clearInterval(IntervarID);
}
//-->
</script>
<style>
<!--
body { background-color: #ffffff; }
-->
</style>
</head>
<body>
*一定時間ごとに処理を繰り返す<br>
  →アニメーションにスタートボタンとストップボタンを付ける<br>
  - setInterval -
<p>
<img src="image0.jpg" name="animation" alt="Animation" border="0"
    width="100" height="100">
</p>
<form>
    <input type="button" value=" スタート "
        onclick="IntervarID=setInterval('anime1()',500)">
    <input type="button" value=" ストップ " onclick="stop1()">
</form></body></html>
```

フォームに入力された文字列を計算できるようにする

eval()

　ビルトイン関数「eval()」は、設定した文字列をJavaScriptのコードとして評価します。

　フォームに入力された値は文字列ですので、そのままでは計算することができません。このような場合は、「eval()」を使って、文字列の内容を数値や演算子として評価し、JavaScriptで計算できるようにしてから計算する必要があります。

　サンプルでは、フォーム「X」と「Y」に入力された文字列を、「eval()」を使って数値として評価した後で、その数値を加算して、結果をフォーム「Z」に表示しています。入力された値を計算するスクリプトは、JavaScriptの中でもよく利用されるものです。フォームの値をJavaScriptで計算する時は、「eval()」を使うことを忘れないようにしてください。「eval()」は、たとえば「eval("4+4")」と文字列を評価した場合は「4+4」を計算した「8」の値が返りますが、「eval(new String("4+4"))」とStringオブジェクトを評価した場合は、文字列のまま「4+4」の値が返ります。さらに、文字列で表された演算子や、それにともなう一連の計算式のほか、変数やプロパティの評価も可能です。

```
<!DOCTYPE html>
<html lang="ja">
<head>
<meta charset="UTF-8">
<title>フォームに入力された文字列を計算できるようにする</title>
<script>
function calc(CL) { CL.Z.value = eval(CL.X.value)+eval(CL.Y.value) }
</script>
<style>
<!--
body { background-color: #ffffff; }
-->
</style>
```

```
</head>
<body>
*フォームに入力された文字列を計算できるようにする
<p>
<form name="Calc">
<input type="text" name="X" value="0" size="10">
+
<input type="text" name="Y" value="0" size="10">
=
<input type="text" name="Z" size="10">
</p><p>
<input type="button" value=" 計算!! " onclick="calc(this.form)">
<input type="reset" value=" Clear ">
</form>
</p>
</body></html>
```

コラム 文字列型と数値型の取り扱いについて

JavaScriptの文字列型と数値型の区別は、非常に曖昧です。例えば次のスクリプト場合、本当なら「"2"」は文字列型で、「2」は数値型なので「false」となるはずですが、JavaScript 1.2以外では「true」となります。

```
<script>
<!--
document.write("2" == 2);
//-->
</script>
```

しかし一時JavaScript1.2では、文字列型と数値型を明確に区別するよう仕様が変更されました。このためJavaScript1.2では、上記のスクリプトは、「false」となります。

ところがJavaScript1.3になると、再びそれ以前のバージョンのJavaScriptのように、上記のスクリプトは「true」となるように仕様が変更されました。これは、ECMAScriptと仕様を合わせるためで、さらに文字列型と数値型を区別して値を比較するための演算子、"==="と"!=="が追加されています。このため、例えば次のように値の比較に "===" を使用すると、字列型と数値型を明確に区別し「false」の値が返ります。

この仕様は、現時点でも変更はありません。

```
<script>
<!--
document.write("2" === 2)
//-->
</script>
```

文字列をASCII形式にエンコードする

escape()

```
[] 文字列をASCII形式にエンコードする            —    □    ×

ⓘ

*文字列をASCII形式にエンコードする

%u3042%u3044%u3046%u3048%u304A@ABCD
```

　「escape()」は、文字列をASCII形式の文字にエンコードします。 サンプルでは、文字列「あいうえお@ABCD」を、ASCII形式にエンコードしています。

```
<script>
<!--
  document.write(escape("あいうえお@ABCD"));
//-->
</script>
```

ASCII形式の文字列をデコードする

unescape()　　　　　　　　　　　　　　　　　　　　　　　ビルトイン関数

ASCII形式の文字をデコードする	— □ ×
ⓘ	
*ASCII形式の文字をデコードする	
あいうえお@ABCD	

「unescape()」は、ASCII形式の文字を文字列にデコードします。

サンプルでは、ASCII形式の文字「%u3042%u3044%u3046%u3048%u304A@ABCD」を文字列にデコードしています。デコード結果は、「あいうえお@ABCD」となります。

```
<script>
<!--
  document.write(unescape("%u3042%u3044%u3046%u3048%u304A@ABCD"));
//-->
</script>
```

コラム evalの変遷

　JavaScriptの中で、「eval()」ほど変遷を繰り返したものは、ほかに無いでしょう。元々「eval()」は、JavaScript1.0(Netscape2.0)では、ビルトイン関数としてオブジェクトと結び付けられていました。しかしJavaScript1.1(Netscape3.0)からはメソッドになり、これがまたJavaScript1.2(Netscape4.0)からは、再びビルトイン関数となりました。さらに、実際にサポートしたブラウザは、発表されませんでしたが、JavaScript1.4から、またまた今度は、Objectオブジェクトのメソッドになり、加えて「eval()」は間接的によび出せないということになりました。さすがに、これで一段落するだろうと思っていたのですが、Netscape 6.0からサポートされている、JavaScript1.5のリファレンスのObjectオブジェクトの項目を見てみると、「The eval method is no longer available as a method of Object. Use the top-level eval function.」の一文が…。つまり、JavaScript1.5では、再度「eval()」は、ビルトイン関数になったのです。ちなみに、「eval()」がメソッドであっても、すべてのオブジェクトで使えるようになっていたので、実際の使い方は、ビルトイン関数と同じ感覚で使うことができました。

文字列をURI形式にエンコードする

encodeURI()

▢ 文字列をURI形式にエンコードする	− □ ×
ⓘ	
*文字列をURI形式にエンコードする	
%E3%81%82%E3%81%84%E3%81%86%E3%81%88%E3%81%8A@ABCD	

「encodeURI()」は、文字列をURI形式にエンコードします。
「encodeURI()」では、以下の文字列は、変換されません。
JavaScript 1.5で追加されたビルトイン関数です。

予約語	; , / ? : @ & = + $
変換されない文字列	半角英数字、- _ . ! ~ * ' ( )
スコア	#

```
<script>
<!--
  document.write(encodeURI("あいうえお@ABCD"));
//-->
</script>
```

URI形式の文字をデコードする

decodeURI()

| URI形式の文字をデコードする | – □ × |

ⓘ

*URI形式の文字をデコードする

あいうえお@ABCD

　「decodeURI()」は、「encodeURI」や同等のルーチンでコード化されたURI形式の文字を、通常の文字列にデコードします。

　サンプルでは、URI形式の文字「%E3%81%82%E3%81%84%E3%81%86%E3%81%88%E3%81%8A@ABCD」を文字列にデコードしています。デコード結果は、「あいうえお@ABCD」となります。

　JavaScript 1.5で追加されたビルトイン関数です。

```
<script>
<!--
    document.write(
        decodeURI("%E3%81%82%E3%81%84%E3%81%86%E3%81%88%E3%81%8A@ABCD"));
//-->
</script>
```

DynamicHTML

　DynamicHTMLとは、DOM（Document Object Model）をスクリプトなどを使って操作し、ブラウザに動的な効果を与える技術です。

　DOMとは、HTMLやXMLで記述したドキュメントをプログラムから参照・操作できるようにするために、ブラウザなどに実装された機能やタグなどの要素や、要素が持つ属性などを、オブジェクト化・構造化する方法を定めた仕様です。DOMの仕様は、W3CによりDOM Level4まで仕様が確定しており、勧告が出ています。

　DOMの採用により、HTMLドキュメント上のあらゆるタグ要素にJavaScript使ってアクセスできるようになり、今まで以上に多彩な表現を、ブラウザ上で実現することが可能になりました。特にスタイルシートは、オブジェクトの位置や可視属性などを細かく設定できるので、それをJavaScriptでコントロールすることにより、劇的な効果をブラウザに与えることが可能です。

要素内にHTML形式でコンテンツを書き出す

要素.`innerHTML`   `プロパティ`

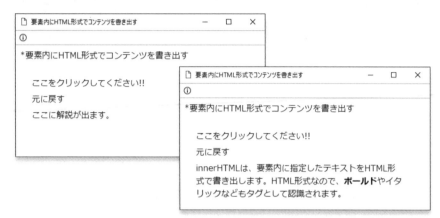

　「innerHTML」プロパティは、要素内のすべての内容をHTML形式で持っています。サンプルでは、id名「InHTML1」か「InHTML2」を設定したdiv要素をクリックすると、id名「InHTML3」を設定したdiv要素の内容を書き換えています。この時、書き変わる内容はHTML形式なので、<b>や<i>などはHTMLのタグとして認識されます。

　「innerHTML」プロパティと似た機能を持つプロパティに、要素を抜けてHTML形式でコンテンツを書き出す「outerHTML」プロパティがあります。「outerHTML」プロパティは、要素を抜けてコンテンツを書き出すので、1度しか内容を書き換えることができません。それに対し「innerHTML」プロパティは、要素内を変更するので、何度でも設定した要素内の内容を書き換えることが可能です。

```
<!DOCTYPE html>
<html lang="ja">
<head>
<meta charset="UTF-8">
<title>要素内にHTML形式でコンテンツを書き出す</title>
<script>
<!--
var TEXT1="innerHTMLは、要素内に指定したテキストをHTML形式で書き出します。HTML形式なので、
<b>ボールド</b>や<i>イタリック</i>などもタグとして認識されます。";
var TEXT2="ここに解説が出ます。";
function Change() {
    if(document.getElementById){
            document.getElementById("InHTML3").innerHTML=TEXT1 }
```

```
}
function Change2() {
    if(document.getElementById){
            document.getElementById("InHTML3").innerHTML=TEXT2 }
}
//-->
</script>
<style>
<!--
body { background-color: #ffffff; }
-->
</style>
</head>
<body>
*要素内にHTML形式でコンテンツを書き出す
<div id="InHTML1" onClick="Change()" style="position:absolute;
  width:400px; left:30px; top:60px">
ここをクリックしてください!!
</div>
<div id="InHTML2" onClick="Change2()" style="position:absolute;
  width:400px; left:30px; top:90px">
元に戻す
</div>
<div id="InHTML3" style="position:absolute;
  width:400px; left:30px; top:120px">
ここに解説が出ます。
</div>
</body></html>
```

id属性を使って要素を指定する

`document.getElementById(id名).属性`　メソッド

「getElementById()」メソッドは、要素内でid属性を用いて要素の識別子として設定したid名を使って、要素の特定を行います。また、「getElementById()」メソッドの後に、その要素が持っている属性を設定することにより、属性の値を取得したり、属性に値を設定することによって値を変更することができます。

サンプルでは、id名として「TextForm」を設定したtextフォーム要素を特定し、そのvalue属性の値を取得して警告用のウィンドウに表示したり、value属性に新たに値を設定することによって、その値を変更しています。

```
<!DOCTYPE html>
<html lang="ja">
<head>
<meta charset="UTF-8">
<title>id属性を使って要素を指定する</title>
<script>
<!--
function border1() {
  document.getElementById("TextForm").value="変わります" }
function border2() {
  alert(document.getElementById("TextForm").value) }
//-->
</script>
<style>
<!--
body { background-color: #ffffff; }
-->
</style>
</head>
<body>
*id属性を使って要素を指定する
<hr>
<form>
<input type="text" id="TextForm" width="350"
  value="このフォームの値が">
<br>
<input type="button" value=" value " onClick="border1()">
<input type="button" value=" フォームの値 " onClick="border2()">
</form>
</body></html>
```

属性の値を返す

要素.getAttribute("属性")

「getAttribute()」メソッドは、指定した要素の設定した属性の値を返します。サンプルでは、id名として「IMG」を設定したimg要素が持っているsrc属性・border属性・width属性や、同じくid名として「TextForm」を設定したinput要素が持っているtype属性・value属性など、色々な属性の値を取得しています。

```
<!DOCTYPE html>
<html lang="ja">
<head>
<meta charset="UTF-8">
<title>属性の値を返す</title>
<style>
<!--
body { background-color: #ffffff; }
-->
</style>
</head>
<body>
*属性の値を返す
<hr>
```

```
<p>
<img src="image1.jpg" id="IMG" border="8" width="100"
  height="100" alt="border">
</p>
<form>
<input type="text" id="TextForm" width="350"
  value="フォームの値">
</form>
<hr>
<script>
<!--
document.write(
  document.getElementById("IMG").getAttribute("src"));
document.write("<br>");
document.write(
  document.getElementById("IMG").getAttribute("border"));
document.write("<br>");
document.write(
  document.getElementById("IMG").getAttribute("width"));
document.write("<br>");
document.write(
  document.getElementById("IMG").getAttribute("height"));
document.write("<br>");
document.write(
  document.getElementById("IMG").getAttribute("alt"));
document.write("<br>");
document.write(
  document.getElementById("TextForm").getAttribute("type"));
document.write("<br>");
document.write(
  document.getElementById("TextForm").getAttribute("value"));
//-->
</script>
</body></html>
```

属性の値を変更する

要素.setAttribute("属性", "値")   メソッド

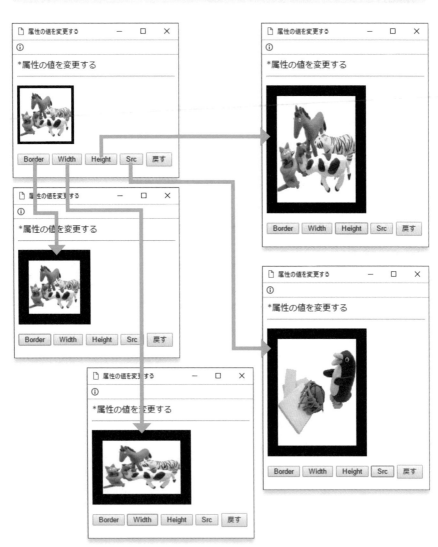

「setAttribute()」メソッドは、指定した要素の設定した属性の値を変更します。サンプルでは、id名として「IMG」を設定したimg要素が持っているborder属性・width属性・height属性・src属性の値を、「setAttribute()」メソッドを使って変更しています。

```
<!DOCTYPE html>
<html lang="ja">
<head>
<meta charset="UTF-8">
<title>属性の値を変更する</title>
<script>
<!--
function border1(){
  document.getElementById("IMG").setAttribute("border","20")}
function border2(){
  document.getElementById("IMG").setAttribute("width","150")}
function border3(){
  document.getElementById("IMG").setAttribute("height","200")}
function border4(){
  document.getElementById("IMG").setAttribute("src","image2.jpg")}
function border5(){
  document.getElementById("IMG").setAttribute("border","5");
  document.getElementById("IMG").setAttribute("width","100");
  document.getElementById("IMG").setAttribute("height","100");
  document.getElementById("IMG").setAttribute("src","image1.jpg");
}
//-->
</script>
<style>
<!--
body { background-color: #ffffff; }
-->
</style>
</head>
<body>
*属性の値を変更する
<hr>
<p>
<img src="image1.jpg" id="IMG" border="5" width="100"
  height="100" alt="setAttribute">
</p>
<form>
  <input type="button" value=" Border " onClick="border1()">
  <input type="button" value=" Width " onClick="border2()">
  <input type="button" value=" Height " onClick="border3()">
  <input type="button" value=" Src " onClick="border4()">
  <input type="button" value=" 戻す " onClick="border5()">
</form>
</body></html>
```

背景画像を変更する

```
document.getElementById(id名).background = "URI"
document.body.background = "URI"
```

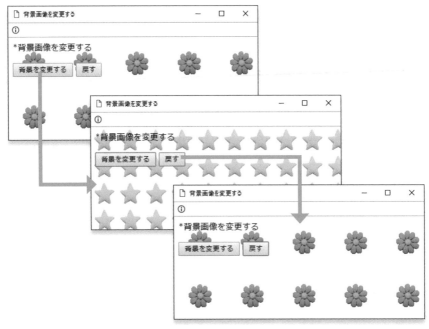

　body要素の「background」属性に値を設定することにより、背景画像を変更することができます。

　サンプルでは、[背景を変更する]ボタンのクリックで「background」属性に「"BACK2.jpg"」の値を設定することでバックグラウンドの画像をBACK2.jpgに変更し、[戻す]ボタンのクリックで「background」属性に初期値である「"BACK1.jpg"」を設定することでバックグラウンドの画像を最初の状態に戻しています。「document.body.background」の部分は、「document.getElementById("BackImg").background」と「getElementById()」を使用してもかまいません。

```
<!DOCTYPE html>
<html lang="ja">
<head>
<meta charset="UTF-8">
<title>背景画像を変更する</title>
<script>
<!--
function BackImg1(){
    if(document.getElementById){
        document.getElementById("BackImg").background="BACK2.jpg"
    }
}
function BackImg2(){
    if(document.getElementById){
        document.body.background="BACK1.jpg"
    }
}
//-->
</script>
<style>
<!--
body { background-color: #ffffff; }
-->
</style>
</head>
<body id="BackImg" background="BACK1.jpg">
*背景画像を変更する
<p>
<form>
    <input type="button" value=" 背景を変更する "
      onClick="BackImg1('BACK2.jpg')">
    <input type="button" value=" 戻す "
      onClick="BackImg2('BACK1.jpg')">
</form>
</p>
</body></html>
```

テキストの色を変えるボタンを作る

document.fgColor="色指定" プロパティ

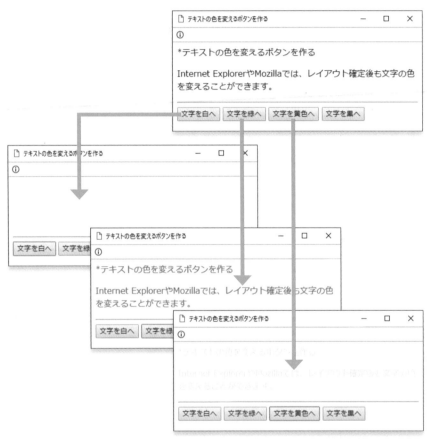

バージョン4.X以前のNetscape Navigatorでは、ページレイアウト確定後にテキストの色を変更することはできませんでした。しかし、DOMが採用されたNetscape 6.X以降では、ページのレイアウトが確定した後からでも、JavaScriptを使って表示されているテキストの色を変えることがでるようになりました。

サンプルでは、ボタンがクリックされた時に、ブラウザのテキストの色の値を持った「document.fgColor」属性が評価され、テキストの色がその場で設定している色に変わります。

```
<!DOCTYPE html>
<html lang="ja">
<head>
<meta charset="UTF-8">
<title>テキストの色を変えるボタンを作る</title>
<style>
<!--
body { background-color: #ffffff; }
-->
</style>
</head>
<body>
*テキストの色を変えるボタンを作る
<p>
このようにレイアウト確定後も文字の色を変えることができます。
</p>
<hr>
<form>
    <input type="button" value="文字を白へ"
      onClick="document.fgColor='white'">
    <input type="button" value="文字を緑へ"
      onClick="document.fgColor='green'">
    <input type="button" value="文字を黄色へ"
      onClick="document.fgColor='#ffff00'">
    <input type="button" value="文字を黒へ"
      onClick="document.fgColor='#000000'">
</form>
</body></html>
```

コラム DynamicHTMLで使用できるタグ要素について

　基本的に、DOMに対応したブラウザは、ブラウザがサポートしているすべてのタグ要素が持つ、すべての属性にアクセスできることになっています。本書で取り上げたタグ要素は、その中のほんの一部です。ブラウザの種類やバージョンによっては、未実装だったり、一部しか対応がとられていない場合もあるようですが、紹介している以外の要素でも、本書のサンプルを参考にして色々と試してみると面白いでしょう。

　ちなみに、タグ要素には、次のようなものがあります。

```
a, acronym, address, applet, area, b, base, basefont, bgsound, big,
blockquote, body, br, button, caption, center, cite, code, col,
colgroup, comment, dd, del, dfn, dir, div, dl, dt, em, embed, fieldset,
font, form, frame, frameset, h1, h2, h3, h4, h5, h6, head, hr, html, i,
iframe, img, input, ins, kbd, label, legend, li, link, listing, map,
marquee, menu, meta, nextid, object, ol, option, p, plaintext, pre, q,
s, samp, script, select, small, span, strike, strong, style, sub, sup,
table, tbody, td, textarea, tfoot, th thead, title, tr, tt, u, ul, var
```

スタイルシートの情報を取得する

```
document.getElementById(id名).style.left        プロパティ
document.getElementById(id名).style.top         プロパティ
document.getElementById(id名).style.width       プロパティ
document.getElementById(id名).style.height      プロパティ
```

DOMに対応したブラウザでは、「document.getElementById(id名).style.プロパティ」の用法で、スタイルシートの情報を取得可能です。

スタイルシートの値を持つ各プロパティのうち、「left」プロパティは、ウィンドウの表示領域、あるいは親スタイルシート左上角からのスタイルシート左上角の横位置の値を、「top」プロパティは、ウィンドウの表示領域、あるいは親スタイルシート左上角からのスタイルシート左上角の縦位置の値を、「width」プロパティは、スタイルシートの横幅の値を、「height」プロパティは、スタイルシートの高さの値をそれぞれ持っています。

```
<!DOCTYPE html>
<html lang="ja">
<head>
<meta charset="UTF-8">
<title>スタイルシートの情報を取得する</title>
<script>
<!--
function StyValue(){
  if(document.getElementById){
    alert(
"画面左からの位置："+document.getElementById('STY1').style.left+"\n"+
    "画面上からの位置："+document.getElementById('STY1').style.top+"\n"+
    "横幅："+document.getElementById('STY1').style.width+"\n"+
```

```
        "高さ："+document.getElementById('STY1').style.height)
    }
}
//-->
</script>
<style>
<!--
body { background-color: #ffffff; }
-->
</style>
</head>
<body>
*スタイルシートの情報を取得する
<div id="STY1" style="position:absolute; left:100px; top:50px; width:200px;
height:150px;background:Tan">
<b>STY1...</b>
</div>
<div id="STY2" style="position:absolute; left:100px; top:210px">
<form>
    <input type="button" value="スタイルシートの情報" onClick="StyValue()">
</form>
</div>
</body></html>
```

コラム Internet Explorerの「all()」メソッドについて

　Internet Explorerでは、当初id属性を使って要素を指定するメソッドとして、「getElementById()」メソッドではなく「all()」メソッドが使われていました。
　用法は、「getElementById()」と同様に次の通りとなります。

```
document.all(id名).属性
```

　このため、以前は「all()」のみをサポートしたブラウザ用のスクリプトを、用意する必要がありました。しかしながら、Internet Explorerも、「getElementById()」をサポートするようになり、「all()」のみサポートしたブラウザは、現在では、ほぼなくなったと考えられます。
　このため、今回から「all()」を使用したスクリプトの部分は、サンプルから削除してます。

　因みに、「all()」をサポートしているかどうかの判断は、次のようにします。

```
if (document.all){ 「all」メソッド用のスクリプト }
```

子スタイルシートの情報を取得する

```
document.getElementById(id名).style.left          プロパティ
document.getElementById(id名).style.top           プロパティ
document.getElementById(id名).style.width         プロパティ
document.getElementById(id名).style.height        プロパティ
```

　ネストされた子スタイルシートの参照も、「document.getElementById(子スタイルシートのID名).style.プロパティ」と、直接オブジェクトを指定することによって特定できます。

　子スタイルシートの値を持つ各プロパティのうち、「left」プロパティは、親スタイルシート左上角からのスタイルシート左上角の横位置の値を、「top」プロパティは、親スタイルシート左上角からのスタイルシート左上角の縦位置の値を、「width」プロパティは、子スタイルシートの横幅の値を、「height」プロパティは、子スタイルシートの高さの値をそれぞれ持っています。

```
<!DOCTYPE html>
<html lang="ja">
<head>
<meta charset="UTF-8">
<title>子スタイルシートの情報を取得する</title>
<script>
<!--
function StyValue(){
  if(document.getElementById){
    alert(
        "親スタイルシート左からの位置："
            +document.getElementById("STY2").style.left+"\n"+
        "親スタイルシート上からの位置："
            +document.getElementById("STY2").style.top+"\n"+
        "横幅："+document.getElementById("STY2").style.width+"\n"+
        "高さ："+document.getElementById("STY2").style.height);
    }
}
//-->
</script>
<style>
<!--
body { background-color: #ffffff; }
-->
</style>
</head>
<body>
*子スタイルシートの情報を取得する
<div id="STY1" style="position:absolute; left:100px; top:50px; width:200px;
 height:150px; z-index=1;visibility:visible; background: Green">
    <div id="STY2" style="position:absolute; left:25px; top:50px;
width:100px; height:75px; z-index=2;visibility:visible; background: Tan">
<b>子スタイルシート</b>
    </div>
</div>
<div id="STY3" style="position:absolute; left:100px; top:210px">
<form>
    <input type="button" value=" スタイルシートの情報 "
        onClick="StyValue()">
</form>
</div>
</body></html>
```

フォントの太さを変更する

```
document.getElementById(id名).style.fontWeight = "太さ"
```

【太さ】

nomal, bold, lighter, 数値(100 ～ 900)

「fontWeight」属性に値を設定することにより、フォントの太さを変更することができます。

サンプルでは、ボタンのクリックで「fontWeight」属性の値を変更することによって、id名「WeightStyle」のスタイルシートのフォントの太さを変更します。

スタイルシートの「font-weight」プロパティにあたります。

```
<meta charset="UTF-8">
<title>フォントの太さを変更する</title>
<script>
<!--
function SWeight(VALUE){
  if(document.getElementById){
    document.getElementById("WeightStyle").style.fontWeight=VALUE
  }
}
//-->
</script>
<style>
<!--
body { background-color: #ffffff; }
-->
</style>
</head>
<body>
*フォントの太さを変更する
<p>
<div id="WeightStyle">
このテキストの太さが変わります。ABC.
</div>
</p>
<hr>
<form>
  <input type="button" value=" bold " onClick="SWeight('bold')">
  <br>
  <input type="button" value=" nomal " onClick="SWeight('normal')">
  <br>
</form>
</body></html>
```

Javascript

フォントの色を変更する

```
this.style.color = "色指定"
```

```
□ フォントの色を変更する                    —    □    ×
ⓘ
*フォントの色を変更する

この文字の上にマウスポインタを合わせると、テキストの色が変
わります。
```

```
□ フォントの色を変更する                    —    □    ×
ⓘ
*フォントの色を変更する

この文字の上にマウスポインタを合わせると、テキストの色が変
わります。
```

　「color」属性に値を設定することにより、フォントの色を変更することができます。サンプルでは、div要素内にイベントハンドラ「onMouseOver」と「onMouseOut」を設定して、マウスカーソルが指定領域内に来たり、離れたりした時に「color」属性の値を変更することによって、div要素内のフォントの色を変更しています。

　スタイルシートの「color」プロパティにあたります。

```
<p>
<div onMouseOver="this.style.color='green'"
  onMouseOut=" this.style.color='#111111'">
この文字の上にマウスポインタを合わせると、テキストの色が変わります。
</div>
</p>
```

style 要素を操作する

542

文字サイズを変更する

this.style.fontSize = "サイズ"

【サイズ】

smaller, larger, xx-small, x-small, small, medium, large, x-large, xx-large, 単位付きの数値, %

```
┌ 文字サイズを変更する                                 −   □   ×
├───────────────────────────────────────
│ ⓘ
├───────────────────────────────────────
│ *文字サイズを変更する
│
│ この文字の上にマウスポインタを合わせると、
│ 文字のサイズが変わります。
│
│ 文字が大きくなると共に、全体のレイアウトも
│ それに合わせて変わります。
```

```
┌ 文字サイズを変更する                                 −   □   ×
├───────────────────────────────────────
│ ⓘ
├───────────────────────────────────────
│ *文字サイズを変更する
│
│ この文字の上にマウスポインタを合わせると、
│ 文字のサイズが変わります。
│
│ 文字が大きくなると共に、全体のレイアウトも
│ それに合わせて変わります。
```

「fontSize」属性に値を設定することにより、フォントサイズを変更することができます。

サンプルでは、div要素内にイベントハンドラ「onMouseOver」と「onMouseOut」を設定して、マウスカーソルが指定領域内に来たり、離れたりした時に「fontSize」属性の値を変更することによって、div要素内のフォントサイズを変更しています。フォントのサイズが変わると、それに合わせて全体のレイアウトも変わります。

スタイルシートの「font-size」プロパティにあたります。

```
<!DOCTYPE html>
<html lang="ja">
<head>
<meta charset="UTF-8">
<title>文字サイズを変更する</title>
<style>
<!--
body { background-color: #ffffff; }
#Sty { font-size: 14px; }
-->
```

```
</style>
</head>
<body>
*文字サイズを変更する
<p>
<div id="Sty" onMouseOver="this.style.fontSize = '22px'"
  onMouseOut="this.style.fontSize = '14px'">
この文字の上にマウスポインタを合わせると、<br>
文字のサイズが変わります。
</div>
</p>
<p>
文字が大きくなると共に、全体のレイアウトも<br>
それに合わせて変わります。
</p>
</body></html>
```

コラム 「listStyleType」属性に設定できる値について

　「listStyleType」属性に設定できる値は、サンプルで紹介しているもの以外にも、以下のようなものがあります。しかしながら、実際に設定が反映されるかどうかは、実行環境によって違いがあります。

lower-greek	ギリシャ文字（小文字）
decimal	算用数字
decimal-leading-zero	頭に0を付けた算用数字
lower-latin	アルファベット（小文字）
upper-latin	アルファベット（大文字）
cjk-ideographic	漢数字
hiragana	平仮名（50音順）
katakana	カタカナ（50音順）
hiragana-iroha	平仮名（いろは順）
katakana-iroha	カタカナ（イロハ順）
hebrew	ヘブライ数字
armenian	アルメニア数字
georgian	グルジア数字

リストの形式を変更する

```
document.getElementById(id名).listStyleType = "種類"
```

【種類】	
none	表示なし
disc	黒丸
circle	線で書かれた丸
square	四角
lower-roman	ローマ数字（小文字）
upper-roman	ローマ数字（大文字）
lower-alpha	アルファベット（小文字）
upper-alpha	アルファベット（大文字）

「listStyleType」属性に値を設定することにより、リストのマークや数字を、変更することができます。

サンプルでは、ボタンのクリックで「listStyleType」属性の値を変更することにより、リストの形式を変更しています。リスト形式には、ここであげているもの以外にも多くの種類がありますが、ブラウザやOS、使用言語、インストールしているフォントなどの環境によって、変更可能なリストの形式には、違いがあります。リストの形式のうちサンプルで使用している、「none」、「disc」、「circle」、「square」、「lower-roman」、「upper-roman」、「lower-alpha」、「upper-alpha」は、比較的多くの環境で、サポートされているようです。

スタイルシートの「list-style-type」プロパティと同じ働きをします。

```
<!DOCTYPE html>
<html lang="ja">
<head>
<meta charset="UTF-8">
<title>リストの形式を変更する</title>
<script>
<!--
function SList(VALUE){
    if(document.getElementById){
        document.getElementById("ListStyle").style.listStyleType = VALUE }
}
//-->
</script>
<style>
<!--
body { background-color: #ffffff; }
-->
</style>
</head>
<body>
*リストの形式を変更する
<ul id="ListStyle">
    <li>リスト1</li>
    <li>リスト2</li>
    <li>リスト3</li>
</ul>
<hr>
<form>
    <input type="button" value=" none " onClick="SList('none')"><br>
    <input type="button" value=" disc " onClick="SList('disc')"><br>
    <input type="button" value=" circle " onClick="SList('circle')"><br>
    <input type="button" value=" square " onClick="SList('square')"><br>
    <input type="button" value=" lower-roman "
        onClick="SList('lower-roman')"><br>
    <input type="button" value=" upper-roman "
        onClick="SList('upper-roman')"><br>
    <input type="button" value=" lower-alpha "
        onClick="SList('lower-alpha')"><br>
    <input type="button" value=" upper-alpha "
        onClick="SList('upper-alpha')">
</form>
</body></html>
```

カーソルの形を変更する

```
document.getElementById(id名).cursor = "形状"
```

【形状】

default, crosshair, pointer, move, text, wait, help, n-resize, s-resize, w-resize, e-resize, ne-resize, nw-resize, se-resize, sw-resize

「cursor」属性に値を設定することにより、マウスカーソルの形を変更することができます。

サンプルでは、ボタンのクリックで「cursor」属性の値を変更することにより、id名「CursorStyle」のスタイルシート上にマウスカーソルが来た時の、カーソルの形を変更しています。なおブラウザやOSなどの環境によって、カーソルの形には、違いがあります。

スタイルシートの「cursor」プロパティと同じ働きをします。

```
<!DOCTYPE html>
<html lang="ja">
<head>
<meta charset="UTF-8">
<title>カーソルの形を変更する</title>
<script>
<!--
function SCursor(VALUE){
    if(document.getElementById){
        document.getElementById("CursorStyle").style.cursor = VALUE }
}
//-->
</script>
<style>
<!--
body { background-color: #ffffff; }
#CursorStyle { padding:20px; cursor:default; }
-->
</style>
</head>
<body>
*カーソルの形を変更する
<div id="CursorStyle">
ここにマウスカーソルを持ってきてください。カーソルの形が変わります。
</div>
<hr>
<form>
 <input type="button" value=" default " onClick="SCursor('default')"><br>
 <input type="button" value=" pointer " onClick="SCursor('pointer')"><br>
 <input type="button" value=" crosshair " onClick="SCursor('crosshair')"><br>
 <input type="button" value=" move " onClick="SCursor('move')"><br>
 <input type="button" value=" text " onClick="SCursor('text')"><br>
 <input type="button" value=" wait " onClick="SCursor('wait')"><br>
 <input type="button" value=" help " onClick="SCursor('help')"><br>
 <input type="button" value=" n-resize " onClick="SCursor('n-resize')"><br>
 <input type="button" value=" s-resize " onClick="SCursor('s-resize')"><br>
 <input type="button" value=" w-resize " onClick="SCursor('w-resize')"><br>
 <input type="button" value=" e-resize " onClick="SCursor('e-resize')"><br>
 <input type="button" value=" ne-resize " onClick="SCursor('ne-resize')"><br>
 <input type="button" value=" nw-resize " onClick="SCursor('nw-resize')"><br>
 <input type="button" value=" se-resize " onClick="SCursor('se-resize')"><br>
 <input type="button" value=" sw-resize " onClick="SCursor('sw-resize')">
</form>
</body></html>
```

スタイルシートの背景色を変更する

```
this.style.background = "色指定"
```

「background」属性に値を設定することにより、スタイルシートの背景色を変更することができます。

サンプルでは、div要素内にイベントハンドラ「onMouseOver」と「onMouseOut」を設定して、マウスカーソルが指定領域内に来たり、離れたりした時に「background」属性の値を変更することによって、div要素内の背景色を変更しています。

スタイルシートの「background」プロパティにあたります。

```
<p>
<div onMouseOver="this.style.background ='tan'"
  onMouseOut="this.style.background ='#ffffff'">
この文字の上にマウスポインタを合わせると、背景色が変わります。
</div>
</p>
```

スタイルシートの重なりを変更する

```
document.getElementById(id名).style.zIndex = "重なる順番"
```

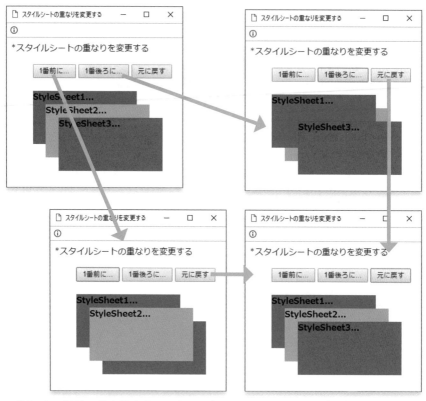

「zIndex」属性に値を設定することにより、スタイルシートの重なり順を変更することができます。

サンプルでは、ボタンのクリックで「zIndex」属性の値を変更することによって、id名「STY2」のスタイルシートの重なり順を変更しています。重なり順は、「0」を標準として、値が大きいほど上になります。

スタイルシートの「z-index」プロパティにあたります。

```
<!DOCTYPE html>
<html lang="ja">
<head>
```

```
<meta charset="UTF-8">
<title>スタイルシートの重なりを変更する</title>
<script>
<!--
function ChangeZ(VALUE){
  if(document.getElementById){
    document.getElementById("STY2").style.zIndex=VALUE
  }
}
//-->
</script>
<style>
<!--
body { background-color: #ffffff; }
-->
</style>
</head>
<body>
*スタイルシートの重なりを変更する
<div style="position:absolute; left: 50px; top:50px">
<form>
  <input type="button" value=" 1番前に... "
    onClick="ChangeZ('4')">
  <input type="button" value=" 1番後ろに... "
    onClick="ChangeZ('0')">
  <input type="button" value=" 元に戻す "
    onClick="ChangeZ('2')">
</form>
</div>
<div id="STY1" style="position:absolute;
  width:200px; height:100px; left:50px; top:100px;
  z-index:1; background:Green">
<b>StyleSheet1...</b>
</div>
<div id="STY2" style="position:absolute;
  width:200px; height:100px; left:75px; top:125px;
  z-index:2; background:tan">
<b>StyleSheet2...</b>
</div>
<div id="STY3" style="position:absolute;
  width:200px; height:100px; left:100px; top:150px;
  z-index:3; background:red">
<b>StyleSheet3...</b>
</div>
</body></html>
```

クリックした位置へスタイルシートを移動する

```
document.getElementById(id名).style.top = "距離"
document.getElementById(id名).style.left = "距離"
```
【距離】
単位付きの数値、%

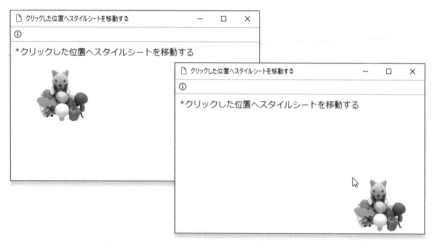

　サンプルでは、「document.onmousedown」を使って、ウィンドウ内のドキュメント上でマウスボタンが押された時のイベントを取得し、関数「eve()」処理を行っています。そして、関数「eve()」処理で、スタイルシートにイベントが発生した位置の値を、「left」属性や「top」属性に設定することによって、クリックした位置にスタイルシートを移動しています。

　関数「eve()」処理では、document.getElementById(id名).style」の用法をサポートしているか調べた後、「document.getElementById(id名).style」の用法を使って「left」属性と「top」属性に、イベントが発生した位置の値を設定しています。

　位置の値は、左からの位置に「引数.clientX」、上からの位置に「引数.clientY」、としてそれぞれ設定しています。

```
<!DOCTYPE html>
<html lang="ja">
<head>
<meta charset="UTF-8">
<title>クリックした位置へスタイルシートを移動する</title>
<script>
<!--
function eve(e) {
    if (document.getElementById){
        document.getElementById("STY").style.left=e.clientX + "px";
        document.getElementById("STY").style.top=e.clientY + "px";;
    }
}
document.onmousedown = eve;
//-->
</script>
<style>
<!--
body { background-color: #ffffff; }
-->
</style>
</head>
<body>
*クリックした位置へスタイルシートを移動する
<div id="STY" style="position:absolute; width:100px; height:100px;
left:50px; top:50px">
<img src="image.jpg" alt="image.jpg" width="100" height="100">
</div>
</body></html>
```

eventオブジェクト「どこでイベントが発生したかを取得する」(p.371)
スタイルシート「スタイルシートの情報を取得する」(p.536)

マウスの移動に合わせてスタイルシートを移動する

```
document.getElementById(id名).style.left = "距離"
document.getElementById(id名).style.top = "距離"
```
【距離】
単位付きの数値, %

　サンプルでは、スタイルシートをクリックすると、そのスタイルシートがマウスカーソルに合わせて移動するようになります。そして、もう一度クリックすると、スタイルシートの移動が終わり、その位置で停止します。

　スタイルシートの移動開始及び停止は、「var flag = true;」として、「trueの値を設定した変数「flag」の値を、スタイルシートのクリックの度に「false」、「true」と変更し、その値が「true」でない時のみ、スタイルシートの移動処理を実行することにより行っています。

　スタイルシートのクリックした時、関数「S_Move()」の処理が発生します。関数「S_Move()」の処理では、まず始めに「flag =! flag」として、変数「flag」の値を変更しています。そして次に、「document.onmousemove」を使って、ウィンドウ内のドキュメント上でマウスカーソルが移動した時のイベントを取得し、関数「eve()」処理を行っています。

　関数「eve()」処理では、if文の条件式を「flag != true」として、変数「flag」の値が「true」でない時、document.getElementById(id名).style」の用法をサポートしているか調べた後、「document.getElementById(id名).style」の用法を使って「left」属性と「top」

属性に、イベントが発生した位置の値を設定しています。

　位置の値は、左からの位置を「引数.clientX」、上からの位置を「引数.clientY」で取得し、さらにそれぞれの位置の値を「-20」とすることによって、スタイルシートの内側にマウスカーソルが来るように設定しています。

　こうして、マウスカーソルが動いている間、そのマウスカーソルの位置にスタイルシートが移動します。

```html
<!DOCTYPE html>
<html lang="ja">
<head>
<meta charset="UTF-8">
<title>マウスの移動に合わせてスタイルシートを移動する</title>
<script>
<!--
var flag = true;
function S_Move() {
  flag =! flag;
  document.onmousemove = eve;
  function eve(e) {
    if (flag != true){
        if (document.getElementById){
            document.getElementById("STY").style.left=e.clientX-20 + "px";
            document.getElementById("STY").style.top=e.clientY-20 + "px";
        }
      }
    }
}
//-->
</script>
<style>
<!--
body { background-color:#ffffff; }
-->
</style>
</head>
<body>
*マウスの移動に合わせてスタイルシートを移動する
<div id="STY" onClick="S_Move()" style="position:absolute; width:120px;
height:120px; left:50px; top:50px; background-color:tan">
スタイルシートのクリックで移動開始
</div>
</body></html>
```

eventオブジェクト「どこでイベントが発生したかを取得する」(p.371)
　スタイルシート「スタイルシートの情報を取得する」(p.536)

　JScriptは、Microsoft社が独自に開発したJavaScript互換のスクリプト言語です。Internet Explorer (IE) に搭載されていたのは、正確に言うとJavaScriptではなくこのJScriptということになります。

　JScriptは、IE 3.0 (Mac版 はIE 3.1) から 実 装 さ れ て お り、IE 3.Xに はJavaScript 1.0レベルのスクリプトが実行できるJScript 1.0が、IE 4.XではJavaScript 1.1レベルのスクリプトとJavaScript 1.2の一部が実行できるレベルのJScript 3.0が実装されています。

　また、IE 5.0が実装したJScript 5.0からは、JavaScript互換というより、ECMAScript互換スクリプトといった方がよくなります。IE 5.0からIE 8.Xまでは、ECMAScript3版に準拠しながらIE独自の拡張が施された、JScript 5.Xが実装されています。そして、IE 9からは、改良されたIE用のJScriptエンジンであるChakraが実装されるようになり、JScript9.0となりました。このJScript9.0は、ECMA-262第5版と互換をとったバージョンとなります。そして、2016年には、Chakraは、ChakraCoreとして、オープンソース化され一般に公開されています。

　IEの後継ブラウザであるMicrosoft Edgeでも、当初JavaScriptは、Chakraにより実装されいました。しかし現在では、Googleが開発したオープンソースのJavaScriptエンジンであるV8が使用されています。

JavaScript
補足

Ajaxとは

　Ajaxという言葉が初めて出たのは、アメリカのJesse James Garrett 氏が、ブログで2005年2月18日に公開した、「ajax: a new approach to web applications」というタイトルのエントリでした。

　このエントリーが公開される少し前、Googleでは、実験的なサービスを公開するGoogle Labsで、Google SuggestやGoogle Mapsを公開していました。これらでは、例えばGoogle Suggestでは、検索ボックスに文字を入力すると、1文字ごとに検索候補が表示される、Google Mapsでは、表示下地図をマウスの操作で拡大、縮小したり移動したりといった、ユーザインターフェースが用意されたいました。今では当たり前となったこのようなユーザインターフェースは、その当時flashプレイヤーのようなプラグインやJavaアプレット、あるいは、ActiveXのようにOSに依存した機能など、ブラウザ自信の機能ではなく、ブラウザに追加した機能を使って実現するしかないように思われていました。しかし、Google Labsで公開されていたこれらのプロダクツは、JavaScriptを始め、DOM、スタイルシートなど、ブラウザが本来持っている機能を組み合わせて作られていたのです。そしてこの頃は、全く新しいアプローチをとったこのような技術を使ったサイトに対し、一言で言い表せる言葉がありませんでした。そこでJesse James Garrett 氏は、このようなサイトのことを、「Asynchronous JavaScript+CSS+DOM+XMLHttpRequest」の略として、「Ajax」と名付けたのです。

Jesse James Garrett 氏のブログ

「Ajax: A New Approach to Web Application」(pdf)
https://immagic.com/eLibrary/ARCHIVES/GENERAL/ADTVPATH/A050218G.pdf

　Jesse James Garrett 氏のブログでは、Ajaxとは次のように定義しています。

[XHTMLとCSSを使った、標準技術ベースのページ]

　不特定多数のさまざまなOSや種類のブラウザが使われているインターネット上で、Ajaxが同じように動くようにするためには、一定の基準が必要になります。そこでAjaxでは、W3Cなどで規格化されているXHTMLやCSS、ECMAで規格化されているJavaScript(ECMAScript)など、規格化団体が策定をおこなっている標準技術をベースに、サイトを作成することとしています。このようなサイトを作っておくと、Ajaxで作成したサイトは、標準化された規格をサポートしたブラウザであれば、同じように動くことが期待できるのです。

[DOM(Document Object Model)を使った、動的な表示と相互作用]

　Ajaxでは、ユーザの動作に対し、動的にブラウザの表示を変更します。このブラウザの変更は、スクリプトを使って、DOMを操作することによって実現しています。DOMをJavaScriptを使ってブラウザの表示を変更することを、DynamicHTMLと言います。つまりAjaxでは、ブラウザの表示の変更には、このDynamicHTMLの技術を使っているのです。

またAjaxでは、ユーザやスクリプトからの操作によって、表示されている
ブラウザのコンテンツ内に、新しくデータを送り込み、そのデータを元に、
DynamicHTMLの技術を使って表示します。この時ブラウザ側に送られるデータは、
やはり標準化されているXMLや、XML文書の変換用言語であるXSLTを使います。

[XMLやXSLTを使ったデータの変更、操作]

XMLは、HTMLと同じ、タグを使ったマークアップ言語です。しかし、HTMLが、
あらかじめ意味を定義された特定のタグしか使えないのに対し、XMLでは、自分で
独自にタグを定義し作成することができます。このため、XMLは、HTMLより自由
度が高い言語であるといえます。しかしなながら、その分タグの定義づけや構文は、
HTMLより厳密におこなう必要があります。

[XMLHttpRequestを使った非同期なデータのやり取り]

Ajaxでは、データのやり取りをXMLHttpRequestを使って、おこないます。
XMLHttpRequestとは、サーバとHTTPを使って通信をおこなうためのオブジェク
トです。HTTP(Hypertext Transfer Protocol)とは、ブラウザとWebサーバの間で
HTMLなどのコンテンツをやり取りする時に使用するプロトコルです。DOM化され
たブラウザでは、ブラウザが持つ情報や機能、部品が、オブジェクト化されていま
す。Ajaxでは、これを利用して、非同期にサーバと通信をおこないます。　なお、
XMLHttpRequestは、名称内に「XML」とあることからわかるように、本来は、XML
形式のデータをやり取りすることを想定して用意されたオブジェクトです。しかし
内容は、HTTPによる通信なので、HTMLやtext形式のデータも扱うことができます。

[そしてこれらをJavaScriptを使って結びつける]

「XHTMLとCSSを使った、標準技術ベースのページ」、「DOM(Document Object
Model)を使った、動的な表示と相互作用」、「XMLやXSLTを使ったデータの変更、
操作」が、AjaXを使ったサイトを作る上での、ベースとなるページの記述、ページ
の内容を動的に変更できるようにするする手段、変更部分に表示するデータ形式と
なります。そして、「XMLHttpRequestを使った非同期なデータのやり取り」が、ど
のようにして、ブラウザとサーバ間でデータのやり取りをおこなうか、といった通
信方式となります。

しかしながら、Ajaxを構成するXHTMLやCSSもDOMもXMLやXSLTも、さらには
XMLHttpRequestも、そのままではただそこにあるだけで、何もしません。これら
の機能を結びつけ、連動してリアルタイムに動くようにしているのが、JavaScript
となるのです。

XMLHttpRequestオブジェクトリファレンス

　ここでは、Ajaxで使用するXMLHttpRequestオブジェクトのプロパティ、メソッドについて解説します。

　XMLHttpRequestオブジェクトは、HTTP通信をおこなうためのオブジェクトです。Ajaxでは、通常ブラウザが無意識のうちおこなっているhttp通信を、スクリプトを使って、ウェッブアプリケーションが意識的におこなっています。

　XMLHttpRequestオブジェクトの使用はW3Cで検討されています。

　XMLHttpRequestオブジェクトの仕様の詳細は、以下のURLを参考にしてください。

「The XMLHttpRequest Object」
http://www.w3.org/TR/XMLHttpRequest/

●【XMLHttpRequestオブジェクト】

　XMLHttpRequestオブジェクトは、スクリプトを使うことによって、HTTPプログラムに基づいて、サーバ接続をおこなうことができます。JavaScript(ECMAScript)では、XMLHttpRequest()コンストラクタを用いることによって、インスタンスの作成ができます。

● 用法

```
var オブジェクト名 = new XMLHttpRequest()

-Internet Explorer 5および6での用法-
オブジェクト名 = new ActiveXObject("Msxml2.XMLHTTP")
オブジェクト名 = new ActiveXObject("Microsoft.XMLHTTP")
```

　XMLHttpRequestオブジェクトのプロパティ、メソッドは、次の通りです。

【プロパティ】

● onreadystatechangeプロパティ

```
オブジェクト.onreadystatechange = スクリプト|関数
```

　readyStateプロパティの値の変化を監視し、変化が合った時処理を呼び出す。
　初期値は「null」

● readyStateプロパティ

```
オブジェクト.readyState
```

　オブジェクトの状態を表すプロパティ。読み込み専用プロパティ。
　属性は以下の値のいずれかになる。

値	状態	解説
0	Uninitialized	初期値
1	Open	open()メソッドが呼ばれた状態
2	Sent	ブラウザユー (ザエージェント)の要求を承諾した状態
3	Receiving	HTTPヘッダを受け取った状態。引き続き(もしあれば)ボディ部の読み込みがおこなわれる。
4	Loaded	データの転送が完了した状態

● responseTextプロパティ

オブジェクト.responseText

受け取ったデータをtext形式として返すプロパティ。読み込み専用プロパティ。
DOMStringなので、データは標準では、UTF-8となる。受け取ったデータのタイプが、text形式として解釈できない場合は「null」となる。
初期値は「null」。

● responseXMLプロパティ

オブジェクト.responseXML

受け取ったデータをXML形式として返すプロパティ。読み込み専用プロパティ。
受け取ったデータのタイプが、XML形式として解釈できない場合は「null」となる。
初期値は「null」。

● statusプロパティ

オブジェクト.status

HTTPステータスコードを返すプロパティ。読み込み専用プロパティ。
200、404などのHTTPステータスコードの値を返す。
初期値は、「0」。

● statusTextプロパティ

オブジェクト.statusText

HTTPステータステキストを返すプロパティ。読み込み専用プロパティ。
ステータスコードに後ろにつくHTTPステータステキストの値を返す。
初期値は、何もない文字列。

主なHTTPステータスコード及びHTTPステータステキストには、次のようなものがあります。

HTTPステータスコード	HTTPステータステキスト	解説
200	OK	[OK]リクエスト成功。
401	Unauthorized	[許可なし]リクエストは、ユーザ認証を必要とする。認証に失敗した時など。
403	Forbidden	[アクセス拒否]サーバはリクエストを理解したが、そのリクエストの実行を拒否した。アクセス権限がない時など。
404	Not Found	[存在不明]サーバは、リクエストURIと一致するものを見つけられなかった。アドレスが無くなった時など。
408	Request Time-out	[リクエストタイムアウト]クライアントは、サーバの待機時間内にリクエストを発行しなかった時など。
500	Internal Server Error	[サーバ内部エラー]サーバは、リクエストの実行を妨げる予期しない状況に遭遇した。 CGIなどでスクリプトエラーが発生した時など。

【メソッド】

● abortメソッド

```
オブジェクト.abort()
```

リクエストの中止をおこなう。

● getResponseHeaderメソッド

```
オブジェクト.getResponseHeader(header)
```

```
header: ヘッダ名
```

「ヘッダ名」で指定したヘッダを返す。
もしも指定したヘッダが内場合は「null」を返す。

● openメソッド

```
オブジェクト.open(method, url, async, user, password)
```

```
method:      HTTPメソッド(POST,PUT,GETなど)
url: リクエスト先のurl
async:       true(非同期)|false(同期)(省略可能。初期値true)
user: ユーザ名(省略可能。初期値null)
password:    パスワード(省略可能。初期値null)
```

引数で設定したリクエスト開始する。

- sendメソッド

  send(data)

    data：データ

open()メソッドで指定したurlへ、データを送る。送られるデータがDOMStringの場合、UTF-8となる。

- setRequestHeaderメソッド

  setRequestHeader(header, value)

    header：ヘッダ名
    value：セットするヘッダの値

指定したヘッダに対し、ヘッダの値をセットするメソッド。
「open()」メソッドが呼ばれてから、セットする必要がある。

Ajaxの記述方法

それでは、実際にAjaxを使ったサイトを作る方法について、解説していきましょう。
まずは、Ajaxの技術を使ったサイトを作る上での注意点と、Ajaxの基本となる、XMLHttpRequestオブジェクトを使えるようにするための、インスタンスの作成方法について解説します。

● Ajaxを使ったサイトを作る時の注意

Ajaxを使ったサイトを作る場合の主な注意点は、次の通りです。

Ajax対応のブラウザ

Ajaxのサイトを作るためには、ブラウザがXMLHttpRequesオブジェクトに対応している必要があります。XMLHttpRequesオブジェクトに対応しているブラウザには、次のような物があります。

  ＊Internet Explorer4.0以降。
  ＊Firefox1.0以降
  ＊Netscape 7.0以降
  ＊Opera7.6以降
  ＊Safari1.2以降
  ＊Chrome
  ＊Microsoft Edge

文字コードは、UTF-8を使用する。

UTF-8は、Unicodeでも使うことができる文字コードの一つで、データ交換に、多く用いられる文字コードです。Ajaxでのブラウザ、サーバ間でやり取りされるXML形式も、基本的に文字コードとして、UTF-8を使用します。このため、特別に

文字コードに関する設定をしていない場合、多くのブラウザでは、やり取りするデータの文字コードをUTF-8であると判断します。このことから、shiftJISなどその他の文字コードを使用すると、読み込まれたデータが、文字化けをおこしてしまいます。文字化けという不要なトラブルを避けるためにも、Ajaxのサイトを作る場合は、始めからUTF-8の文字コードを使うことをお勧めします。

動作確認は、ファイルをWebサーバ上に置いてからおこなう

HTMLやJavaScriptの見栄えやリンクチェック、動作の確認のみであれば、ユーザのローカルPC上でおこなうことができます。しかしながらAjaxの場合、データのやり取りでHTTPによる通信が発生するため、ローカルPC上だけでは動作を確認することができません。動作確認をおこなうためには、HTTPによる通信がおこなえるよう、ファイルをWebサーバなど、HTTPに対応したサーバに置いておく必要があります。

【XMLHttpRequestオブジェクトのインスタンス作成方法】

Ajaxを設定するためには、まず始めに、XMLHttpRequestオブジェクトを使用できる状態にする必要があります。XMLHttpRequestオブジェクトを使えるようにするには、JavaScriptのDateオブジェクトと同じように、New演算子を使って、インスタンスの作成をおこないます。

用法は次の通りです。

```
オブジェクト名 = new XMLHttpRequest()
```

この処理で、JavaScriptを使って、HTTP通信ができるようになります次にAjax基本的な動きを見るための、簡単なサンプルを見ていきましょう。

● XMLHttpRequesオブジェクトを使ってHTMLファイルを読み込む

これは、XMLHttpRequesオブジェクトを使って、スクリプトによるHTTP通信をおこなう基本的なサンプルとなります。このサンプルでは、[変更!!]ボタンをクリックすると、id名「view1」のdiv要素内に、HTTPを使って外部からHTMLファイルを読み込んでいます。このサンプルは、ローカルのPC上ではなく、ファイルをWebサーバにアップロードし、サーバ上で実行するようにしてください。

↑ [変更!!]ボタンをクリックすると...

↑ HTMLファイルが読み込まれます。

```
<!DOCTYPE html>
<html lang="ja">
<head>
<meta charset="UTF-8">
<title>Ajax_1</title>
<script>
//<![CDATA[
XmlsReq = false;
if(window.XMLHttpRequest) {
```

```
XmlsReq = new XMLHttpRequest();
}
function RoadHtml(id, uri) {
  if (!XmlsReq) return;
  XmlsReq.open('GET', uri);
  XmlsReq.send(null)
  XmlsReq.onreadystatechange=function() {
    if (XmlsReq.readyState==4 && XmlsReq.status == 200) {
      document.getElementById(id).innerHTML = XmlsReq.responseText;
    }
  }
}
//]]>
</script>
  <style>
<!--
#view1{
  width: 600px;
  height:400px;
  background-color:tan;
}
-->
  </style>
</head>
<body>
<div id="view1">
ここにHTMLファイルを読み込みます。
</div>
<form id="Ajax_Form">
  <input type="button" id="change" value="変更!!"
    onClick="RoadHtml('view1','test.html')">
</form>
  </body>
</html>
```

　今回のサンプルでは、文字コードとしてUTF-8を使用しています。このため、Ajaxを設定したHTMLファイルには、metaタグを使って、文字コードの宣言をしておきます。

```
<meta charset="UTF-8">
```

　また、読み込むHTMLファイルも文字コードにはUTF-8します。
　次に、読み込んだHTMLファイルを表示する部分です。読み込んだHTMLファイルは、この部分に表示されます。

```
<div id="view1">
ここにHTMLファイルを読み込みます。
</div>
```

この id 名「view1」の div 要素は、次のスタイルシートの設定で、横600ピクセル、縦400ピクセル、背景色「tan」を設定しています。

```
<style>
<!--
#view1{
  width: 600px;
  height:400px;
  background-color:tan;
}
-->
</style>
```

そして、Ajaxを使ってHTMLファイルを読み込む操作を開始する時にクリックする、フォーム部分の設定は、次の部分です。

```
<form id="Ajax_Form">
  <input type="button" id="change" value="変更!!"
    onClick="RoadHtml('view1','test.html')">
</form>
```

ここでは、イベントハンドラ「onClick」によって、ボタンフォームがクリックされた時、HTMLファイルを表示する div 要素の id 名「view1」と、読み込む HTML ファイル名「test.html」の値を持った、関数「RoadHtml()」が発生するようにしています。

以上が、Ajaxを設定したHTMLファイル内の、Ajaxによって変更する部分と、HTMLファイルを読み込む処理の開始を設定したフォームの部分の設定です。

それでは、次にスクリプトの部分を見て行きましょう。

まずは script 要素内で、XMLHttpRequest オブジェクトのインスタンスの作成をおこないます。実際にインスタンスの作成をおこなっているのは、次の部分です。この部分は、ページが読み込まれた時に実行されます。

```
if(window.XMLHttpRequest) {
  XmlsReq = new XMLHttpRequest();
}
```

XMLHttpRequest オブジェクトは、window オブジェクトの下の階層で、DOM

の一つとして実装されています。ここでは、まずif文の条件式で「window.XMLHttpRequest」として、windowオブジェクトの下にXMLHttpRequestオブジェクトがあるか、確認しています。もしif文の判定式が真の場合、次の処理で、XMLHttpRequestオブジェクトに、「XmlsReq」という名前を設定しています。これは、通常のDOMの用法と同じです。

なお、「XmlsReq = false」の部分では、オブジェクト名にいったん「false」の値を入力して、初期化しています。この部分は、特に無くても問題になることは少ないでしょう。

そして、HTMLファイルを読み込む処理をおこなっている関数「RoadHtml()」の処理が、次の部分になります。ここでは、まず「function RoadHtml(id, uri)」とし、スタイルシート名を引数「id」に、読み込むファイル名の値を「uri」にそれぞれ代入しています。

```
function RoadHtml(id, uri) {
  if (!XmlsReq) return;
  XmlsReq.open('GET', uri);
  XmlsReq.send(null)
  XmlsReq.onreadystatechange=function() {
    if (XmlsReq.readyState==4 && XmlsReq.status == 200) {
      document.getElementById(id).innerHTML = XmlsReq.responseText;
    }
  }
}
```

それでは、順番に関数の処理を見ていきましょう。関数の処理の1行目。

```
if (!XmlsReq) return;
```

この部分は、XMLHttpRequestオブジェクトが何らかの理由で上手く生成されていなかった時の処理で、この部分はとくに重要ではありません。

そして、その次の部分が、実際にサーバに対して、リクエストを送る部分となります。ここでは、次のように、XMLHttpRequestオブジェクトのopenメソッドとsendメソッドを設定しています。

```
XmlsReq.open('GET', uri);
XmlsReq.send(null)
```

このうちopenメソッドの用法は、次の通りです。

```
オブジェクト名.open('GET'||'POST', URI);
```

openメソッドの引数「'GET'」と「'POST'」は、サーバにデータを送るか送らないか

によって変わってきます。サーバにデータを何も送らずただファイルを取ってくるだけの場合は、「'GET'」とします。また、フォームの値など、サーバにデータを送る場合は、「'POST'」となります。今回は、サーバからHTMLファイルを取ってくるだけなので、「'GET'」を設定しています。次の「URI」部分には、取得したいファイルの場所か、データを送る先を指定します。サンプルの場合、ここに表示するHTMLファイルの値が代入された、引数「uri」を設定しています。これにより、Webサーバに対して、HTTPを使って、HTMLファイル「test.html」を取ってこい、と指定していることになります。

次の、sendメソッドの用法は次の通りです。

```
オブジェクト名.send(サーバに送るデータ)
```

openメソッドで「'POST'」を設定している場合は、ここにサーバに送るデータを設定します。しかし今回は、openメソッドの引数で「'GET'」を使用しているので、サーバ側に送るデータはありません。このような場合は、サンプルのように、sendメソッドに「null」の値を設定します。

さて、これでサーバに対しリクエストが送られました。今度は、サーバから送られてきたデータの処理を見ていきましょう。

サーバから送られてきたデータに関する処理は、関数RoadHtml内の次の部分となります。

```
XmlsReq.onreadystatechange=function() {
  if (XmlsReq.readyState==4 && XmlsReq.status == 200) {
    document.getElementById(id).innerHTML = XmlsReq.responseText;
  }
}
```

この中のonreadystatechangeプロパティは、リクエストの処理状態を値に持つreadyStateプロパティの値が変化した時をイベントとして取得し、以降に設定した処理の実行をおこないます。onreadystatechangeの用法は、次の通りです。

```
オブジェクト名.onreadystatechange = スクリプト|関数
```

サンプルでは、リクエストの処理状態が変化した時、匿名関数を使うことによって設定された、「function()」以降の「{...}」内に設定した関数の処理が実行されます。匿名関数(関数リテラル)とは、その名称の通り、関数名の無い関数です。匿名関数を使うと、関数名を設定する事無く、関数の処理を設定し、実行することができます。匿名関数の用法は、次の通りです。

```
function(引数1,引数1,...,引数n) {関数の処理}
```

　この関数の処理では、まず始めにif分の条件式で、readyStateプロパティとstatusプロパティの値を調べることにより、データを受け取って、リクエストの処理が正常に終了したことを判定しています。

　readyStateプロパティは、リクエストの処理状態を値に、statusプロパティは、サーバから送られるHTTPステータスコードを値に持っています。用法は、それぞれ次の通りです。

```
オブジェクト名.readyState
オブジェクト名.status
```

　サンプルでは、if文の条件式を「XmlsReq.readyState==4 && XmlsReq.status == 200」として、readyStateプロパティの値が「4」でかつ、statusプロパティの値が「200」の時、処理を実行するようにしています。readyStateプロパティの値の「4」は、全てのデータを受け取って利用可能になったことを表し、statusプロパティの値の「200」は、リクエストが正常に処理されたことを表します。つまり、このif文は、データの処理が正常に終わり、データが利用可能になった時に真となり、次の処理が実行されます。

　それぞれのプロパティの値にどのような種類があるかは、「XMLHttpRequesオブジェクトリファレンス」の項を参照してください。

　さて、いよいよ次の「document.getElementById(id).innerHTML = XmlsReq.responseText」が、送られてきたデータであるHTMLファイルを、指定した場所に書き出す処理です。このうち、「XmlsReq.responseText」の部分が、送られてきたデータの部分です。responseTextプロパティは、サーバからレスポンスとして帰って来たデータを、テキストとして持っています。用法は、次の通りです。

```
オブジェクト名.responseText
```

　サンプルでは、要素内にHTML形式でコンテンツを書き出す、innerHTMLプロパティを使って、サーバから帰ってきたデータを書き出しています。書き出す先は、引数「id」に代入された、id名「view1」を設定したdiv要素内となります。これにより、div要素内にHTMLファイル「test.html」が、表示されます。

　以上が、Ajaxのサーバにリクエストを送り、レスポンスとして帰ってきたデータを、ブラウザ内の所定の位置に書き出す処理の一連の流れです。実際のAjaxを使ったサイトでは、この一連の流れを基本に、これに、サーバに対しデータを付加して送り、CGIなどの処理をへた後データを返してもらうようにしたり、帰ってきたデータを、ブラウザ側で加工した後表示したりといったように、より複雑な処理を加えていっているのです。

補 足

Webサイズチャート

HTML・CSS・JavaScriptでサイズを指定する時に使う単位を解説します。

相対的な大きさの単位

- **%** 他の大きさに対する割合で表す場合に使用します。対象とする大きさは状況に応じて、同じ要素内の他のプロパティ、親要素のプロパティ、それを含むブロックの幅などになります。
- **em** その範囲で有効なフォントの高さ (font-sizeの値)を1とする単位です。スタイルシートのfont-sizeプロパティの値としてこの単位が使用された場合には、親要素で有効なフォントの高さを1とする値になります。
- **ex** その範囲で有効なフォントのアルファベットの小文字「x」の高さを1とする単位です。フォントによっては、必ずしも「x」の高さと一致するとは限りません。また、この単位は「x」を含まないフォントにも適用されます。

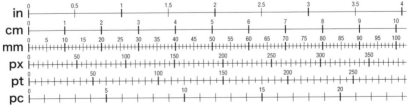

絶対的な大きさの単位

- **in** インチ。1インチは2.54cm（=25.4mm）です。
- **cm** センチメートル。1センチメートルは10ミリメートルです。
- **mm** ミリメートル。1ミリメートルは1/10センチメートルです。
- **px** ピクセル。1ピクセルは1/96インチです。
- **pt** ポイント。1ポイントは1/72インチです。
- **pc** パイカ。1パイカは12ポイントです。

【メジャー】

| in | cm | mm | px | pt | pc |

【文字サイズ】

8px あいうえおABCabc1234567890

12px あいうえおABCabc1234567890

18px あいうえおABCabc1234567890

24px あいうえおABCabc123456789

カラーチャート1：名前が定義されている基本色

以下の基本色のキーワードは、古いバージョンのHTMLやCSSでも利用可能です。
具体的な色の指定の方法については、「スタイルシートについて」の「色の指定方法」(p.142)を参照してください。

#000000	black		#008000	green	
#c0c0c0	silver		#00ff00	lime	
#808080	gray		#808000	olive	
#ffffff	white		#ffff00	yellow	
#800000	maroon		#000080	navy	
#ff0000	red		#0000ff	blue	
#800080	purple		#008080	teal	
#ff00ff	fuchsia		#00ffff	aqua	

Webセーフカラーについて

パソコンの画面上の色は、RGB（Red、Green、Blue）の色をそれぞれ0〜255までの256段階に調節して色を表現しています。したがって、フルカラーでは256×256×256（R×G×B）の16,777,216色が表現されます。

「Webセーフカラー」とは、この各256段階あるRGB値を6段階にしたものです。そして、その6段階の値とは、0・51・102・153・204・255と、0から51ずつ増やしていった数になっています。51は16進数でいうと「33」、割合でいうと「20%」にあたる数です。つまり、「Webセーフカラー」は、RGBの各値（画面上では光の強さ）を0%から20%ずつ上げていった値の組み合せで作られているということになります。

10進数	0	51	102	153	204	255
16進数	0	33	66	99	cc	ff
%	0%	20%	40%	60%	80%	100%

これらを組み合わせると、RGBの3色がそれぞれ6段階あるので、6×6×6の216色がWebセーフカラーということになります。

カラーチャート2：Webセーフカラー

　Webセーフカラーは、かつて256色しか表現できないパソコンが多く使われていた時代に、異なるOS環境でも色化けせずに表示可能な色として利用されていました。Webセーフカラーで使用されるRGBの各色の値は16進数だと 00、33、66、99、cc、ff となりますので、どの色でも「#fc0」のように3桁で指定可能です。

　印刷された色は、実際に画面に表示されている色とは多少異なります。大体の色の感じを掴むためにご利用ください。

#000000 (000,000,051)	#003300 (000,051,000)	#006600 (000,102,000)	#009900 (000,153,000)	#00cc00 (000,204,000)	#00ff00 (000,255,000)
#000033 (000,000,051)	#003333 (000,051,051)	#006633 (000,102,051)	#009933 (000,153,051)	#00cc33 (000,204,051)	#00ff33 (000,255,051)
#000066 (000,000,102)	#003366 (000,051,102)	#006666 (000,102,102)	#009966 (000,153,102)	#00cc66 (000,204,102)	#00ff66 (000,255,102)
#000099 (000,000,153)	#003399 (000,051,153)	#006699 (000,102,153)	#009999 (000,153,153)	#00cc99 (000,204,153)	#00ff99 (000,255,153)
#0000cc (000,000,204)	#0033cc (000,051,204)	#0066cc (000,102,204)	#0099cc (000,153,204)	#00cccc (000,204,204)	#00ffcc (000,255,204)
#0000ff (000,000,255)	#0033ff (000,051,255)	#0066ff (000,102,255)	#0099ff (000,153,255)	#00ccff (000,204,255)	#00ffff (000,255,255)
#330000 (051,000,000)	#333300 (051,051,000)	#336600 (051,102,000)	#339900 (051,204,000)	#33cc00 (051,204,000)	#33ff00 (051,255,000)
#330033 (051,000,051)	#333333 (051,051,051)	#336633 (051,102,051)	#339933 (051,153,051)	#33cc33 (051,204,051)	#33ff33 (051,255,051)
#330066 (051,000,102)	#333366 (051,051,102)	#336666 (051,102,102)	#339966 (051,153,102)	#33cc66 (051,204,102)	#33ff66 (051,255,102)
#330099 (051,000,153)	#333399 (051,051,153)	#336699 (051,102,153)	#339999 (051,153,153)	#33cc99 (051,204,153)	#33ff99 (051,255,153)
#3300cc (051,000,204)	#3333cc (051,051,204)	#3366cc (051,102,204)	#3399cc (051,153,204)	#33cccc (051,204,204)	#33ffcc (051,255,204)
#3300ff (051,000,255)	#3333ff (051,051,255)	#3366ff (051,102,255)	#3399ff (051,153,255)	#33ccff (051,204,255)	#33ffff (051,255,255)
#660000 (102,000,000)	#663300 (102,051,000)	#666600 (102,102,000)	#669900 (102,153,000)	#66cc00 (102,204,000)	#66ff00 (102,255,000)
#660033 (102,000,051)	#663333 (102,051,051)	#666633 (102,102,051)	#669933 (102,153,051)	#66cc33 (102,204,051)	#66ff33 (102,255,051)
#660066 (102,000,102)	#663366 (102,051,102)	#666666 (102,102,102)	#669966 (102,153,102)	#66cc66 (102,204,102)	#66ff66 (102,255,102)

#660099 (102,000,153)	#663399 (102,051,153)	#666699 (102,102,153)	#669999 (102,153,153)	#66cc99 (102,204,153)	#66ff99 (102,255,153)
#6600cc (102,000,204)	#6633cc (102,051,204)	#6666cc (102,102,204)	#6699cc (102,153,204)	#66cccc (102,204,204)	#66ffcc (102,255,204)
#6600ff (102,000,255)	#6633ff (102,051,255)	#6666ff (102,102,255)	#6699ff (102,153,255)	#66ccff (102,204,255)	#66ffff (102,255,255)
#990000 (153,000,000)	#993300 (153,051,000)	#996600 (153,102,000)	#999900 (153,153,000)	#99cc00 (153,204,000)	#99ff00 (153,255,000)
#990033 (153,000,051)	#993333 (153,051,051)	#996633 (153,102,051)	#999933 (153,153,051)	#99cc33 (153,204,051)	#99ff33 (153,255,051)
#990066 (153,000,102)	#993366 (153,051,102)	#996666 (153,102,102)	#999966 (153,153,102)	#99cc66 (153,204,102)	#99ff66 (153,255,102)
#990099 (153,000,153)	#993399 (153,051,153)	#996699 (153,102,153)	#999999 (153,153,153)	#99cc99 (153,204,153)	#99ff99 (153,255,153)
#9900cc (153,000,204)	#9933cc (153,051,204)	#9966cc (153,102,204)	#9999cc (153,153,204)	#99cccc (153,204,204)	#99ffcc (153,255,204)
#9900ff (153,000,255)	#9933ff (153,051,255)	#9966ff (153,102,255)	#9999ff (153,153,255)	#99ccff (153,204,255)	#99ffff (153,255,255)
#cc0000 (204,000,000)	#cc3300 (204,051,000)	#cc6600 (204,102,000)	#cc9900 (204,153,000)	#cccc00 (204,204,000)	#ccff00 (204,255,000)
#cc0033 (204,000,051)	#cc3333 (204,051,051)	#cc6633 (204,102,051)	#cc9933 (204,153,051)	#cccc33 (204,204,051)	#ccff33 (204,255,051)
#cc0066 (204,000,102)	#cc3366 (204,051,102)	#cc6666 (204,102,102)	#cc9966 (204,153,102)	#cccc66 (204,204,102)	#ccff66 (204,255,102)
#cc0099 (204,000,153)	#cc3399 (204,051,153)	#cc6699 (204,102,153)	#cc9999 (204,153,153)	#cccc99 (204,204,153)	#ccff99 (204,255,153)
#cc00cc (204,000,204)	#cc33cc (204,051,204)	#cc66cc (204,102,204)	#cc99cc (204,153,204)	#cccccc (204,204,204)	#ccffcc (204,255,204)
#cc00ff (204,000,255)	#cc33ff (204,051,255)	#cc66ff (204,102,255)	#cc99ff (204,153,255)	#ccccff (204,204,255)	#ccffff (204,255,255)
#ff0000 (255,000,000)	#ff3300 (255,051,000)	#ff6600 (255,102,000)	#ff9900 (255,153,000)	#ffcc00 (255,204,000)	#ffff00 (255,255,000)
#ff0033 (255,000,051)	#ff3333 (255,051,051)	#ff6633 (255,102,051)	#ff9933 (255,153,051)	#ffcc33 (255,204,051)	#ffff33 (255,255,051)
#ff0066 (255,000,102)	#ff3366 (255,051,102)	#ff6666 (255,102,102)	#ff9966 (255,153,102)	#ffcc66 (255,204,102)	#ffff66 (255,255,102)
#ff0099 (255,000,153)	#ff3399 (255,051,153)	#ff6699 (255,102,153)	#ff9999 (255,153,153)	#ffcc99 (255,204,153)	#ffff99 (255,255,153)
#ff00cc (255,000,204)	#ff33cc (255,051,204)	#ff66cc (255,102,204)	#ff99cc (255,153,204)	#ffcccc (255,204,204)	#ffffcc (255,255,204)
#ff00ff (255,000,255)	#ff33ff (255,051,255)	#ff66ff (255,102,255)	#ff99ff (255,153,255)	#ffccff (255,204,255)	#ffffff (255,255,255)

カラーチャート3：名前が定義されているその他の色

これはウェブページ作成で使える色見本（カラーチャート）です。

ウェブページではいろいろな色を選んで使うことができます。フォントやバックグラウンドで色を使うときの参考にしてください。

注意しなければいけない点として、印刷された色は実際に画面に表示されている色とは多少異なります。また、スマホやモニタで表示される色は同じ色にはなりませんので、大体の色の感じを掴むためにご利用ください。

#ffffff	White		#c0c0c0	Silver
#fffafa	Snow		#d3d3d3	LightGrey
#f8f8ff	GhostWhite		#dcdcdc	Gainsboro
#f5f5f5	WhiteSmoke		#778899	LightSlateGray
#fffaf0	FloralWhite		#708090	SlateGray
#faf0e6	Linen		#b0c4de	LightSteelBlue
#faebd7	AntiqueWhite		#4682b4	SteelBlue
#ffefd5	PapayaWhip		#4169e1	RoyalBlue
#ffebcd	BlanchedAlmond		#191970	MidnightBlue
#ffe4c4	Bisque		#000080	Navy
#ffe4b5	Moccasin		#00008b	Darkblue
#ffdead	NavajoWhite		#0000cd	MediumBlue
#ffdab9	PeachPuff		#0000ff	Blue
#ffe4e1	MistyRose		#1e90ff	DodgerBlue
#fff0f5	LavenderBlush		#6495ed	CornflowerBlue
#fff5ee	Seashell		#00bfff	DeepSkyBlue
#fdf5e6	OldLace		#87cefa	LightSkyBlue
#fffff0	Ivory		#87ceeb	SkyBlue
#f0fff0	Honeydew		#add8e6	LightBlue
#f5fffa	MintCream		#b0e0e6	PowderBlue
#f0ffff	Azure		#afeeee	PaleTurquoise
#f0f8ff	AliceBlue		#e0ffff	LightCyan
#e6e6fa	Lavender		#00ffff	Cyan
#000000	Black		#00ffff	Aqua
#2f4f4f	DarkSlateGray		#40e0d0	Turquoise
#696969	DimGray		#48d1cc	MediumTurquoise
#808080	Gray		#00ced1	DarkTurquoise
#a9a9a9	Darkgray		#20b2aa	LightSeaGreen

#5f9ea0	CadetBlue	#b8860b	DarkGoldenrod
#008b8b	Darkcyan	#d2691e	Chocolate
#008080	Teal	#a0522d	Sienna
#2e8b57	SeaGreen	#8b4513	SaddleBrown
#556b2f	DarkOliveGreen	#800000	Maroon
#006400	DarkGreen	#8b0000	DarkRed
#008000	Green	#a52a2a	Brown
#228b22	ForestGreen	#b22222	Firebrick
#3cb371	MediumSeaGreen	#cd5c5c	IndianRed
#8fbc8f	DarkSeaGreen	#bc8f8f	RosyBrown
#66cdaa	MediumAquamarine	#e9967a	DarkSalmon
#7fffd4	Aquamarine	#f08080	LightCoral
#98fb98	PaleGreen	#fa8072	Salmon
#90ee90	LightGreen	#ffa07a	LightSalmon
#00ff7f	SpringGreen	#ff7f50	Coral
#00fa9a	MediumSpringGreen	#ff6347	Tomato
#7cfc00	LawnGreen	#ff4500	OrangeRed
#7fff00	Chartreuse	#ff0000	Red
#adff2f	GreenYellow	#dc143c	Crimson
#00ff00	Lime	#c71585	MediumVioletRed
#32cd32	LimeGreen	#ff1493	DeepPink
#9acd32	YellowGreen	#ff69b4	HotPink
#6b8e23	OliveDrab	#db7093	PaleVioletRed
#808000	Olive	#ffc0cb	Pink
#bdb76b	DarkKhaki	#ffb6c1	LightPink
#eee8aa	PaleGoldenrod	#d8bfd8	Thistle
#fff8dc	Cornsilk	#ff00ff	Magenta
#f5f5dc	Beige	#ff00ff	Fuchsia
#ffffe0	LightYellow	#ee82ee	Violet
#fafad2	Lightgoldenrodyellow	#dda0dd	Plum
#fffacd	LemonChiffon	#da70d6	Orchid
#f5deb3	Wheat	#ba55d3	MediumOrchid
#deb887	Burlywood	#9932cc	DarkOrchid
#d2b48c	Tan	#9400d3	DarkViolet
#f0e68c	Khaki	#8b008b	DarkMagenta
#ffff00	Yellow	#800080	Purple
#ffd700	Gold	#4b0082	Indigo
#ffa500	Orange	#483d8b	DarkSlateBlue
#f4a460	SandyBrown	#8a2be2	BlueViolet
#ff8c00	DarkOrange	#9370db	MediumPurple
#daa520	Goldenrod	#6a5acd	SlateBlue
#cd853f	Peru	#7b68ee	MediumSlateBlue

フォント表示見本

Windows

游ゴシック

日本語漢字見本
あいうえおアイウエオ
0123456789！"＃＄％＆／＊-＋

游明朝

日本語漢字見本
あいうえおアイウエオ
0123456789！"＃＄％＆／＊-＋

MS Pゴシック

日本語漢字見本
あいうえおアイウエオ
0123456789！"＃＄％＆／＊-＋

MS P明朝

日本語漢字見本
あいうえおアイウエオ
0123456789！"＃＄％＆／＊-＋

MSゴシック

日本語漢字見本
あいうえおアイウエオ
0123456789！"＃＄％＆／＊-＋

MS 明朝

日本語漢字見本
あいうえおアイウエオ
0123456789！"＃＄％＆／＊-＋

Meiryo

日本語漢字見本
あいうえおアイウエオ
0123456789！"＃＄％＆／＊-＋

Arial

ABCDEFGHIJKLMNOPQRSTUVWXYZ
abcdefghijklmnopqrstuvwxyz
0123456789！"＃＄％＆／＊-＋

Century Gothic

ABCDEFGHIJKLMNOPQRSTUVWXYZ
abcdefghijklmnopqrstuvwxyz
0123456789！"＃＄％＆／＊-＋

Times New Roman

ABCDEFGHIJKLMNOPQRSTUVWXYZ
abcdefghijklmnopqrstuvwxyz
0123456789！"＃＄％＆／＊-＋

Courier

ABCDEFGHIJKLMNOPQRSTUVWXYZ
abcdefghijklmnopqrstuvwxyz
0123456789 ！ " ＃ ＄ ％ ＆ ／ ＊

Courier New

ABCDEFGHIJKLMNOPQRSTUVWXYZ
abcdefghijklmnopqrstuvwxyz
0123456789 ！ " ＃ ＄ ％ ＆ ／ ＊

Verdana

ABCDEFGHIJKLMNOPQRSTUVWXYZ
abcdefghijklmnopqrstuvwxyz
0123456789 ！ " ＃ ＄ ％ ＆ ／ ＊ - ＋

Comic Sans MS

ABCDEFGHIJKLMNOPQRSTUVWXYZ
abcdefghijklmnopqrstuvwxyz
0123456789！"＃＄％＆／＊-＋

Impact

ABCDEFGHIJKLMNOPQRSTUVWXYZ
abcdefghijklmnopqrstuvwxyz
0123456789！"＃＄％＆／＊-＋

Symbol

ΑΒΧΔΕΦΓΗΙϑΚΛΜΝΟΠΘΡΣΤΥςΩΞΨΖ
αβχδεφγηιφκλμνοπθρστυϖωξψζ
0123456789！∀＃∃％＆／＊-＋

Mac

游ゴシック

日本語漢字見本
あいうえおアイウエオ
0123456789 ! " # $ % & / * - +

游明朝

日本語漢字見本
あいうえおアイウエオ
0123456789 ! " # $ % & / * - +

ヒラギノ角ゴ Pro W3

日本語漢字見本
あいうえおアイウエオ
0123456789!"#$%&/*-+

ヒラギノ明朝 Pro W3

日本語漢字見本
あいうえおアイウエオ
0123456789!"#$%&/*-+

ヒラギノ角ゴ Pro W6

日本語漢字見本
あいうえおアイウエオ
0123456789!"#$%&/*-+

ヒラギノ明朝 Pro W6

日本語漢字見本
あいうえおアイウエオ
0123456789!"#$%&/*-+

ヒラギノ角ゴ Std W8

日本語漢字見本
あいうえおアイウエオ
0123456789!"#$%&/*-+

ヒラギノ丸ゴ Pro W4

日本語漢字見本
あいうえおアイウエオ
0123456789!"#$%&/*-+

Osaka

日本語漢字見本
あいうえおアイウエオ
0123456789!"#$%&/*-+

Osaka-等幅

日本語漢字見本
あいうえおアイウエオ
0123456789!"#$%&/*-+

Helvetica

ABCDEFGHIJKLMNOPQRSTUVWXYZ
abcdefghijklmnopqrstuvwxyz
0123456789!"#$%&/*-+

Times

ABCDEFGHIJKLMNOPQRSTUVWXYZ
abcdefghijklmnopqrstuvwxyz
0123456789!"#$%&/*-+

Verdana

ABCDEFGHIJKLMNOPQRSTUVWXYZ
abcdefghijklmnopqrstuvwxyz
0123456789!"#$%&/*-+

New York

ABCDEFGHIJKLMNOPQRSTUVWXYZ
abcdefghijklmnopqrstuvwxyz
0123456789!"#$%&/*-+

Courier

ABCDEFGHIJKLMNOPQRSTUVWXYZ
abcdefghijklmnopqrstuvwxyz
0123456789!"#$%&/*-+

Symbol

ΑΒΧΔΕΦΓΗΙϑΚΛΜΝΟΠΘΡΣΤΥςΩΞΨΖ
αβχδεφγηιφκλμνοπθρστυϖωξψζ
0123456789!∀#∃%&/*-+

Special Thanks

●「フリー素材 やすらぎ庵」

http://www.yasuragian.com/

やすらぎ7 様の運営する、全て手作り粘土のクレイアニメーション無料素材を配布しているサイト。
本書のサンプル画像で使用させていただいています。

おわりに

　本書をお読みいただきありがとうございます。長年にわたり多くの方にお使いいただいている本書に、今回「HTML&CSS&JavaScriptの活用」パートの執筆者として、新しく参加させていただきました。この「おわりに」のスペースを使って、本書を活用するためのアイディアを書いてみたいと思います

　本書はWebサイトの作成に欠かせないHTML/CSS/JavaScriptを、豊富なサンプルを通じて解説しています。本書は最初から順に読むことも、気になる項目を拾い読みすることもできます。例えば、本書をパラパラとめくりながら、各項目の最初にある実行画面を眺めて、もし興味を引かれる画面を見つけたら詳しく読んでみる…という使い方もよく合います。

　本書のダウンロードデータを取得して、サンプルを実際に動かしてみるのもおすすめです。本書の解説を読みながら、サンプルを改造して実行してみると、さらに理解が深まります。例えば、文字の色やサイズを変更するといった、簡単な改造から始めるとよいでしょう。改造の結果をブラウザで確認し、またサンプルを改造する…という繰り返しを通じて、色々な機能の使い方を楽しく、効率よく習得できます。

　新しい「HTML&CSS&JavaScriptの活用」パートの目的は、本書で学べるHTML/CSS/JavaScriptが、最近のWebサイトでどのように活用されているのか…という実践的な例を紹介することです。HTML/CSS/JavaScriptを連携させる方法や、JavaScriptをWebスクレイピングに活用する方法も解説します。このパートは、ぜひサンプルを動かしながらお楽しみください。そして、本書の他のパートを参照しながら、サンプルの見た目などを好みに合わせて改造してみてください。

　本書を読んだ後で、もっとWebについて学びたい場合は、サーバサイドプログラミングに挑戦するのもおすすめです。サーバーサイドプログラミングを学ぶと、Webサーバ側で動くプログラムとの連携が可能になるので、さらに高度な機能を持ったWebサイトを構築できます。サーバーサイドプログラミングには、PHP・Java・Python・Rubyといったプログラミング言語が使われますが、本書で学べるJavaScriptとNode.jsの組み合わせも使えます。

　仕事・学業・趣味などでWebについて学んでいる方が、本書を通じて新たな知識や技術を手に入れて、目標を達成されることを心から願っています。もし本書を通じて、何か手応えがあったり、課題をクリアできたりしたら、ぜひ書籍レビューなどを通じてお知らせいただければ、とても嬉しいです。

松浦 健一郎 ／ 司 ゆき

索引

た行

本書サポートページ

■秀和システムのウェブサイト

https://www.shuwasystem.co.jp/

■ダウンロードサイト

本書で使用するダウンロードデータは以下のサイトで提供しています。

https://www.shuwasystem.co.jp/support/7980html/6900.html

詳解
しょうかい
HTML&CSS&JavaScript 辞典
エイチティーエムエル シーエスエス ジャヴァスクリプト じてん
第8版
だいはちはん

発行日	2023年　3月 27日	第1版第1刷

著　者　大藤　幹／半場　方人／松浦　健一郎
　　　　おおふじ みき　はんば まさひと　まつうら けんいちろう
　　　　司　ゆき
　　　　つかさ

発行者　斉藤　和邦
発行所　株式会社　秀和システム
　　　　〒135-0016
　　　　東京都江東区東陽2-4-2　新宮ビル2F
　　　　Tel 03-6264-3105（販売）　Fax 03-6264-3094
印刷所　三松堂印刷株式会社　　　Printed in Japan

ISBN978-4-7980-6900-5 C3055